「永久に治る」ことは可能か?

難病の完治に挑む遺伝子治療の最前線

リッキー・ルイス 著　西田美緒子 訳

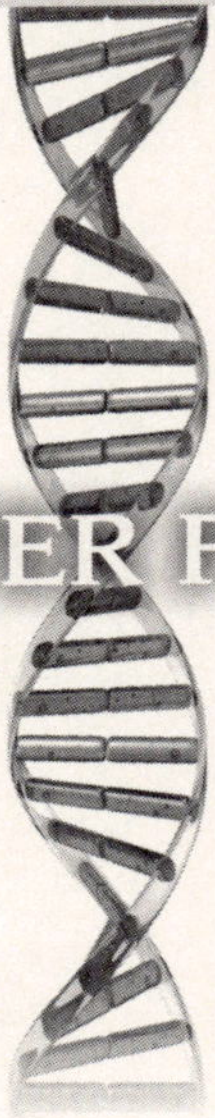

Ricki Lewis

The FOREVER FIX

GENE THERAPY AND
THE BOY WHO SAVED IT

白揚社

子どもたちのために……

目次

第6部　コーリーの物語

はじめに

二〇〇八年秋。州間高速道路七六号線沿いにゆったりと浮かぶトラ縞の熱気球が、はるかかなたに姿を現した。あそこまで行けばフィラデルフィア動物園だ。近づくにつれて気球は少しずつ大きく、はっきり見えてきて、はしゃぎすぎですっかり落ち着きを失っていた子どもたちの目を釘づけにする。早く外に出たいと駄々をこねる声が聞こえなくなって、激しい渋滞にいい加減うんざりしていた親たちもホッとひと息ついた。やっとの思いで動物園にたどりつくと、子どもたちは色鮮やかな特大の気球をつなぎとめているロープを目指し、われさきに入口のほうに駆けだしていく。

この日、ニューヨーク州北部からやってきた一家三人は、動物園の門に続く道をゆっくりゆっくり歩いていた。手をつないでいなくても家族であることはすぐにわかった。三人とも同じ、明るい赤茶色の髪と青く澄んだ目をしていたからだ。コーリーが八歳になってすぐに遺伝子治療を受けてから、まだ四日しか経っていない。長いあいだの習慣で先端が銀色に光る杖を握りしめ、オレンジ色や黄色に染まった枯葉を見おろしながら、こわごわ歩みを進めていく。ようやく鉄の門扉の前まで来たとき、コーリーは立ちどまると、他の子どもたちと同じように大きな気球を見上げずにはいられなかった。だがその瞬間、鋭い悲鳴をあげた。

「痛い！」

そう叫んだまま、コーリーは両手で目を覆ってしまった。

両親は一瞬凍りついたが、だんだんにことの成り行きが飲み込めてきた。ほんとうだろうか？　こんなに早く？　ふたりは行きかう人々の邪魔にならないよう、息子をやさしく道の脇に連れていった。

「大丈夫？　どうしたの？　目が痛いの？」

コーリーの髪をそっとなでながら尋ねる母ナンシーの顔には、不安と喜びの表情が入りまじっていた。今でもまだこの話をするとき、ナンシーの目には知らず知らずのうちに涙があふれてくる。

「光だ！　痛い！」

コーリーはそう繰り返すと、ゆっくり手をおろして、目を細めた。こんなことははじめてだったから、とにかく怖かったのだ。これまではいつだって、明るい電球を近くでじっと見つめ、どんなに長く見ていてもなんともなかった。小さいときからずっとそうだった。

コーリーは、レーベル先天性黒内障タイプ２（ＬＣＡ２）という遺伝性疾患をもって生まれていた。遺伝子がたった一個、きちんと働かないために、コーリーの目は視覚信号を脳に送るために必要なビタミンＡを使えなかった。やや見えるが法的に「全盲」と認定され、やがて青年期を迎えるころには、暗闇の世界で生きなければならないはずだった。しかし画期的な治療法によって、健全な遺伝子をもつウイルスがコーリーの左の目に送り込まれた。その劇的な効果が今、病院でも研究室でもなく、動物園で明らかになっていた。しかもわずか数日のうちに。このとき遺伝子治療にかかわる人々が祈る思いで明るいニュースを待っていたのは、同じ街で、ほぼ九年前に、一八歳の青年が臨床試験を受けてまもなく命を落としていたからだった。

父のイーサンは震える手で携帯電話を取りだすと、ジーン・ベネット医師の直通電話を選び、ジリジリしながら応答を待った。どうしてこんなに時間がかかるんだろう？　先生はどうしてすぐ電話に出てくれないのだろう？　右へ左へ、そわそわ体を揺らしながらも、イーサンは息子からいっときも目を離さなかった。コーリーの頬を涙がこぼれ落ちていた。ようやく「ジーン先生」が電話に出ると、イーサンは声をしぼりだすように話しはじめた。

「イーサンです」と言っただけで言葉がうまく出ない。「太陽が……太陽のせいで……息子が目を痛がってるんです！」

生まれてはじめて、コーリー・ハースはほんとうにものを見ることができた。そしてその瞬間に、バイオテクノロジーは生まれ変わったのだ。

わずか四日前には、コーリーは視覚障害者で、真っ暗闇の世界に向かって突き進んでいた。

第1部
起こり得る最良の事態

今夜はホタルが飛びかい、いっせいに光っている。コーリーが自分の目でホタルを見た！

——イーサン・ハース、二〇一〇年六月二八日のフェイスブックより

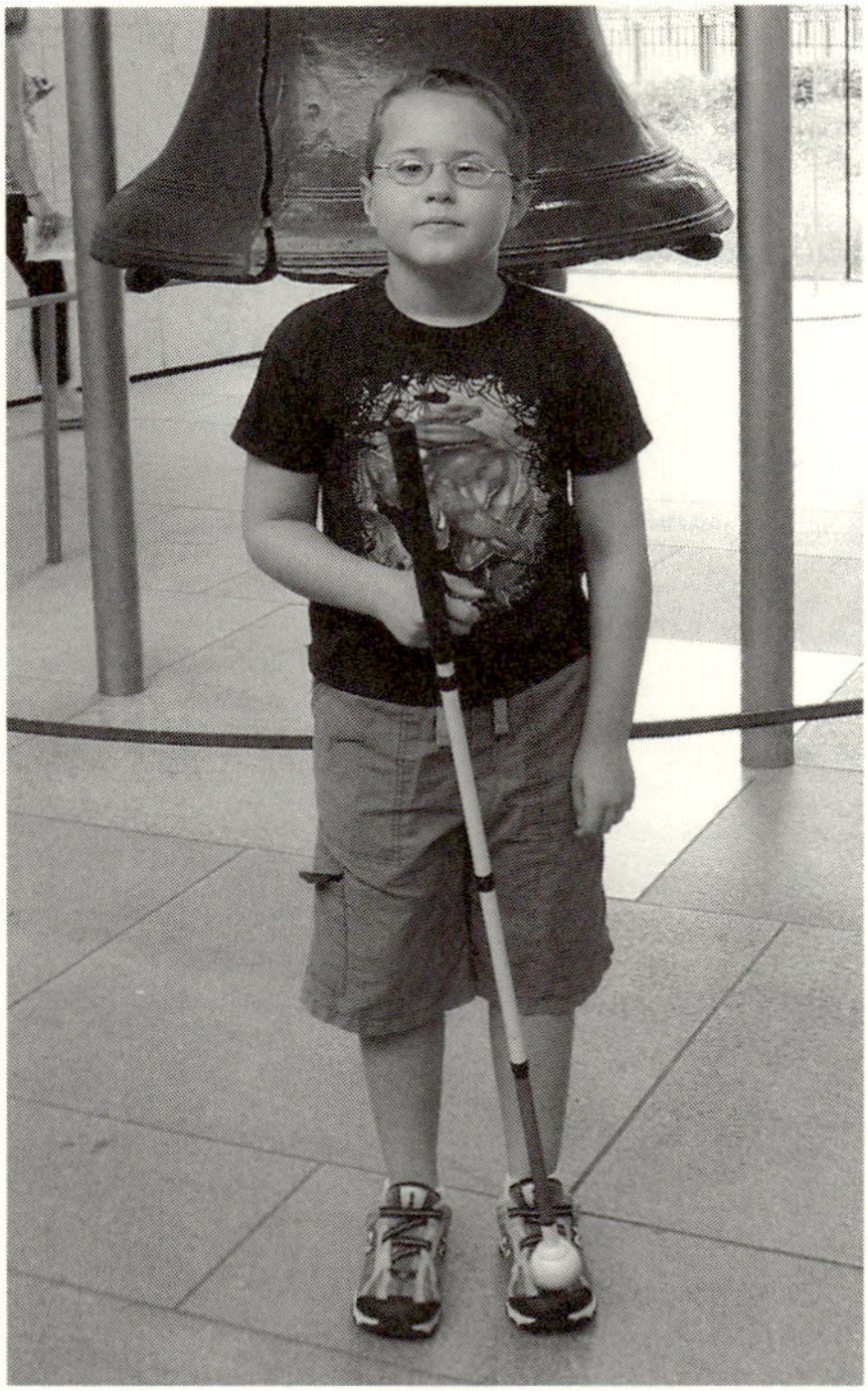

2008年9月の終わりごろ、「自由の鐘」を訪れたコーリー。レーベル先天性黒内障タイプ2（LCA2）の遺伝子治療を受けてから3日後のこの日は、まだ杖を使っていた。フィラデルフィア動物園で明るい太陽の光を受け——生まれてはじめて——目を痛がったのは、翌日のことだ。（写真提供　イーサン・ハース）

1　コーリーに会いに

九歳になったコーリー・ハースに会ったとき、たった一年前には彼が全盲になろうとしていたなど、とうてい信じることができなかった。私は遺伝学者として、コーリーが受けた遺伝子治療の想像を絶する物語を追っていた。でもその一方では、ひとりの母親として、医療の歴史を作った少年がどんな子どもなのかを知りたいとも思っていたのだ。

二〇〇九年一二月のはじめ、まだ低い太陽がまぶしく光る土曜の朝、私はナンシー、イーサン、コーリーのハース一家に会うために、北に向かって車を走らせた。アディロンダック州立公園にある彼らの家まで、四五分の道のりだ。あたりに広がる美しい風景は、「公園」という呼び名でふつうに連想されるものではない。ニューヨーク州に残された広大な自然のなか、そびえる松の木立のふところに抱かれるようにこぢんまりした古い家やログハウスが点在している。ところどころで、州南部の都会の人たちが所有する新しい別荘がひときわ目を引く。ハース一家が暮らす小さな町ハードリーにはハドソン川が曲がりくねって流れているが、ここまで北に来ると、川幅は一〇〇メートルにも満たない。コーリーの両親はこの町で育った。一家が暮らす切妻屋根のついたケープコッド様式の家は川から一ブロックしか離れていないので、大雪の年には雪解け水があふれて地下室に押し寄せるそうだ。私は以前に近くまで行ったことがあったおかげで、すぐに家を探し当てることができた。ただし、そそり立つ山々にさえぎられて一番強力な携帯電話やGPSの電波も届かなくなり、それまでの一か月にインタビューを目的に一家を訪れたレポーターたちは不安にかられたらしい。それでも目指す家にたどりつけたのは、イーサンの道順の教え方が抜群にうまいからだ。

コーリーの遺伝子治療を担当した研究者たちは、わずか数日後に治療が功を奏したことを知ったものの、効果が長続きするか、あとで問題が起きないかを見極めるために一年待ったのち、満を持して結果を公表していた。それまでの遺伝子治療の失敗から多くを学んでいたし、コーリーが新たに得た視力はビッグニュースになることもわかっていた。そしてその予想は正しく、報道番組『グッドモーニング・アメリカ』はやや大げさに、「盲目の人たちに視力という贈り物をもたらす画期的治療」と伝えた。一一月に研究論文が医学雑誌「ランセット」に掲載されると、一家そろって生まれてはじめてニューヨーク市に出かけ、主なテレビ局をめぐっていくつものニュース番組に登場した。ただ、これほど大きな関心を呼んだにもかかわらず、コーリーに会いにわざわざ自宅までやってきたジャーナリストは数人にすぎない。

私が訪問した日、町の空気にはその冬の初雪を知らせる香りが満ちていた。アディロンダックでは、ボブ・ディランの言葉を借りるなら、風の向きを知るのに天気予報官はいらない。リスを見ていればいい。私はノートパソコンと本と大きな箱を抱えてハース家の玄関に向かって歩くとき、リスを踏んづけてしまわないよう、ピョンピョン跳ぶように進まなければならなかった。リスはあらゆるところから飛びだし、ドングリをつかんでは木の幹の根元にあるハート型をした割れ目に隠し、ときには間違った方向に全速力で走って、リビングルームの床まで届く大きなガラス窓に衝突していた。リスたちは雪がやってくるのを知っていた。

コーリーが玄関のドアをあけてくれたとき、私たちの視線はいやおうなく駆けまわるリスに引きつけられ、それからようやく顔を見合わせた。満面の笑みを浮かべ、ぶ厚い眼鏡の奥で青い瞳を輝かせながら見上げたコーリーが、手ではなく脚をつかんでコーヒーテーブルまで連れていってくれたおかげで、私はようやく両手いっぱいの荷物をおろすことができた。イーサンとナンシーが自己紹介をするまもなく、コーリーは箱のなかの石と化石に興味をもっていじりはじめる。私が同じくらいの年頃から集めていたコレクションの一部をおみやげにもっていったのだ。ついこのあいだまで目が見えなかったことが頭にあったので、三葉虫とブラキオポッドという貝に似た化石のギザギザを指で触れるやり方を教えようと、私はかがみこんで声をかけた。でもコーリーは教わらなくても大丈夫だと得意げに宣言すると、私が小さかったころそうしたように、化石をひとつひとつ手にとってはゆっくりまわしながら、どの角度から何が見えるか食い入るように探しはじめた。

あらためて室内を見まわすと、心地よい水色と白の内装でまとめられた部屋は、小さい男の子がいる家に似つかわしくないほどきれいに片づいている。おもちゃはどれも低い棚に整然と並ぶか、部屋の隅にきちんと積みあげられていて、気がつくと散らかっているわが家とは大違いだ。たぶん、コーリーが動きま

よちよち歩きをしていたころのコーリー。不器用だったが、陽気で好奇心に満ちあふれていた。
（写真提供　イーサン・ハース）

わるためには、部屋にあるものの位置をひとつ残らず記憶しておかなければならなかったころの名残なのだろう。私が座って家族の話を聞きながら記録していたソファーの頭上の棚には、ナンシーが集めた一一〇体を超える人形のうちの一〇体ほどが並んでいた。飾ってあるのは特別なものだけで、残りはナンシーのスクラップブックのコレクションといっしょに、クローゼットと納戸にしまってあるという。その他の壁はすべて「コーリー写真展」と呼ぶにふさわしいものになっていた。私が一番好きになったのは、「コーリー」の文字の刺繍を胸につけ、厚い眼鏡をかけてにっこり笑っている一歳ごろの写真だ。赤い額縁に入っている。飾られたなかで最も古い写真は、まだ目の病気が遺伝しているとは知らないころにナンシーとイーサンが撮ったもので、赤ちゃんのコーリーは黄色いシャツにオーバーオール、白いソックスに身を包み、心ここにあらずという顔で横を見ている。ダイニングルームの壁には、「生きる、笑う、愛す」が木の文字で飾られ、それぞれの下には家族のセレブリティーであるコーリーの三枚の写真があった。

イーサンが話しながら私に手渡す診察記録のコピーを整理しているあいだにも、コーリーは何度となく立ち上がって母親に石を見せた。私は三人を眺めながら、この疲れ知らずの元気な少年が同じリビングルームを手探りで歩き、窓の外を疾走するリスのように家具に衝突していたころのことを想像しようとしたが、無理だった。その日のコーリーは居心地のよい部屋をやすやすと走りまわっていた。私にゲーム機を見せたかと思えば、粘土のようなベトベトするものでおならの音を出す方法を教え、石に入っている鉱物の名前を教えてくれとせがむ。その合間には、遺伝子治療で一番つらかったことを説明しようと、床にあおむけに寝転んでからだを硬くし、棒のようにじっと動かずにいなければならなかった様子を実演してくれた。一方で、一家がこれまでに過ごしてきたつらい時期の片鱗も垣間見えた。コーリーがたまに足を踏みはずし、少しでもよろめくと、ナンシーの腕が間髪いれずに伸びて支え、ときにはしっかりと抱き寄せた。コーリーも母親の腕から逃れようとはしない。彼がひとりでなんでもできることに、家族全員が、まだ慣れていなかった。コーリーにはすべてがぼんやりとした影に見え、薄暗い場所ではまったく何も見えなかった時期は、何年も続いていたのだ。

二〇〇八年九月二〇日、コーリーが八歳の誕生日を迎える二日前、ハース一家はフィラデルフィア小児病院に向かった。私がコーリーに会う一五か月前のことになる。その週にコーリーは、すでに何度か受けたものや新しいものも含めた一連の検査を受け、木曜日の朝にはいよいよ治療実施の準備がすべて整った。コーリーに麻酔が施され、眼科の執刀医アルバート（アル）・マグワイアによって、症状の重い左目にわずかな切り込みが入れられる。そして、規則正しく並んだ浴室タイルのような網膜色素上皮細胞の薄い層の、すぐ上のわずかなスペースに、細工がほどこされた四八〇億個のウイルスが慎重に注入された。このスペースと細胞の層は、眼底の視細胞（桿体細胞および錐体細胞）と接している。大切な桿体細胞と錐体細胞は、入ってくる光を感じることから光受容体とも呼ばれているが、コーリーの網膜色素上皮細胞はこれらの細胞に必要な栄養素を供給する役割をうまく果たせていなかった。そのために彼の桿体細胞と錐体細胞は年月を経るうちに栄養不足になり、脳に光の信号を送って像を描く力をだんだんに失っていた。だからコーリーが手術台に横たわるころには、もうぼんやりした暗い影しか見ることができなくなっていた。でもそんな状態が変わることになる――誰も想像しなかったほど、すぐに。

2　診断までの道のり

コーリー・ハースは、二〇〇〇年九月二二日に生まれた。ナンシーは平穏無事な妊娠期間を送り、ブロンドで青い目をした、体重四〇〇〇グラムのかなり大きな赤ちゃんを出産した。

はじめの数か月間は何もかも完璧で、発育も標準を超える順調さだった。「コーリーはいつも機嫌のいい子でした。ところがベビーシッターが、他の赤ちゃんのように目の前にあるものに手を伸ばす様子を見せないことに気づいたんです」と、ナンシーは当時を思いだして話してくれた。ナンシーは近くのオフィスで働き、イーサンはインターナショナルペーパー社に勤めて片道一時間以上かけて通勤していたから、ふたりとも日中は息子といっしょにいないことが多かった。それでも、コーリーが明るい電球をじっと、まるで心を奪われたかのように見つめつづける風変わりな癖をもっていることには、両親もベビーシッターも気づいていた。ふつうならそんなに長くは見つめないし、見つめることもできない。またベビーシッターは、ミルクを飲ませるときに目を合わせたことがないと報告した。それにはナンシーも気づいていたが、まだ小さいから焦点を合わせることができないだけだと考えた。

さらに週数を重ねるにつれて、この新米の母親はなんとも言いようのない不安を感じるようになり、その不安は心の片隅でくすぶりつづけた。名前を呼ぶと、息子は振り返るのだが、こちらの方向をただ漠然と向くだけで、自分のことを見ているように感じられなかったからだ。さらに、コーリーが明るいところにあるおもちゃでしか遊ばないことも気になった。カーペットの上にいるときには、太陽の光が差し込んでいる場所に置いてあるおもちゃにしか手を伸ばさなかった。コーリーの何かがうまくいっていなかった。

六か月になるまでには、問題がもっとはっきり浮かびあがってきた。コーリーは焦点を合わせられないばかりか、眼球がとりとめもなく動き、左右に行ったり来たりするようになった。左目のほうが右目よりもひどく動いた。痛みはないものの不安を呼ぶこの状態は「眼振」と呼ばれ、ハース一家はあとで知ることになるが、色素欠乏症の患者に一般的な症状だった。おそらくコーリーの髪にも目にも色があったせいで、地元の小児科医は心配する両親に対し、色素欠乏症とは思えない、成長するにつれて症状も軽くなっていくだろうと伝えた。

地元の小児科医はその症状が遺伝性疾患の現れとは思わなかったようだが、それも無理からぬことだった。遺伝性疾患があれば、発達の遅れや顔の表情の異常、主要器官の不具合、免疫系の抑制によっていつも風邪をひいているなど、いくつもの兆候や症状を伴うのがふつうだ。ところがコーリーは丸々と太り、かわいらしく活発で、健康そのもののように見えた。それでも六か月検診の際に、コーリーがときどき寄り目になることが気にかかった小児科医は、近くの都市サラトガスプリングスの眼科医に診てもらうよう勧めた。以後、何人もの眼科専門医の手を経て診断が下されていくが、このグレゴリー・ピント医師がその最初のひとりになる。ナンシーとイーサンは不安を感じながらも、それほど恐れてはいなかった。視覚の仕組み全体の発達が少し遅れているだけかもしれない。それに生まれてすぐの赤ん坊がみんな両親の顔に焦点を合わせられるわけでもない。コーリーの揺れうごく目は、放っておいては治らないかもしれないが、簡単な治療でよくなりそうに思えた。

はじめてピント医師の診察を受けたコーリーは七か月になっていて、目の構造で特に欠けているものはなかった。ただ医師は、眼底に異常に色調の薄い部分があることに気づいた。診察で一番手がかりになりそうなのは、コーリーが照明の光に強い興味をもって見つめることだった。ピント医師は、以前にも同じ症状を見たことがあり、それは視力の弱い人が「自己刺激」を求めている場合だったとナンシーに話した。

視力を別にすればコーリーはまったく元気で、動けない赤ん坊から目の離せない幼児へと目覚ましい速さで育っていった。とにかく探検好きだった。八か月になるともう座っていることにもハイハイにもあきたらず、自分で必死に立ち上がろうとしはじめたが、その様子はなんとも不器用に見えた。あちこちに勢いよくぶつかり、特に薄暗い部屋ではひどかった。そして相変わらず、魅入られたかのようにうっとりと明かりを見つめた。

苗木が日光を求めるように、コーリーは狭いリビングルームでいつも照明の光に引き寄せられ、手を伸ばしてつかもうとした。まもなく伝い歩きをはじめ、すぐにひとりで歩けるようになった。そうなると、カーペットのザラザラした表面を手のひらや脛《すね》で感じとることができなくなり、自分がどこにいるかを感覚でたどれない。衝突はますます激しさを増した。それでもなお、その他の点ではすべてが順調な成長を見せていた。片言をしゃべり、単純な絵も描けるようになった。視力以外の感覚を駆使して、視力を補うことも覚えはじめていた。

だが次の目の検査で、ピント医師は事態の悪化を認めざるをえなかった。「コーリーは視覚障害の症状を見せはじめていました。ハイハイしているとき、テーブルの脚に頭からぶつかっていくこともありました。しかも前ほどよくものを目で追えなくなっていました。内斜視になり、最も顕著だったのは極度の近視です」と、この眼科医は当時を振り返る。急速な視力の低下を心配した医師は、すぐに小児眼科の専門医であるジョン・サイモンのもとにコーリーを送った。オールバニー在住だがハース一家の自宅近くに出張診療所をもつサイモン医師は、ピント医師の所見を確認し、コーリーが一〇か月のときに最初の眼鏡を処方した。二〇〇一年も終わりに近づくころ、定期診察で訪れたコーリーの目に、サイモン医師は新たな兆候をいくつか見いだす。左目が内側に寄ったうえ、虹彩に点々と光を通すところがあって、まるで微小な穴がいくつもあいているかのようだった。ただ、極度の近視という以外に何が起きているかを判断するには、コーリーはまだ幼すぎた。幼少のころの視覚の問題は、成長するにつれて消えることも多い。最終的な診断は早計であり、しばらくは眼鏡が役に立つはずだ。

コーリーはその後も順調に発達を続けたが、眼鏡の度を二倍にしても、前よりさらに見えにくくなっていた。ピント医師のもとを最後に訪れたとき、コーリーは「魔の二歳児」のまっただなかで、網膜検査のあいださえじっとしていられない。ただ、コーリーがものを見て、それが何かを見分けようとしても、実際には見えていないことはよくわかった。そしてまだ、われを忘れて照明に見入った。

二〇〇三年のはじめには、やがてコーリーを遺伝子治療へと導く、最初の重要なきっかけが生まれる。まだ診断は下されていなかったが、視力が極端に低いコーリーは、障害や発達遅延のある幼児を支援するニューヨーク州の「早期介入プログラム」の対象になっていた。そんなある日、ハース家を訪問した担当者が雑談のなかで、似たような視力の問題を抱えている子どもの親と話したことがあると言ったのだ。ナンシーは尋ねた。

「その人は、お子さんをどこで診てもらったのかしらね?」

＊　＊　＊

ボストン小児病院までは、アディロンダックの南部から車で五時間ほどかかる。これには途中のトイレ休憩と、州間高速道路のマサチューセッツターンパイクでは避けられない交通渋滞も計算に入っている。しかも一月なら氷雨まじりの暴風や猛吹雪で予定が狂うことも多く、バークシャー周辺では延々と続く州間高速道路にどこからともなく生まれた突風が襲いかかり、雪が小さな竜巻となって視界をさえぎることもある。だが二〇〇三年一月のハース一家には幸運が味方したようだ。空気は清々しく澄みわたり、コーリーのはじめての予約診察に向かったボストン小児病院に、記録的な速さで到着することができた。

幼児の網膜疾患を専門とする眼科のアン・フルトン医師を、ハース一家はひと目で好きになった。クルクルと豊かにカールした淡いグレーの髪は、コーリーのブロンドのモジャモジャ頭にどことなく似ている。フルトン医師はナンシーとイーサンの話に熱心に耳を傾けると、カルテに次のように書き込んだ。「コーリーの視覚行動に関する所見――十分に明るい場所ではよく見えている。照明が暗いと家具にぶつかり、これは自分の行き先ではなく電球を見ているからではないかと両親は考えている。顔を斜めに向けたままでテレビを見る」

翌日、医師はコーリーに安静を保つための麻酔をかけ、瞳孔を開く目薬をさすと、網膜電図検査を行なった。この検査では光の刺激に対する網膜の反応の様子がわかり、通常は急激に下降してまた急激に上昇する波形が描かれる。

コーリーの網膜電図の波形は、アイオワのどこまでも続くトウモロコシ畑のようにまっ平らだった。このような平坦な波形は網膜になんらかの異常がある決定的な証拠であることは、どの眼科医でも知っている。それでも、フルトン医師はこれほど徹底した無反応はほとんど見た経験がなかったので、検査装置の故障ではないかと、もう一度点検してみたほどだ。装置は正常に動いていた。問題はやはりコーリーの目のほうにあり、光のエネルギーがコーリーの脳に届いていなかった。

コーリーが麻酔から覚めると、フルトン医師は鉱山労働者のヘルメットに似た装置を身につけ、コーリーのそれぞれの目に強い光を当てて網膜を覗き込んだ。その光はひどく強烈なので、子どもは（ときには大人でも）思わず叫び声をあげてしまうのがふつうだ。でもコーリーはしんと静まりかえっていた。もしその珍しい器具にうっとり見とれ、これまで見慣れているよりずっと明るい、刺すような光を感じていなかったのでないとしたら、じっとしてなどいられなかったはずだ。でもフルトン医師はじっくりと観察することができた。どちらの目でも、網膜の中心にあって最も鮮明な画像を結ぶ黄斑部の色調が薄すぎた。それは悪い知らせだった。

フルトン医師の暫定的な診断は、色素欠乏症だった。コーリーが薄暗い場所でつまずくという事実は夜盲症を思わせたが、家族三人の目の色が淡いこと、そしてナンシーとコーリーふたりの虹彩に微細な穴があいていて、そこから光が通過していることは、色素欠乏症を示唆していた。ナンシーが実際にはとても軽度の色素欠乏症、イーサンも同じタイプの保因者《キャリア》で、両親の変異が組み合わさって息子の目に強い影響を与えているのではないか。色素欠乏症には劣性のタイプがいろいろあり、発症していない保因者の親から子へと受け継がれるから、イーサンもナンシーもそのような症状をもつ親族はひとりもいないと言っているが、それは参考にならない。色素欠乏症は静かに世代から世代へと伝わっていく。コーリーがすでに受けた検査では、最も一般的なタイプの色素欠乏症は見つからなかったが、ハース一家の場合は稀なタイプかもしれないし、おもに目を冒す特異型の可能性もある。

八か月後の二〇〇三年秋、コーリーは三歳になり、幼稚園児になった。だがもうふつうの明るさの部屋にいてもすべてが影のようにしか見えず、特別明るい照明がある部屋では極度の視野狭窄を起こすようになっていた。現在では、この幼いころの記憶を身振りで再現し、狭くなった視野のまんなかでものを見るためにはこんなふうにしなければならなかったと、頭を傾けて見せてくれる。

一〇月には精密検査のために再びボストン小児病院を訪れる。小児科医で遺伝学者のウェンハン・タン医師が、いっときもじっとしていないこの幼児を検査し、「形態異常」の手がかりを探した（一部の遺伝医療の専門家は、非公式にファニーフェイスの小児の検査とも呼んでいる）。遺伝性疾患を発症した人は、独特の顔の表情をしていることが多い。そうした表情はただ奇抜に見えるだけかもしれないが、鋭い臨床医が体系的にとらえると、どの遺伝子と染色体を調べるべきかわかることがある。タン医師が耳、鼻、あごの寸法を慎重に測るあいだ、コーリーはおとなしく座っていた。口を大きくあけて口蓋を詳しく調べてもらい、目の間隔と傾き、上唇と鼻の間隔も計測してもらう。コーリーの顔は天使のように愛らしく、どんな疑いをさしはさむ余地もなかった。

色素欠乏症の可能性をまだ捨てきれないフルトン医師は、病院で遺伝学と代謝を担当しているデヴィッド・ハリス医師に依頼して、この疾患でもめったに見られないふたつのタイプが隠れていないか、コーリー、ナンシー、イーサンの三人を検査してもらった。色素欠乏症では、酵素の欠乏によってメラニン色素が合成されない。色素がないと目ははっきりした像を結ぶことができず、脳につながる視神経の経路が正常に発達しない。視野は狭まり、眼球が揺れる。だが今度も、コーリーは正常だった。彼の目は正常ではなかったが、その原因は色素欠乏症ではなかった。いったい何が悪いのだろうか。

色素欠乏症が除外されると、一般的に考えて最も可能性が高いのは、網膜変性だった。コーリーの網膜の周辺部にあって光を受容する桿体細胞と、中心にあって色覚を受けもつ錐体細胞は、どちらも衰弱しているか、入ってくる信号を無視している。これは色素欠乏症よりも恐ろしいものだ。

コーリー、イーサン、ナンシーの三人は二〇〇四年五月にまたボストン小児病院に出向いた。フルトン医師の診察記録には、「ジオプター」や小「眼振」を伴う「内斜視」などの専門用語が点在するなかに、成長著しい少年の様子が記されている。「コーリーは活発で、好奇心いっぱいの探検家だ」。フルトン医師はそれまで時間をかけて観察してきたコーリーの視覚障害を分析し、レーベル先天性黒内障と呼ばれる疾患を考えるようになっていた。それより六年前の一九九八年には、やがてコーリーの症状の原因であることがわかる遺伝子を特定するチームにも加わっていた。医師はカルテにこう書き込んだ。「従来の基準でレーベル先天性黒内障と診断するには、コーリーの視力は高すぎる。あるいはそう診断された多くの子どもたちに比べて、はるかに高い」

最終的に正解となる病名に触れたのは、このときがはじめてだった。

3　コーリーのどこが悪いのか？

レーベル先天性黒内障（ＬＣＡ）がどのようなものかを理解するには、眼球の全体を、光を通す瞳孔から入って一番奥の壁まで、よく知っておく必要がある。目の奥の壁一面には網膜が広がり、そこには視細胞（桿体細胞と錐体細胞）があって、光のエネルギーを受け取っては、神経系にわかってもらえる電気信号に変えている。桿体細胞のほうは物の明暗を判断できるとともに動きを感知し、錐体細胞のほうは色を識別して信号を送る。網膜には光の信号を視神経に送る細胞の層もあり、ここから送られた情報が脳のある部分に届き、そこで解釈されて視覚画像になる。人間の目は旧式のカメラにたとえるとわかりやすいだろう。網膜は写真のフィルムのようなものだ。

まず、コーリーの夜盲からは、桿体細胞に何か問題があることが考えられた。この薄くて細長い細胞は片方の目に一億個もあり、そのひとつひとつに約二〇〇〇枚の半透明の円盤が含まれていて、細胞膜の内側に折り重なるように集まっている。そのせいで、桿体細胞はちょっと電動歯ブラシに似ている。整列した円盤は先端のブラシのように見えるし、細胞の反対側にあって脳へとつながっていく神経連結部分は、充電器に差し込まれる部品に相当する。

桿体細胞の何層にも重なった円盤には、ロドプシンと呼ばれる色素の分子がたくさん埋め込まれていて、実際にはそれが視覚を生みだしている。ロドプシンの分子は、オプシンと呼ばれるタンパク質の部分と、もっと小さい、ビタミンAから作られるレチナールと呼ばれる部分でできている。わずか一兆分の一秒の閃光によってレチナールの形が変わり、その変化によってオプシンの形が変わる。オプシンの変化が化学反応を引き起こし、それが近くの視神経に信号となって伝わり、脳の視覚野を刺激する。こうして、人間の片目にある一億個の桿体細胞と三〇〇万個の錐体細胞が力を合わせて一瞬の場面をとらえ、それを脳がひとつの像としてまとめている。

まわりの世界が、切れぎれのスナップ写真を並べたものではなく、ひと続きのパノラマ写真として見えるには、ロドプシンが光に反応して変化したあと、すぐ元に戻る必要がある。薄暗い場所ではこうした変化がゆっくり起こり、ロドプシンは目の中でうまく再利用されていく。だがとても明るい光のもとでは大量のロドプシンが急激に変形するから、すぐには元に戻りきらない。適応していた暗い映画館から、急に明るい日光のもとに出ると、一時的に目が見えなくなってしまうのはそのためだ。子どもたちにニンジンをたくさん食べるよううるさく言う理由もここにあり、ビタミンAの不足は夜盲症の原因になる。錐体細胞も同様の働きをするのだが、ここではロドプシンではなく、別の三種類の視色素を使用する。これらの物質が異なる波長の光に反応して赤、緑、青の色合いを感じ、私たちの世界をカラフルなものにしている。人間と霊長類の仲間を除くほとんどの哺乳動物の場合には、ふたつのタイプの錐体細胞しかなくて、見える色合いが限られている。

コーリーがほんとうにレーベル先天性黒内障であるとすれば、視覚障害の原因は桿体細胞や錐体細胞ではなく、それに接している細胞の層、網膜色素上皮（RPE）にある。網膜細胞上皮は桿体細胞と錐体細胞の管理人のようなもので、老廃物を消化するとともに、迷い込んできた光線を吸収している。そのような光線が吸収されなければ、眼球内であちこちに跳ね返って意味のない閃光を生んでしまう。だが網膜細胞上皮にとって一番大切な仕事は、ビタミンAを蓄えることにある。RPE65というタンパク質を使ってビタミンAを活性化し、白黒を識別するのに不可欠なレチナールを作る。のちに、コーリーの問題がまさにここにあることがわかる。コーリーの目はRPE65を作ることができなかった。細胞に特定のタンパク質の作り方を指示するのは遺伝子だから、この状態の原因は遺伝にある。正常なRPE65がないために、コーリーの桿体細胞と錐体細胞はどんどん縮んでいき、やがて消えてしまうだろう。四〇歳までには——とても楽観的な予測ではあるが——完全に失明するはずだ。法的や機能的にはそれよりずっと早い時期に全盲とみなされることになる。それでも視細胞の数は膨大で、最も重度の盲目となっても細胞がいくらか残るほどだから、コーリーほど若ければまだ数多くの視細胞が失われずにいるはずだった。そしてこのタイプのレーベル先天性黒内障こそが、遺伝子治療の理想的な候補だった。また、患者が若ければ若いほど効果を期待できた。それでも一八以上の異なるタイプがあって、そのそれぞれが異なる遺伝子の異常によって引き起こされる。フルトン医師のカルテに書き込まれた所見が最終診断になるかどうかを明らかにするには、遺伝子検査が必要になる。

*
*
*

コーリーの視力がどんどん失われていく原因を突き止めるのに何年もかかったことは、驚くにあたらない。網膜に害を与える可能性がある遺伝子の変異は、一八〇以上もあるからだ。遺伝による視覚障害で一般的なのは網膜色素変性症で、視細胞そのもの、なかでも桿体細胞が、徐々に死んでいく。症状は通常、成人の初期になってから出はじめる。レーベル先天性黒内障は視細胞に対する間接的な攻撃によるものではあるが、網膜色素変性症の一形態とみなす研究者もいる。どのような分類がなされているにせよ、サブタイプをすべて合わせると、遺伝性網膜ジストロフィーのおよそ八%を占める。また、発症の年齢が低く、重症にもなるため、盲学校の生徒では二〇％という高率になる。

レーベル先天性黒内障そのものは、一八の遺伝子（その数は研究によってさらに増えている）のいずれかの変異によって起きると判明するずっと前から知られていた。ドイツの眼科医テオドール・レーベルが一八六九年に、遺伝性疾患としてはじめて記載したものだ。ただし初期の報告ではすべての症例が先天性ではなく、一部は環境によるとされた。一八八六年の症例報告には、ジョージア州サバンナに住む若い女性が、マラリアの治療でキニーネを多量に用いすぎたあとで発症したとある。昏睡から覚めたとき、明暗の区別がつかなくなっていたという。この報告の記述は、コーリーがリビングルームでよちよち歩きをしていたころの様子と、気味が悪いほどよく似ている。「彼女はひとりで動けるほどには見えていないが、よく注意を払えば部屋にある大きくて色のついたものを見分けることはでき、そうするときはためらいがちに、いつも目をキョロキョロ動かしている。一メートル二〇センチ先にある指の数を数えることはできるが、文字は判読できない」。幸いこの女性の場合、キニーネによって誘発された黒内障の影響は一時的なものだった。

黒内障というのは「目が見えなくなる症状」を意味する。「一過性黒内障」は目の一時的な循環障害によって発症し、視力を失うのは一分間ほどにすぎない。脳卒中の前触れで起きることもある。別のタイプの黒内障として、ウシ、ヒツジ、ヤギ、シカ、ラクダなどの反芻動物に見られる症状がある。ビタミンB1の欠乏が原因で、二通りの理由で発症する。一方は鍵となる酵素を働かなくしてしまう特定のシダを食べた場合、もう一方は反芻動物がもつ四つの胃のうちのひとつでバクテリアの数が変化した場合だ。後者では硫化水素の悪臭をもったガスが肛門から大量に排出される。

*　*　*

すコーリーは四歳の誕生日にボストン小児病院を再訪した。その症状は急速に悪化し、視野狭窄もますます進行していた。眼底を検査したフルトン医師は、両目とも、黄斑部の異常に色調の薄い円の中央に、色の濃いくぼみができているのを見つけた。片目だけであれば先天的な偶然の傷である可能性もあったが、両目となれば遺伝の問題とみなさざるをえない。稀な出来事がふたつ同時に起きたなら、十中八九、根本的な誤りに由来していると見て間違いないからだ。保因者の母親から息子に受け継がれた網膜色素変性症だろうか？　だがナンシーの遺伝子検査の結果に異常はなかった。

二〇〇四年という近年であっても、まだヒトゲノム配列の分析は続いていたから、遺伝子検査にはおそろしく長い時間を要した。研究者たちはヒトゲノムのドラフト配列（概要版）を二〇〇〇年までに決定し、最終版を二〇〇三年に発表している。そこで、医師たちは患者の症状が明らかになってくるにつれて、最も適切と思われる遺伝子検査をひとつか、せいぜいふたつ、三つ試みていた。それは単にまだ利用できる検査があまりたくさんはなかったからだ。現在では多くの病気について一連の遺伝子検査を利用できるだけでなく、ゲノム配列の決定によって、特定の家族に固有と思われる変異まで識別することができる――実際、二〇一一年の夏には、ハース一家の友人であるレーベル先天性黒内障の二家族でそのようなことがあった。けれどもコーリーの場合、ゆっくりと、論理的なやり方で、遺伝子検査から診断が導かれていく。

次に一家がボストンに行ったのは二〇〇五年一月末で、今度はナンシーとイーサンが網膜電図検査を受ける番だった。端子を眼球に直接触れさせなければならない検査は、夫婦にとってはあまり思いだしたくない経験だ。検査の結果、ふたりとも網膜の機能は低かったが、視力に影響するほどではなかった。だがそれは重要な手がかりだった。ふたりが同じタイプの遺伝性網膜疾患の保因者である可能性があり、症状が軽くて気づいていないだけかもしれない。この検査の結果を受け、次の段階は一家のレーベル先天性黒内障のＤＮＡの検査だった。コーリーの網膜電図検査の結果がまっ平らだったことから、他の遺伝性の眼病は除外された。とはいえ、新しい遺伝子が次々に発見されていたので、そう簡単に運ぶものではなかった。イーサンはこのときの診察が転機だったと記憶している。「フルトン先生は私たちに、遺伝学についての考え方を変えるようにとおっしゃいました。研究によってたくさんの遺伝子が明らかになっていましたからね」。新しい遺伝子検査を利用できるようになっていた。

その一方で、臨床的な手がかりも医師たちが目にかかわる他の遺伝性疾患を除外するのに役立っていた。コーリーとは逆に、暗い場所のほうがよく見える子どもに当てはまる病気（色覚異常、錐体ジストロフィー、またはシュタルガルト病）はもうリストからはずされ、明るい場所のほうがよく見える子どもに当てはまるもの（網膜色素変性症、先天性停止性夜盲症、または一部のタイプのレーベル先天性黒内障）に重点が置かれた。専門医は夜盲症を含むいくつかの症候群も診断リストから消していた。コーリーには、バルデー・ビードル症候群に特徴的な手足の指の過剰形成はなく、バッテン病の脳の変性もなく、アッシャー症候群の難聴、色素欠乏症の極端な青白さもなかった。

レーベル先天性黒内障の全般的な診断は、症状と網膜電図検査などの結果に基づいても可能だが、遺伝子検査をすればサブタイプを見分けることで変異を説明できる。医師と研究者たちはさまざまな遺伝子記号をちりばめた言葉で話し、そうした記号はたいていの場合、影響を受けるタンパク質を示す短縮形だ。そして両親たちもすぐ、その難しい用語をなんなく使いこなすようになる。ＲＰＥ65遺伝子が変異したコーリーのタイプの場合、ごく幼い時期に症状がわずかに改善されるが、その後は年齢とともに悪化する。ＣＲＢ１遺伝子およびＬＲＡＴ遺伝子が変異したサブタイプの場合も同様だ。視力がだんだんに、ただしゆっくりと衰えていく子どもの場合は、ＡＩＬＰ１遺伝子またはＰＲＥＲＩＰ１遺伝子が変異している可能性があり、生まれたときから全盲であればＣＥＰ２９０遺伝子またはＧＵＣＹ２Ｄ遺伝子が変異した、もっと一般的なタイプだと考えられる。診断するうえでのもうひとつの手がかりとして、一部のタイプのレーベル先天性黒内障の子どもには、指で目を頻繁にこすったり突いたりする特徴的な行動が見られる点がある。また眼底の様子もヒントになる。コーリーのようなタイプでは色調が異常に薄くなり、また別のタイプでは照準のような中心部ができることもある。桿体細胞と錐体細胞の機能はこのうえなく複雑で、視覚には数多くのタンパク質がかかわっている。したがって多くの遺伝子がかかわっているから、レーベル先天性黒内障には数多くの異なるタイプがある。「コーリーのどこが悪いのか？」という問いに最終的な答えを出せそうな、最適の遺伝子検査を選ぶにあたっては、フルトン医師の詳細なカルテが役立った。

ボストン小児病院の遺伝の専門医だったハリス医師は、ハース一家から採取した血液をジョン・アンド・マーシャ・カーヴァー非営利遺伝子検査研究所に送った。からだの多くの部分を対象としている他の施設と違い、カーヴァー研究所は目を専門としている。そのため、レーベル先天性黒内障を引き起こすことで知られている（全部ではないにしても）ほとんどの遺伝子を検査できる。「ヒトゲノムからレーベル先天性黒内障の遺伝子を探すのは、干し草の山から一本の針を探すどころではありません。ステンレスの針の山から一本の銀の針を見つけ出すようなものなのです」と、医師であるエドウィン・ストーン博士は説明する。ストーン博士はこの研究所の所長を務め、近くのアイオワシティーにあるアイオワ大学の眼科学および視覚科学の教授でもある。二〇一〇年の盛夏には、ペンシルバニア大学のキャンパスで週末に開かれた患者家族のための会合で講演した。

研究所は非営利だが、検査は通常、無料ではない。非常に稀な変異を見つけだすために必要となる全遺伝子の配列決定には、膨大な経費がかかるからだ。一般的なレーベル先天性黒内障の変異を見つける費用は七〇〇ドル程度だが、珍しいものとなると、料金は六〇〇ドル単位で上がっていく。六週間という短期間で結果を得たければ、料金は二五〇〇ドルになる。それでも、カーヴァー研究所に血液サンプルを提出する家族のおよそ四分の一は求める答えを得られず、結局、可能性を消すためだけに料金を支払うことになる。そのような家族は次に、デンバーにあるコロラド大学ＤＮＡ診断研究所など、それ以外の突然変異を見つける検査をしている別の施設を探しだす。それでも答えが出なければ、「エクソーム解析」（ゲノムのなかでタンパク質をコードする領域だけを解析する方法）に進む。今から一〇年後、ヒトゲノムとその変異体がすべて解明されれば、特定の病気の原因となっている変異を見つけるのは、アマゾンのサイトに本のタイトルを入力するくらい簡単になっているだろう。

三〇〇〇人と推定されるレーベル先天性黒内障患者の遺伝子検査による細部の確認をスピードアップするために、カーヴァー研究所では「プロジェクト三〇〇〇」を実施している。ボストン・セルティックスのオーナーであるウィクリフ・グラウスベックと、シカゴ・カブスの一塁手デレク・リーが二〇〇五年にスタートさせたプロジェクトで、ふたりとも自分の子どもがこの病気であると診断されたためだった（デレク・リーの娘はその後、レーベル先天性黒内障ではなくウイルスに感染していたことが判明したが、リーはそのままプロジェクトに加わりつづけている）。健康保険によって検査の費用をまかなえない家族には、寄付金からその費用を負担する。

私はカーヴァー研究所の訪問を申請して断られ、ストーン博士と話すことさえできないと言われたので、最初は正直がっかりしていた。でもやがて、博士はほぼ二四時間、働き詰めなのだと知った。休むことなく遺伝子を調べて探しだし、新しい検査を開発し、殺気立った両親にはそれが何時だろうと対応する。私は患者家族の会合で博士に話しかける機会を見つけ、この本のために話を聞かせてもらう必要があることを説明しようとした。ちょうどそのとき会場のアナウンスが入り、ストーン博士がこれから一家族一〇分ずつ両親の相談に応じると伝えられたので、注目が集まった博士のまわりには、たちまち人だかりができてしまった。博士は私に微笑みかけながら、「難しいって、わかってもらえたかな?」と肩をすくめた。

運よくコーリーの変異はとても一般的なもので、カーヴァー研究所を含む八つの研究所で検査ができる。

ハース一家がフルトン医師から結果を聞くためにボストンに出かけたのは、二〇〇六年七月五日のことだった。

＊　＊　＊

コーリーは六歳の誕生日を迎えようとしていた。点字の学習もどんどん進んでいたが、読み書きするためにおびただしい道具類を教室に持ち込まなければならず、コーリーと道具とでふたり分の座席が必要だった。それに、前の座席に座ると装置で他の児童の気が散るからと、教師から教室の一番うしろの座席を割り当てられた。コーリーは今でもそのころの孤独な気持ちを忘れてはいない。「クラリティのデスクメイトっていう機械を使ってたんだ。小さいコンピューターの画面のようなもので、その横からカメラが突き出していて、ホワイトボードの文字が大きく映る。でも一番うしろに座らなくちゃならなかったんだよ」。自分の席で文字を読むためには拡大鏡と一〇〇ワットの電球を使い、それでもまだ文字のすれすれまで顔を近づけなければならなかった。

「児童たちが文字を読むのに十分な明るさだと感じる通常の教室では、コーリーは文字を読めませんでした。コーリーの瞳孔は、部屋からひとつ残らず光子を取り込もうとするかのように、開ききってしまうでしょう」と、ジーン・ベネット医師は説明してくれた。

フルトン医師はナンシーとイーサンに、コーリーはふたりのそれぞれから、同じ遺伝子に異なる変異を受け継いでいたと説明した。これはふたりが親類ではないことを表していた。非常に稀な遺伝性疾患では常にその可能性が考えられ、親類どうしは共通の祖先、たとえば共通の曽祖父母などから、同じ変異を受け継いでいることがある。イーサンの場合の遺伝的な変異は局部的なもので、一個のＤＮＡの塩基が別の塩基で置き換えられており、一文字だけタイプミスが生じているようなものだ。だがナンシーの変異のタイプは「ナンセンス変異」とも呼ばれ、細胞がこれらの遺伝子の読み取りを途中でやめてしまうので、RPEタンパク質が合成されないか、合成されるにしてもわずかな量にしかならない（「きみにはナンセンスがあふれていると、いつも思っていたんだ！」と、イーサンは冗談を言った）。ナンシーもイーサンも保因者ではあったが、それぞれ正常に働くもうひとつの遺伝子をもっているので、視力に問題はなかった。けれどもふたりの変異がその子どもの目で組み合わさり、その子の細胞は必要なRPE65タンパク質をまったく合成することができなくなった。コーリーの桿体細胞はすでに栄養失調になり、まもなく錐体細胞もそうなるはずだった。

イーサンとナンシーは、二〇〇六年七月のその日にボストンでフルトン医師と遺伝学の初歩的な話をしたことを、あまりよく思いだせない。もう何年も通院を続け、コーリーに何かが遺伝したというヒントは山ほどあったというのに、とにかくショックだった。ただなんとか、ふたりのあいだに授かる子どもは二五％の確率でコーリーと同じ病気をもつ可能性があるということだけは理解した。あるひと言を聞いたとたん、遺伝子の詳しい話はまったく頭に入らなくなっていたのだ。「失明という言葉をはじめて耳にしたときのことは、よく覚えています。そのとたん、コーリーが将来できなくなってしまうことばかりが次から次へと頭に浮かんできたのです」。ナンシーは何年もあとになってから、思いだすだけで涙を浮かべる。

フルトン医師の勧めに希望は見いだせなかった。コーリーは学校で引きつづき視覚支援のサービスを受け、眼鏡をかけるように、そして点字の勉強を続けるようにと、医師はやさしくアドバイスした。その後一年間はボストンまで診察に訪れる必要がないとも言った。それ以上できることはなかったからだ。医師は進行中の研究にも触れたが、取り乱した両親の耳にはまったく届かなかった。ふたりは自分たちの子ども、自分たちの唯一の子どもが、自分たちが与えたものが原因で失明するという事実を、なんとか受け入れようと必死だったのだ。その日の診察のカルテは、次のような予言的な言葉で締めくくられている。

「これはRPE65タイプのレーベル先天性黒内障であり、最近、ある種の実験的治療に手応えがあったらしい。希望がもてる幕開けだ」。それはほんとうのことだった。だがコーリーのおびえきった両親は、まだそのことを知らない。

ふたりが知ったのは、ここにきてようやくの感はあったが、闘うべき敵だった。それは特定の遺伝子のなかの特定の変異だ。コーリーはマラリアの薬を飲みすぎてもいないし、脳卒中にもなっていない。腸にガスがたまったラクダでもなかった。ただし、コーリーはシマウマだった。

新米の医学生はすぐにこんな呪文を教え込まれる――「蹄の音を聞いたら、シマウマではなく、ウマだと思え」。患者の症状を見たときには、まず最も一般的な解釈を思い浮かべるように、つまり最もありふれた病気を疑えということだ。コーリーの症例では、ウマは夜盲症と色素欠乏症、その次に網膜色素変性症だった。だが遺伝医学者はほとんどシマウマばかりを相手にし、そのほとんどはたった一個の遺伝子の変異によって引き起こされる。そのなかでは比較的よく知られた嚢胞性線維症や鎌状赤血球貧血でも、一般的な心臓病や肺気腫のように環境的な要素に左右される病気に比べれば稀だ。だが、ごく稀な遺伝性疾患がどのようにして起こるかを理解することで、もっと一般的な病気を説明できることも多い。たとえば、コレステロール値を下げるために何百万人もの人々が服用しているスタチン系の薬剤は、家族性高コレステロール血症を両親から受け継いで命の危険にさらされる百万人にひとりという子どもの研究に基づいて開発されたものだ。そうした子どもたちのコレステロールは、膝や肘のうしろ側に黄色い蝋《ろう》状のかたまりとなって集まってしまうほど多い。変異した遺伝子が、どのようにしてからだのコレステロール合成を活性化するかを知ることで、その逆の効果を生む方法が解明された。

息子の視覚障害にようやく名前がついてから、一年後の予約でボストンに出かけるまでのあいだ、コーリーが見る世界がなおも狭まりつづけるにつれ、イーサンとナンシーは自分たちの無力さを思い知り、絶望の淵を歩んだ。遺伝性の病気という事実から来る特殊な罪悪感にもさいなまれた。「いったいぜんたいどうして、自分の息子がこんなふうになったのかって思いませんか？　私はいったい何をしてしまったのかって。それから、どうやって治してやろうかって」と、イーサンは振り返る。そのころの苦悩はふたりの胸に、いとも簡単に湧きあがってくるようだった。夫妻はそれ以上子どもを作る危険は冒さないことに決め、盲目のひとり息子を元気に育てあげようと、固く心に誓っていた。

一年後の二〇〇七年六月二八日、ボストン小児病院での診察で様相は一変する。フルトン医師のカルテには次の記載がある。「遺伝子置換の新しい実験的治療が計画されている。この治療の対象となる最年少の患者は八歳だと聞いており、コーリーはこの年齢に近づいている」。フルトン医師は、ナンシーとイーサンに一年以内にコーリーをまた連れてくるよう伝えると、フィラデルフィア小児病院のジーン・ベネット医師に電話を入れた。

だがコーリーが二度とボストンに戻ることはなかった。ボストンには行かず、遺伝子治療を受けた。コーリーは、遺伝子の偶然性という点では不運だったかもしれないが、適切な時に適切な場所にいたという点ではとても幸運だった。遠回りの末、何年もかかってようやく診断が下った時期は、研究者たちが遺伝子治療の臨床試験をまさにはじめようとしていたときと重なった。しかもその試験の対象が、視覚障害のなかでもコーリーが該当する稀なタイプだっただけでなく、サブタイプまで一致した。治療の目標は、不具合のある遺伝子の正常に働くコピーをコーリーに与えることだった。

ほとんどの人と同様、イーサンとナンシー・ハースは遺伝子治療のことなど聞いたこともなかった。ましてや、フルトン医師のカルテの記載からコーリーが試験に参加することになり、やがてラジオやテレビ、世界中の新聞の見出しに登場することになるなど、さらに「サイエンス」誌の「ブレークスルー・オブ・ザ・イヤー」にまで選ばれるなど、知る由もなかった。もちろん、国立衛生研究所所長のフランシス・コリンズ博士が後日、連邦議会でコーリーのビデオを紹介することもまだ知らない。コーリーはそのビデオで、最初は治療したほうの目をふさいで障害物のあるコースをよろけながらのろのろ進み、次は治療していないほうの目をふさいで同じコースを勢いよく走り抜けた。議会の席で議員たちがビデオを見つめるなか、コリンズ博士は明るく笑いながら、「いいぞ、コーリー、行くんだ!」と大声で叫んだ。

コーリーが新たに手に入れた視力は、いくつかの意味で遺伝子治療の分野を活気づける大きな役割を果たした。まず、彼の苦しみは人々の共感を呼びやすかった——幼いころから暗闇で生きることがどんなことなのか、誰にでも容易に想像がつく。頬をピンクに染めてにっこり笑う明るくチャーミングなコーリーは、遺伝性疾患というイメージとはほど遠い。そして遺伝子治療の効果がはっきりと見えた。けれどもコーリーが、比喩的にも、またおそらく事実のうえでも、遺伝子治療にとってどれだけの「救い」だったかを理解するためには、その成功の陰にあったバイオテクノロジーの挫折に——失敗と悲劇によって絶望的ともいえるほどに打ちのめされたそれまでの道のりに——目を向ける必要がある。

それ以前の遺伝子治療の試みは、やはり子どもを対象にして、命にかかわる別の病気を扱ったものだったが、効果に問題があったり、症状がわずかに、または一時的に改善するだけだったりした。ある遺伝性脳疾患の場合、遺伝子治療は悪化を遅らせて命を延ばしはしたものの、一〇代の患者たちに長い年月にわたる重度の障害を残すことになった。その後の一九九九年には、やはり九月の終わりにフィラデルフィアで、コーリーのときと同じ研究者のひとりが加わって、一八歳の少年が肝疾患の遺伝子治療を受けた。

ジェシー・ゲルシンガーは、遺伝子治療で命を落とした最初のひとりとなる。ただし、最後のひとりではなかった。

第2部　起こり得る最悪の事態

私の息子は科学実験で命を奪われた。

——ポール・ゲルシンガー

ジェシー・ゲルシンガー。ジェシーは、オルニチントランスカルバミラーゼ（OTC）欠損症の遺伝子治療を受けた4日後、1999年9月17日に世を去った。18歳だった。（写真提供　ミッキー・ゲルシンガー）

4　ブレークスルーの神話

コーリー・ハースは、新しいタイプの治療をはじめて受けることによって、医療の歴史を築く人々の仲間に加わった。それらの人々のすべてが、医療技術を進歩させる知識に貢献している。ときには、その方法が安全ではなかったり効果を発揮しなかったりするのを明らかにすることによって、またときには、安全で有効であると実証できることによって。自由意志で参加する被験者（ボランティア）の一部は——コーリーのように——快方に向かう。その陰で、ごく少数とはいえ——一八歳のジェシー・ゲルシンガーのように——自らの病ではなく、それを治そうとした努力が原因で命を落とす者もいる。一九九九年に起きたジェシー・ゲルシンガーの悲劇は、遺伝子治療の分野を完全に失速させ、研究者たちが新しい遺伝子をからだに導入する最良の方法を懸命に考え直すあいだ、臨床試験は中止に追い込まれた。医療の実験と臨床的な進歩の歴史にざっと目を通してみれば、コーリーの成功とジェシーの犠牲の背景となる全体像が浮かびあがってくる。

最新の治療と医療技術は、ここ半世紀ほどの年月をかけて少しずつ発展してきた。遺伝子治療の創始者のひとりで、カリフォルニア大学サンディエゴ校の遺伝子治療研究所所長を務めるセオドア・フリードマンは、ふたつの例をあげる。「骨髄移植がはじめて行なわれたのは一九五七年でした。それ以降、生存率が一％を上回るまでに、二〇年の歳月がかかっています」。一九七八年に免疫抑制剤が登場し、またそれから一二年後、血流に入る造血幹細胞の数を増やす別の薬剤を使用できるようになって、生存率が大きく伸びた。

成熟に時間のかかった医療技術の二番目の例としてフリードマンがあげたのは、癌の化学療法だ。癌によっては治療が可能だという最初の手がかりは、第一次世界大戦後に行なわれた検死解剖で見つかった。マスタードガスの被害を受けた人では、白血球の数が異常に少ないことがわかったためだ。白血球の数を減らせるなら、白血球の数が多すぎる白血病の人を救えるのではないか？　ある状況では毒となるものも、別の状況では効果的な治療になるのではないか？　一九四八年にハーバード大学医学部の病理学者シドニー・ファーバーが、アミノプテリンとメトトレキサートという化合物を発見し、それらがはじめて抗癌剤として小児の急性白血病の治療に用いられた。「当初の治癒率はとても低いものでした。一九八〇年代までには六〇％から七〇％になり、今では八五％から九〇％です。投与の方法を微調整し、薬剤に磨きをかけ、放射線治療を加えるのに、三〇年から四〇年かかったことになります。一〇年ごとに生存率が一〇％ずつ跳ねあがりました。癌の化学療法は、問題からどのようにして学ぶかを示す最もよい例です」と、フリードマンは話す。

医師たちが負傷者から学び、化学者が自然界に存在する薬剤を綿密に調べるよりはるか昔、人々は試行錯誤で新しい薬を使ってみるしかなかった。古代の狩猟採集民は、見慣れない植物に出会うと、何か貴重な効用はないか知りたくて、誰かに食べさせてみたかもしれない。食べた者が死ぬか具合を悪くすれば万能薬の可能性は消えた。けれども偶然に、症状を和らげたり治したりできる自然の産物を見つけられれば、人々はそれを使いつづけ、だんだん上手に使うようになった。

医師が新しいやり方を人で試してみるようになると、治療法を探る努力はさらに組織的なものになっていく。一七九六年、感染症に関心をもつイギリス人の医師エドワード・ジェンナーの家には、庭の手入れをするジェームズ・フィップスという名の少年がいた。ジェンナーは、のちに天然痘ワクチンとなるものを、コーリーと同じ八歳だったジェームズ少年に試している。この実験によって、恐ろしい伝染病だった天然痘はやがて世界から姿を消すことになる。当時、この病にかかればその三分の一は命を奪われ、子どもなら死亡率は八〇%にも達していた。ひどく痛む水泡が全身にでき、合併症で失明することも多かった。毎年、この病で数百万人もの人々が命を落としていた。

それまでにも世界中のいろいろな場所で、長年にわたって天然痘の予防接種と呼べるものが試されていた。患者の皮膚にできた水泡をわずかに掻きとり、元気な人の皮膚につけた傷にすり込んでおくやり方だ。そうするとごく軽い症状が出るだけで、重症にならずにすむことが多かった。また、酪農場で働く女性たちは天然痘にかからないこともよく知られていた。乳しぼりの女性が、「私は牛痘にかかったから、天然痘にはかかりませんよ」と話すのを聞いたジェンナーは、こうした事実をすべて考え合わせ、天然痘よりはるかに症状の軽い牛痘の患者からとった膿を健康な人の皮膚の傷につければ、その人を天然痘から守れるという仮説を導きだした。そこで、サラ・ネルメスという乳しぼりの女性の手にできた牛痘の膿泡から液をとりだし、ジェームズ少年の腕につけた傷にすり込んだ。数日後、ジェームズ少年は軽い頭痛と寒気に襲われ、食欲がなくなったものの、それだけですんだ。

ジェームズ少年が牛痘の膿を使った最初の「予防接種」を受けたのは、五月四日だった。そして七月一日にはその効果を確かめるために、ジェンナーは天然痘の膿をジェームズ少年の腕の傷にすり込んだ。それでも少年は天然痘にかからず、それから何度か同じことを繰り返しても大丈夫だった。さらに、ふたりの子どもをジェームズ少年のそばで寝かせてみたが、牛痘も天然痘も伝染しなかった。事実、ジェームズ少年は当時としては高齢の六六歳まで生きている。自分が実験に使われたことを知っていたとは思えないが、ジェンナーは長年にわたって少年とその家族の面倒を見た。この実験についてジェンナーが最初に発表した少し冗長な報告書は、ほとんど注目を浴びなかったものの、ジェンナーは多くの医師たちに自分が作ったワクチンを配ったので、彼らが患者を治療するうちにワクチンの効き目はたちまち明らかになった。一八〇〇年までには、欧州の多数の国が国民に定期的にこの予防接種を行なうようになり、その利用は米国でもはじまった。

二〇世紀が幕を開けるころになると、ボランティアへの人体実験によって黄熱のワクチンが生まれた。この病気にかかると、最悪の場合は寒気からはじまって食欲がなくなり、熱が高くなるにつれて強い頭痛が起こる。脈拍が低下し、皮膚が蒼白になり、血糖値が急落し、締めつけられるような激しい腹痛に襲われる。何時間か小康状態が続いたかと思うと、さらに強い症状が起き、徐々にけいれん、幻覚、大量の嘔吐と続き、やがて血でどす黒くなったものを吐くようになる。最後には器官が働かなくなり、衰えた肝臓から胆汁が大量に放出されて、皮膚と目の白い部分が鮮やかな黄色に染まることから、この病名がつけられた。黄熱にかかると、あっというまに命取りになることが多かった。

一九〇〇年にキューバのハバナで、ウォルター・リード黄熱研究委員会がこの恐ろしい病の原因を突き止めるための実験を行なっている。キャンプ・ラゼアル（リードの最も親しい同僚で、黄熱の犠牲になったジェス・ラゼアル博士の名をとった施設）に実験用の部屋をふたつ用意し、それぞれでボランティアたちが同時に何日かを過ごすものだった。一方の部屋には、直前まで黄熱の患者が着ていた衣服を分泌物で汚れたままいっしょに入れ、感染した人の汚物や体液によって病気が伝染するという仮説を試した。しかし、この部屋で感染した人はひとりもいなかった。もう一方の部屋には、ボランティアたちといっしょに、黄熱の患者から血を吸った蚊も入れた。蚊が最後に患者の血を吸ってから経過していた時間に応じて、何人かの男たちが黄熱に感染した。この実験で、蚊が感染にかかわっていることが明らかになった。

二〇世紀後半になるまでに、衛生状態の改善やワクチンと抗生物質の登場によって、かつては広く蔓延していた感染症もほとんどがなりをひそめる。そこで医療研究の中心は、新たに最大の死因となった心臓病へと移っていった。一九八〇年代のはじめに衆目を集めたのは、どちらも人間を対象としたふたつの画期的な実験だ。引退した歯科医のバーニー・クラークと生まれたばかりの赤ちゃん「ベイビー・フェイ」が、衰えた心臓を取り替える手術を受けたとき、ふたりは死を目前にしていた。ヌルヌルした肝臓やギラギラした長い腸とは異なり、一般の人にとって心臓は生命の象徴になっている。医師が脳の活動を目安にして生死を判定するとしても、そのイメージは変わらない。新しい心臓をからだに埋め込まれた高齢男性と乳児はメディアで大々的に取り上げられ、医療実験のインフォームド・コンセントの問題が、毎晩のようにニュースで活発に議論された。

一九八二年一二月二日、バーニー・クラークはソルトレイクシティーのユタ大学で、まるで一九五〇年代のSF映画に出てくる小道具のような名前の「ジャービック7」という心臓をもらった。自分の心臓のほうは突発性心筋症によって、もう少しで動かなくなるところだった（特発性心筋症という病名は、特に明確な理由がないのに弱ってしまった心臓に対して、あらゆる状況で使える）。ジャービック7の前段階の装置は、動物――おもにイヌ――を使った大規模な試験を終えていた。人工心臓を考案したのはウィレム・コルフ医師で、一九五七年にクリーブランド・クリニックで試作品の心臓をイヌに埋め込み、そのイヌが九〇分間生きていたことで一躍有名になっている。コルフ医師がユタ大学に移ると、後続の装置には手がけた研究者の名前がつけられるようになった。ロバート・ジャービックは、特にすぐれた手技をもつ研究員だった。ジャービック5は何頭ものウシで試験をすませており、一九八一年にはアルフレッド・ロード・テニソンと名づけられた子ウシが人工心臓で二六八日間生きつづける記録を打ちたてていた。

バーニー・クラークのその後の経過に一般の人々が大きな関心を寄せたのは、彼が自分の人生を詳しく知ってもらうことを楽しんでいるように見えたからかもしれない。クラークは一二歳のときに父親を亡くし、野菜売り、ホットドッグ売り、新聞配達など、手間賃をもらえる仕事をなんでも引き受けながら、母親がユタ州プロボのささやかな家を維持するのを手伝った。のちに妻となるユーナ・ロイには七年生のときに出会ったという。クラークはユタ大学医学部の入学に失敗すると、シアトルで歯科医になった。そして、長年にわたって喫煙を続けたために肺気腫と肝炎を患い、やがて心臓の悪化も知るところとなる。投薬で治療を試みてもクラークの心臓がよくならないと悟った医師は、ユタ大学に人工心臓プログラムがあることを伝えた。クラークとユーナ・ロイはじっくりと、でも時間切れを目前にして大急ぎで、どうしようかと考えた。

　六一歳のクラークは、数時間の間をあけて二回、インフォームド・コンセントの書類をよく読み、それに署名した。自分の身に何が起こりそうなのか、また何がうまくいかない可能性があるのかを、本人がよく理解したことを明らかにするために、そのような手順を踏むことが実施計画書《プロトコル》で求められていた。何年もあとにコーリーも同じように書類を読み、その後の実験について細かく説明を受けたが、急を要したこの歯科医の状況はコーリーの場合とはほど遠いものだった。

　バーニー・クラークの場合、生きていたいならば、書類に署名をして人工心臓を受け入れる他に手はなかった。執刀した心臓外科医のウィリアム・デブリーズ医師は、「ニューズウィーク」誌に次のように語っている。「彼の場合、心臓移植をするには年齢が高すぎ、効く薬もありませんでした。死を待つ以外に方法はなかったのです」。けれども生命倫理学者ジョージ・アナスは「ヘイスティングス・センター・レポート」に、クラークのインフォームド・コンセントは「不完全で、一貫性に欠け、混乱を招くものだった」と書いている。具体的には、その計画ではクラークが心神喪失状態になったり、自分の願望を伝えられなくなったりすることを考慮に入れていなかった。たとえばアナスが書いているように、同意書の条項には、別の処置が必要になった場合にはクラークが新たな同意書に署名する必要があるという規定があったが、彼が署名できなくなるかもしれないという可能性は無視していた。

『オズの魔法使い』のブリキの木こりは、新しい心臓をもらうとピタリとはまり、すぐに歌いだせた。だがバーニー・クラークは、最期を迎えるまでの一一二日間を苦痛のなかで過ごした。手術後、肺から空気が漏れ、脳の働きがにぶり、心臓の弁が破損しただけでなく、抗凝固薬のせいで鼻から激しく出血し、そのための手術も必要となった。手術前に言われていたように帰宅することはかなわず、病院のベッドに横たわったまま、身動きできないほどたくさんの管をつながれた。すぐそばには、予想しなかった数々の合併症に耐えて新しい心臓が規則正しい鼓動を刻むのに必要な、一七〇キロもある騒々しい空気圧縮機が据えつけられた。クラークは次々に襲いかかる感染症と闘った。新しい心臓の内部表面のわずかな凹凸によって血小板が傷つき、強力な凝固因子が放出されたため、脳卒中が起きた。三月二一日には肺炎のために集中治療室に戻らざるをえず、まもなく体温の上昇に伴って腎臓の機能が停止した。二日後に多臓器不全に陥り、循環系が崩壊して、午前一〇時に臨終を迎えた。

手術前と手術後のクラークの言葉は、生命倫理学者アナスの分析とは裏腹に、自分は「適切な情報」に基づいて同意したと考えていたことを示している。他の心臓病患者から、自分も同じ手術を受けるべきかどうか尋ねられたらどう答えるかという質問に対しては、「そうですね、私はその人たちに、もしも手術を受けなければ死ぬしかないのなら、やってみる価値はあると伝えます」と答えた。また利他的な気持ちもたびたび表現し、死のわずか数週間前には「タイム」誌の記者に、「やっぱりたくさんの人々の助けになれるのはうれしい」と語った。事実、現在では一〇〇〇人以上の人々が、左室補助人工心臓で命をつないでいる――この装置は心臓のなかでも最も負担の大きい左心室の機能を肩代わりするもので、ここまで進歩したのも、バーニー・クラークをはじめとした人たちがその原型をテストしてきたからにほかならない。

バーニー・クラークが世を去ってから一年七か月後、ステファニー・フェイ・ビュークレアは心臓の半分が欠けた状態で誕生した。左心低形成症候群と呼ばれるこの病によって何十人もの新生児の命が失われるのを、担当のレオナルド・ベイリー医師は見ていた。治療法がないことに焦燥感をつのらせたベイリー医師は、その七年前にヤギ、ヒツジ、ヒヒの心臓を交換する手術の実験をはじめている。一九八三年の一二月には、ロマリンダ大学メディカルセンターの施設内審査委員会が、ヒヒの心臓を新生児に移植するというこの医師の要求に対し、安全性と倫理上の評価を行なった。委員会がこの移植にゴーサインを出したのは、生まれてまもない赤ちゃんに移植できる人間の心臓が提供されることは、ごく稀だったからだ。

委員会の承認が下りたとき、ベイビー・フェイは生後二週間になり、瀕死の状態にあった。人工心肺装置を装着し、からだへの負担を軽くするために体温を下げ、誰かに不幸が起きて心臓を提供してくれるのを待っていたのだ。一九八四年一〇月二六日、外科医たちが赤ちゃんの準備をする一方で、移植チームのメンバーがメディカルセンターの地下に行き、若いヒヒからアプリコットほどの大きさをした心臓を取りだすと、氷まじりの塩水が入った皿に大事にいれて全速力で上階に戻った。ベイリー医師はヒヒの心臓をそっと手にとり、赤ちゃんの空になった胸部に入れて、か細い血管との接続部を縫いつけた。ベイビー・フェイの体温を上げると、その新しい心臓は鼓動をはじめた。

興味をかきたてられた世界中の人々が、ヒヒの心臓をもらった黒い髪の赤ちゃんに注目した。すでに何千人もがブタの心臓の弁を使って元気にしていたというのに、別の種の器官を人間の体内に入れると考えるだけで身がすくむ人たちもいた。生命倫理学者、動物愛護活動家、その他の関心をもった人たちが次から次へと登場し、さまざまな主張を繰り広げたものの、その舞台はあっけなく幕を閉じてしまう。ベイビー・フェイは新しい心臓をもらってからわずか二一日しか命をつなぐことができなかった。バーニー・

クラークと同じく、免疫系の拒絶反応でも、心臓を変えた急激な変化でもなく、大昔からの人間の敵、感染症に屈したのだった。

バーニー・クラークの場合と同様、生命倫理学者とジャーナリストたちはベイビー・フェイのインフォームド・コンセントの過程に疑問を投げかけた。サイエンスライターのクローディア・ウォリスは「タイム」誌で、ベイビー・フェイの心臓の欠損には移植以外の外科的な治療法もあったことを研究チームは両親に説明したのだろうかと述べて、問題を提起している。皮肉にも、外科的治療は、コーリー・ハースが何年かのちに治療を受けることになるフィラデルフィア小児病院で実施されていた。チャールズ・クラウトハマーは同じく「タイム」誌に寄せた記事で、この出来事を「医学倫理の冒険」と呼んだ。クラウトハマーはダイビングの事故で全身に麻痺を負った精神科医で、生命倫理について頻繁に寄稿している。生まれてきたばかりの赤ちゃんが重篤な病を背負っていると知った両親は、何かを決められるほど明確に考えることができるものだろうかと、クラウトハマーは疑問を投げかけた。この問いはその後、遺伝子治療が進められていく途上でも、たびたび浮かびあがることになる。ほとんどの臨床試験、すなわち実験は、幼い、たいていは絶望的な病の子どもたちを対象としているからだ。

バーニー・クラークとベイビー・フェイの物語から、遺伝子治療の臨床試験におけるジェシー・ゲルシンガーの死の背景が明確になってくる。根本的な問題は、試験を実施する意図だ。その試験は、患者個人を救うためのものなのか、それとも、いつかは大勢の人たちを救う可能性のある治療法を前進させるためのものなのか。あるいは、その両方なのか。これはよく誤解される医学研究の中心的信条であり、特に研究に携わる人以外からは、なかなか正しく理解されない。

コーリー・ハースと同じく、バーニー・クラークとベイビー・フェイは、ちょうどある実験的治療が動物で有効であることが証明され、人間で試験をする準備が整った時期に、図らずもその治療を必要とした。

コーリー、クラーク、フェイはいずれも、該当する分野で進んでいる研究につながりをもつ医師から注目されたという点で、幸運にも恵まれた。被験者はそうした状況のもとで、その目的がより大きな意味で人々のためになることであり、自分自身は実際には治療の恩恵を受けられないかもしれないことを理解する。このようにして、バーニー・クラークの勇気は現在使用されている左室補助人工心臓へと結実し、ヒヒの心臓は医療の主流とはなり得なかった。そしてコーリー・ハースが取り戻した視力は、きっとたくさんの人を助ける道へとつながっていくだろう。ただし、医療研究にこうした現実があり、多数のために少数が犠牲になる可能性があるからといって、これらの複雑な症例にかかわることになった医師が人として、患者とその家族を大切に思わないはずがない。医師たちは自分の患者を心の底から気遣い、治癒を願っていた。

5　ジェシーとジム——臨床試験に臨んだ青年と医師

ジェシー・ゲルシンガーは一九八一年六月一八日に生まれた。兄との年の差がわずか一年ほどだったせいで、両親は長男のときほど成長に細かく目を配ったわけではないが、ジェシーは育児書にあるとおりの順調な発育ぶりを見せた。おすわり、ハイハイ、そして片言。特に言葉を覚えるのが早くて大人たちを喜ばせ、予定どおりの時期に歩きはじめもした。父親のポールがあとで思い起こしてみると、唯一変わったところといえば好き嫌いがとても激しいことで、じゃがいもとシリアルばかりを欲しがり、肉と乳製品を食べなかった。

あと三か月で三歳になるというころ、ジェシーは風邪をひいた。すると、いつもの機嫌のよさがどこかに吹き飛んでしまった。まるでニコニコ笑っている赤毛の子どもがタイムマシンに乗り、あっというまに怒れる若者になって降りてきたかのようだった。「あの子の話し方はけんか腰で……何かに取りつかれたようでした」と、ポールはそのころを思いだしながら話す。ポールと妻のパティーが息子を小児科に連れていくと、医師はすぐに貧血だと診断を下し、牛乳、ベーコン、ピーナツバターを食べさせるよう指示して家に帰した。そうした食品こそ、ジェシーのからだが食べてはいけないと教えていたものだったのだ——両親はあとからそれを知る。

振り返ってみれば、タンパク質を摂取するとジェシーが昏睡状態に陥ってしまうのは、ごく当然のことだった。三月半ばのある土曜日の朝、ジェシーがテレビの前のソファーで丸まって寝ているのを両親が見つけた。眠りがあまりにも深く、どんなに揺り起こしても目覚めない。驚いたパティーは、地元の医師のところではなく、デラウェア川を越えてフィラデルフィアの小児病院まで今すぐ連れていくと言い張った。小児病院の救急診療で医師が診断すると、刺激には反応するが目覚めない——初期の昏睡に陥っていた。最初の血液検査でアンモニアの値が上昇していることがわかり、医師はライ症候群だと説明した。近年になってわかった病気で、アスピリンの服用と関連性がある。血中のアンモニアはライ症候群を示唆していたが、ポールとパティーには、親の第六感からか、息子がその病だとは思えなかった。そしてさらに詳しく血液検査を進めると、第六感は的中し、一週間後にジェシーのほんとうの病名が判明した。オルニチントランスカルバミラーゼ（ＯＴＣ）欠損症と呼ばれる、先天性の代謝異常だった。一家は、もちろん、そんな名前を見たことも聞いたこともなかった。四万人にひとりの病だという。一九六二年にはじめて記載されて以来、それまでに診断が下された患者はたった三〇〇人しかいなかった。

ジェシーの細胞は食事で摂取したタンパク質をうまく処理することができなかった。肝臓でＯＴＣという酵素が十分に分泌されないためだ。ＯＴＣは通常、タンパク質の構成要素であるアミノ酸から取り除かれた窒素を尿素に変換し、尿の一部として体外に排出されるようにする。十分なＯＴＣがなければ、自由になった窒素が水素と結合してアンモニアを作る。血液中のアンモニアの量が増えすぎると、脳の繊細な神経組織に害を与える。ジェシーが昏睡に陥った原因はこれだった。

両親がともに遺伝子の変異に関連していたコーリーの場合とは異なり、ＯＴＣ欠損症を引き起こす変異遺伝子はX染色体だけにあり、母親から息子へと受け継がれる。ほとんどの母親に影響は出ない。保因者である母親には第二のX染色体があり、それが十分な酵素を供給するからだ。ところが保因者である母親から生まれ、変異したX染色体を受け継いだ息子では、第二のX染色体の保護を受けられないために発症する。第二のX染色体の代わりに、男性であるためのY染色体をもっているからだ。

その後の検査で、ジェシーのOTC欠損症は軽度であること、またパティーから遺伝したものではなく、ジェシー本人ではじめて生じたものであることもわかった。ジェシーのからだで起きていたのは「新規突然変異」であり、遺伝子検査の結果から、モザイク（体内の細胞の一部だけが変異している状態）だと判明した。ジェシーが数個の細胞しかもたない胎芽だった時期に、そのなかのひとつの細胞のDNAが突発的に変異した。やがて胎芽から胎児へと発達していく細胞分裂が続くにつれ、最初に狂いが生じた細胞が分裂してできた細胞だけに、その変異が伝わっていった。このように変異が一部だけだったことが幸いして、ジェシーは赤ん坊のころ命を奪われずにすんだのだった。OTC欠損症をもって誕生した子どもの約半数は生後一か月までに死亡し、昏睡に陥るとわずか一日か二日しか生きられないことが多い。またその時期を生き延びた子どもたちでも、そのまた約半数は五歳までに命を落とす。突発的な症状の悪化を防ぐ薬を飲んでいるにもかかわらずだ。成人する患者はほとんどいない。

OTC欠損症の患者の毎日の暮らしは、肉体的にも精神的にも非常につらいものになる。子どもは頻繁に嘔吐と腹痛を起こし、食欲がまったくないときは管を使った栄養補給に頼って、薬が胃のなかにとどまるようにしなければならない。血中アンモニアの増加やウイルス感染で入院すれば、毎回これが最後になるかもしれないと思う親は、びくびくしながら退院を待つ。自宅にいるあいだも特別食のきまりに従う必要があり、ある母親はこれを「ふつうの暮らしではない」と言いきる。その他、食べてはいけないもののリストにハンバーガー、ピザ、ホットドッグ、アイスクリームが並ぶ。

ジェシーの場合、はじめて入院したときには薬によって数日のうちに血中アンモニア濃度を抑えることができ、一一日目に薬と厳しい特別食の指示をもらって退院した。その後は何ごともなく過ぎたが、一〇歳のときに規定外のものを食べたことで数日間の入院生活を余儀なくされた。一九八七年に一家がアリゾナ州ツーソンに引っ越したあと、家族に大きな変化が続くことになる。ポールとパティーは離婚し、四人の子どもたちの親権をポールが得た。そして一九九二年にポールはミッキーと再婚し、新たにミッキーのふたりの子どもが家族に加わった。

ジェシーは一年に二回ずつ、代謝障害専門の州立クリニックに通っていた。一九九八年九月、ジェシーが高校四年生のとき、クリニックの専門医であるランディ・ハイデンライク医師が、ジェシーの病を対象とした遺伝子治療の臨床試験がフィラデルフィアではじまろうとしていることを伝えた。参加資格は一八歳以上とのことだった。まだ一七歳のジェシーは、たいして関心を抱いた様子もなかった。スーパーマーケットでのアルバイト、好きなオートバイの手入れと、毎日が忙しく、体調も悪くはなかったのだ。ときには一日に一五錠もの薬を飲み、食事にも注意を払わなければならなかったが、もう長いこと発作も起きていなかった。それでもポールは、息子がきちんと自己管理できていないことに不安を抱いていた。薬がなくなるはずの日に、まだ薬が残っていることもたびたびだった。処方箋をもらいに行くのは父親の役目だったから、いやでも目についた。「ジェシーはそれまでにないほど、代謝に大きな負担をかけていました」と、ポールは当時を回想する。

父親の直感は正しかった。クリスマスの三日前、ポールが帰宅するとジェシーがソファーで身もだえしながら激しく嘔吐し、そのそばで友人が呆然と立ちつくしていた。すぐにジェシーを病院に運び込むと、血中アンモニア濃度が正常値の六倍にも跳ねあがっていた。そのまま入院したものの、数日間はさらに容態が悪化して、一時は呼吸停止にまで陥った。それでも新しい薬のおかげでようやく意識を回復でき、一九九九年の年明けに帰宅した。それはジェシーが迎えた最後の新年になった。

開発されたばかりの高価な新薬によってジェシーの血中アンモニア濃度が下がり、安定するとともに、まもなく食欲も戻ってきた。二月にはインフルエンザにかかっても乗り切ることができ、父親にうつした以外は特に影響といえるものもなかった。それでも年末から年始にかけて生死の境をさまよったショックは大きく、次に代謝障害専門クリニックを訪問した際には、ハイデンライク医師がもう一度もちかけた遺伝子治療の臨床試験の話に、父も息子も前回より強い関心を抱いた。そこでさらに詳しい情報をもらうために、書類に署名をした。五月になるとハイデンライク医師は、ジェシーが六月下旬にフィラデルフィアの病院に行く手続きをすませる。それまでにジェシーは一八歳になり、臨床試験に参加する資格ができる。それは何年かのちのコーリーの場合とまったく同じ状況だった。医師が遺伝子治療のことを一度伝えておくと、そのような治療方法を聞いたことがなかった家族でも、医師が二度目に話をもちだしたあとには臨床試験を受けてみようという気になる。

幸い、遺伝子治療はわかりやすい。欠陥のあるソフトウェアの誤った部分を置き換える、あるいは説明書の誤植を修正するのに似ている。だが実際には、遺伝子治療を行なうのは難しい。研究者は病気を十分に理解し、ＤＮＡのどの部分を置き換えるのか、からだのどの部分でそれを実施するのか、そして治療用の遺伝子をどのようにして送り込み、それらの遺伝子がどのようにして疾病の過程を止める、あるいは逆転させるかを、正確に考えださなければならない。

初期の遺伝子治療では、微小な脂質の粒子に入れたり、小さい銃のような仕掛けで勢いよく押し込んだりして、細胞にＤＮＡを送り込む方法が試みられた。それから試行錯誤の末に、ほとんどの研究者の考えは、健康な人の遺伝子をウイルスに入れ、それらのウイルスを患者の細胞に送り込む方法に落ち着いている。この場合、ウイルスがトロイの木馬のような役割を果たして、遺伝物質を細胞の核に送り込む。ウイルスにとってはごく自然なやり方だ。ふつうの風邪やエイズ（後天性免疫不全症候群）のような問題を起こすウイルスを含め、これまでにいくつかの種類のウイルスが遺伝子治療に適した長所を発揮するよう調整されてきた。

ウイルスと聞くとふつうは病気の元凶だと考えてしまうが、遺伝子治療では、治療用の遺伝子を届ける極小の渡し船として、何十億個も体内に送り込むことができる。ウイルスの威力は、その単純な作りを考え合わせれば、なおさら驚異的だ。細胞でもなく、厳密に言えば生きてさえいないウイルスは、DNAやRNAの断片を薄いタンパク質の殻で包んだだけのものにすぎない。とんでもなく小さいロリポップキャンディーを想像すればいい。ところが、小さいとはいえ、大量に体内に入れれば大きな害をもたらす。それがジェシー・ゲルシンガーに起こったことだった。

六月一八日土曜日、ジェシーの誕生日に一家は東部へと旅立った。まずニュージャージー州に住むポールの一五人のきょうだいの何人かを訪ね、いっしょに誕生日を祝ったあと、火曜日にはフィラデルフィアにあるヒト遺伝子治療研究所に行き、外科医のスティーヴ・レイパーに会った。レイパー医師はこの研究の三人の臨床試験責任医師のひとりで、およそ四五分という時間内に、臨床試験の手順とインフォームド・コンセントの書類について説明した。ふたつのカテーテルをジェシーの肝臓に挿入し、のちに取りだす。ひとつは治療用の遺伝子をもったウイルスを肝動脈に送り込むためのもの、もうひとつはウイルス――このような遺伝子の運び手を「ベクター」と呼ぶ――が肝臓内にとどまっているかどうかを監視するためのものだ。この臨床試験を行なう根本的な理由のひとつは、肝臓に遺伝子を送り込むことが可能かどうかを調べることだった。これがうまくいけば、その導入のメカニズムを他の尿素サイクル異常症の治療にも適用できる。そればかりか、血液の凝固、コレステロールの生成、毒素の処理をはじめとした、肝臓の重要な働きに影響を与える他のさまざまな症状にも応用がきくだろう。

肝臓にウイルスを送り込んだあと、ジェシーは八時間ほど安静にする必要があり、免疫系が順応するまでのあいだはインフルエンザに似た症状が出るかもしれない。ウイルスはゆっくりとジェシーの細胞から出ていくだろうから、そうした影響が長く続くとは思えない。肝炎や肝臓移植が必要となるような深刻な副作用は、万が一の場合に限られる。ポールが説明を聞いて最悪の部分だと感じたのは、痛みを伴う肝臓の生体検査だった。注入の一週間後に、治療用の積み荷を運んだウイルスが実際にジェシーの肝細胞に残っているかを確認するために行なうことになっていたものだ。臨床試験は慎重に準備され、治療を受ける三人の患者ごとに投与量を少しずつ増やしていき、安全に送り込むことができるウイルスの最小の数を算出する手筈になっていた。症状をうまくコントロールできるようになれば、なおいい。

科学を学んだ経験もあるポールは、病気と臨床試験実施計画書の細部をよく調べた。ポールは当時を思いだしながら、こう話す。「私はジェシーに、自分がこれから何に足を踏み入れようとしているのか、よく読んで理解する必要があると言いました。これは重大なことなんだと」。ジェシーはその治療が自分には役立たないかもしれないと知ってはいたが、将来、同じ病気をもって生まれた「赤ちゃんを助けたい」と考えていたと、ポールは確信している。たとえ効果が数週間で消えてしまうにしても、新生児が生後すぐ昏睡に陥るのを防ぐことができれば、時間をかせげる。ジェシーが受ける臨床試験は、症状の軽い人に対する遺伝子導入――研究者たちは、明確な効果が出るまでは遺伝子治療と呼びたがらなかった――を試そうとするものだった。該当するのは、保因者である女性や、ジェシーのように部分的な酵素欠乏に陥っている男性だ。一部の生命倫理学者はのちにジェシーの利他主義的な思いを知り、彼の同意がほんとうに十分な情報に基づいていたのだろうかという疑問を呈することになった。

レイパー医師から手順の説明を受けたあと、ジェシーは重窒素で標識づけされたアンモニアを少量飲んだ。そのうちどれだけの量が血液と尿に現れるかを調べるためだ。この検査によってジェシーのからだがアンモニアを処理できる力が明らかになり、実施後の比較に用いる基準値が得られる。過去の検査では、ジェシーの酵素は約六％の効率で働くことがわかっていた。標識アンモニアがジェシーの血液中に現れるのを待つあいだ、一家は街の観光に出かけ、ベッツィー・ロスの家、自由の鐘、独立記念館、サウスストリートを訪れた。ミッキーはこのとき、フィラデルフィア美術館の有名な「ロッキーステップ」でジェシーの写真を撮っている。美術館正面の階段は、一九七六年の映画で登場人物のロッキーが駆けあがったことから、こう呼ばれるようになった。興奮気味の一八歳は、父親のケネディー似の容貌を受け継いだハンサムボーイで、いかにも元気そうに、楽しそうな表情を浮かべている。

ジェシーが求められた血液と尿を提出したあと、ゲルシンガー一家はツーソンに戻って知らせを待った。すると一か月後に連絡があり、二人目の臨床試験責任医師であるマーク・バットショー医師が、ジェシーが臨床試験を受けられることになったと知らせてくれた。ジェシーはこの臨床試験を受ける一九人目の患者になる。

バットショー医師はすらりとして背が高く、たっぷりした灰色の髪と穏やかな笑顔の持ち主だ。尿素サイクル異常症に関心を寄せて研究を続けていた一九七三年に、他の医師には判断のつかなかった症状の子どもを、ＯＴＣ欠損症と診断した。その後もこの病の薬物治療の先駆けとなり、ジェシーが飲んでいた新薬も手がけ、また遺伝子治療を試すことを思いついたひとりでもある。一九九九年七月にゲルシンガー家に電話をかけたバットショー医師は、ジェシーだけと話したいと申し出た。患者が一八歳を越えていたからだった。けれどもジェシーはすぐ、すべてを父親に話してほしいと医師に頼んだ。その会話と、何が誤って解釈されたか、あるいは何が伝えられなかったは、のちに非常に重要な意味をもつことになる。

バットショー医師は、ジェシーの酵素が予想どおり六％の効率しか果たしておらず、それは臨床試験を受ける患者のなかでは最も低い値だと話した。また、遺伝子治療はマウスで効果を上げたこと、最も新しく治療を受けた人ではアンモニアの排出が五〇％高まったこと、もしその遺伝子治療が有効であることが実証されれば、他の二五の肝疾患も同じように治療でき、該当する患者の数は世界中で一二〇〇万人にのぼることを説明した。「おお！　すごい効き目ですね！　効率が六％のジェシーでなら、その効果を正確に示せるかもしれません」。ポールはバットショー医師にそう言い、医師がそれに同意したことを記憶している。

それは有頂天になるような話だった。ポールはリスクや危険性について論じたことを何ひとつ覚えていない。その数字に感動し、他の人たちを助けたいという息子の願いに圧倒され、ポールは息子に同意するよう助言した。

注入の日は初秋と決まり、高校を卒業したばかりのジェシーは残る夏の日々を、気ままに楽しく過ごした。「ビジネスウィーク」誌の真夏の号の特集記事は、「今後一〇年以内に、遺伝子治療の利用は急増するだろう」という著名な科学者の予想を引用した。

だが、そうはならなかった。

＊　＊　＊

臨床試験を率いたのは三人の責任医師だった。レイパー医師は外科医、バットショー医師は代謝性疾患の専門家。そしてチームの三人目は遺伝子導入の計画者で、ジェシーの治療がうまくいかなかった責めを一身に背負うことになる。その三人目、博士号をもつジェームズ（ジム）・ウィルソン医師は、現在はフィラデルフィアにあるペンシルバニア大学のトランスレーショナル・リサーチ研究所の所長をしている。世界中の研究者に、遺伝子治療用のウイルスベクターを提供する施設だ。私がウィルソン医師と話をした会議室のドアの向こう側では、研究員たちが昼夜を問わず遺伝子治療のベクターとして役立つウイルスの新しい変異体を探し求め、その成果を、ウィルソン医師が編集主幹を務める「ヒューマンジーンセラピー」誌やその他の学術雑誌に頻繁に発表している。

ジム・ウィルソンは長身のひょろりとした体型で、大きく顔をほころばせて笑うところは、ちょっと俳優のジム・キャリーに似ている。ミシガン州の、父も祖父も医師という家庭で育ち、一九七〇年代半ばに州内の小規模な大学に通った。大学に入るとすぐ、フットボールから科学へと関心は移っていったが、興味の中心は曖昧で説明的な生物学ではなく、物理系の科学だった。「ある生物学の講座をとって、大嫌いになっちゃって」と、クスクス笑いながら当時を思い浮かべている。だが生物学は激変の時期を迎えており、ウィルソンは大学四年生のとき、そのことに気づいた。今では古典となった教科書、アルバート・レーニンジャーの『生化学』第一版に没頭し、やがて分子生物学という新分野が、まさに新たな視点から見た生化学であることを知る。ウィルソンはこう話す。「生物医学研究の未来に胸を躍らせました。そこで、化学の大学院に願書を出していたのですが、直前になって医学博士の課程にも願書を送りました」

結局、化学の大学院はやめにして、ミシガン大学で医学博士を目指すことにする。「人類生物学の文脈で、生化学のすぐれた基礎研究をしたかったのです。それは父と祖父の影響でした」。どちらを選ぼうかと迷っているあいだに生化学科を訪問すると、いつもは忙しくて余裕のない学科長が、彼のために貴重な時間を割いてくれた。「ウィリアム（ビル）・ケリー先生は、黒板にプリン体の代謝経路を書き、特定の酵素の欠損によって、どうやって病気になるのかを教えてくれました。これだ、と思いましたね」。このように全身レベルの症状を細胞や分子のレベルで突然理解できるようになる瞬間を、ウィルソンはキャリアを通じて何度も経験することになる。

医学部の勉強と博士論文研究とで目いっぱいだった七年間の記憶は、なんだかぼんやりしていて、今覚えているのはいつもいつも研究室で作業していたことだけだという。研究は、HPRTという酵素のどんな不具合が、レッシュ－ナイハン症候群という恐ろしい病を引き起こすかというものだった。他の研究者たちは、異常な酵素への抗体の反応の仕方を観察するといった間接的な試験を用いてこの疑問に迫っていたが、ウィルソンはタンパク質の構成要素であるアミノ酸の配列が、正常な酵素と異常な酵素ではどのように異なっているのかを正確に知りたいと思った。指導教官だったケリーはこの疾病の専門家ではあったが、タンパク質に詳しくはなかったので、研究室仲間はそんな難しいプロジェクトに手をつけるべきではないと言った。時間がかかりすぎて博士号はとれないだろうという忠告だ。けれどもウィルソンはそれを聞くと、あきらめるどころかケリーの紹介で専門家を見つけようと考え、「有機化学を手作業でやっている、ひどいにおいの充満した研究室で」、酵素を分解して配列を決定できるほど小さく切り刻む方法を教えてもらうことになった。

ジム・ウィルソン博士。ペンシルバニア大学の病理学および検査医学部門で教授を務めるこの医師は、数多くのウイルスベクターを開発した。

遺伝子を分離したセオドア・フリードマンの研究からヒントを得て、異常な酵素のアミノ酸配列を決定するには、患者から血液の提供を受ける必要がある。ウィルソンの仕事が子どもを救う方向に向かったのは、そうした経験がきっかけとなったからだ。

「私は何人かの子どもをよく知るようになりました。ほんとうに恐ろしい病気です。重度の脳性麻痺に似た外見になり、異常な行動をするようになります。痛風を発症し、肝機能障害で死に至ることも多く、認知障害も起こります。それでも最悪なのは自傷の衝動です。子どもたちは自分の指や唇を噛みちぎることさえあります。だから親は、手を口にもっていけないようにと子どもの両腕をしばり、噛まないように歯を抜いたりします。患者は、唾を吐き、悪態をつき、周囲の手に負えません。当時、そういう子どもたちは最終的に州の施設に送られ、そこでは介護人たちが、行動修正療法が役立つと思っていたのです」と言いながら、ウィルソンはもう何十年も経っているというのに、信じられないというふうに頭を振った。ジェシーの病と同じく、レッシュ－ナイハン症候群も保因者の母親から息子に伝わる。

ＨＰＲＴ遺伝子のさまざまな変異を把握するために、ウィルソンはあちこちを飛びまわった。「ずいぶん長い時間を飛行機のなかで過ごし、世界中の病院から細胞を集め、クリニックを訪ねて採血し、赤血球を処理し、それをドライアイスに載せ、バッグに入れて飛行機に乗り、家まで持ち帰りました」

研究室までやってくる子どもたちも何人かいて、そのなかで誰にでも好かれたのが一四歳のエドウィンだった。「エドウィンはなかなかおもしろい子でした。施設で暮らし、人を引きつける何かを、たしかにもっていました。ミシガンではフットボールの試合に連れていって、フィールドにも立たせたんです。あの子は、ここでは王さまでしたから」。ある年の九月にエドウィンが来たとき、ウィルソンはついに彼の変異を正確に突き止め、それがどのようにしてＨＰＲＴ酵素の大切な部分を破壊しているかを解明した。そのころはまだ、突然変異と対応する異常タンパク質とが結びつけられた例はほとんどなかったから、それはとびきりの出来事だった。「そのうえ、みんな、そんなことできるはずがないと言っていたんですから」。ウィルソンは笑顔でそう話す。

エドウィンが何度も訪ねてくるのはよかったが、ウィルソンにとっては彼を施設に送り返さなければならないときがつらくなっていった。「ミシガンでは、エドウィンには清潔なベッドと食事が用意され、十分な世話を受けられました。でもそのあとで、また施設に戻っていかなければならない。彼は帰るときが来るといつも興奮し、苛立ちました。それも病気の一部です。あるとき飛行機で連れて帰った日のことは、今でも忘れられません。エドウィンは客室乗務員に向かって唾を吐きました。彼の地元の空港には、そのころまだターミナルがなく、小さな小屋があるだけでした。だからエドウィンをストレッチャーに乗せて機外に連れ出し、急な階段をゆっくりおろしていきました。地上でエドウィンのお母さんが待っていました。そのとき、私は突然変異を見つけてものすごくワクワクしていたもので、待っていたお母さんについ話してしまったんです。『すばらしいニュースがあります。私たちはついに大きい成果を上げましたよ。変異を突き止めました』。でもお母さんは表情ひとつ変えず、私の顔をまじまじと見返しただけでした。そしてちょっと間をおいてこう言いました。『それが、どんなふうにエドウィンを助けられるのでしょうか』」

この瞬間は、ウィルソンのキャリアにおけるもうひとつの転機となった。それを機に、科学者と医師という二重の役割に向き合うことになったからだ。「私は虚脱感に襲われました。それまで自分はどれだけ身勝手だったのかと。あれだけの労力と金を使ったのに、子どもたちには何の効果も与えていない。そこで、ただ科学の利益になるだけではなく、注いだエネルギーがすべて人の役に立つような方法を考えだそうと決意しました。でも、どうやればいいのかは、よくわかりませんでした」。やがて、はさみのような酵素を使ってあちらからこちらへとＤＮＡを切り貼りしていく遺伝子組み換え技術が、彼にその方法を教えてくれる。

一九八三年にはフリードマンのグループが、正常に機能するＨＰＲＴ遺伝子をレッシュ－ナイハン症候群の患者の細胞に送り込み、それらの細胞が酵素を作りだすように誘導した。「遺伝子を足すことで欠陥を修復できるという原理をはじめて証明したのは、この病気です」とフリードマンは振り返りながら、今もまだその記憶に心を躍らせる。しかしその実験は、ペトリ皿で培養されていた皮膚線維芽細胞を修復したものだった。培養されている細胞は簡単に分裂する。自分の手をかじり、足の指を噛みきってしまう子どもたちの、分裂しない脳細胞を治療するのとは別物だ。レッシュ－ナイハン症候群が遺伝子治療の分野を切り拓きはしたがと、フリードマンは続ける。「タマネギの皮むきのようなものです。皮をむけばむくほど、どんどん涙が出てくるんですよ。あまりにも複雑で」。細胞レベルでの有望な結果を、病気の症状をなくすという実践に結びつける難しさが、遺伝子治療の物語で繰り返されるテーマとなる。

ウィルソンはマサチューセッツ総合病院で研修医として働き、そこで若い医学生ジーン・ベネットの指導にあたった。ベネットはのちにコーリーの主治医となる。ウィルソンがボストンを選んだのは、そこでまさに最先端の遺伝子治療が生まれつつあったからで、その後もマサチューセッツ工科大学の指導者のひとり、リチャード・マリガンの研究室に残って働くことにした。そこでは、一九八四年のバレンタインデーに六歳のストーミー・ジョーンズが世界初の心臓と肝臓の同時移植を受けた大ニュースを受け、ウィルソンの研究の中心は肝臓に移っていく。移植を受けた少女は六年後、新しい臓器に拒絶反応を起こし、世を去った。

ストーミーは、最重症型の家族性高コレステロール血症（ＦＨ）だった。この少女の肝細胞には、「悪玉」と呼ばれる低比重リポタンパクコレステロールと結合する受容体が欠けているために、悪玉コレステロールが血流に戻り、膝や肘のうしろ側にはっきりとわかる黄色がかった脂肪のかたまりとなってたまってしまう。通常の一〇倍にのぼる量の血中コレステロールのせいで、すでに二回の心臓発作にみまわれていた。ストーミーのような病状は非常に稀で、特定の遺伝子の変異したコピーを両親から受け継いだことで起こる。ウィルソンとマリガンはこの病気を研究モデルとして使うことにして、肝臓の大半を構成している肝細胞に、はじめて遺伝子を送り込んだ。ふたりはまた、体外で細胞を修復してから五人の患者のからだに戻す、限定的な臨床試験まで行なっている。患者の症状の改善はわずかなものだった。ウィルソンはその後も、レッシュ‐ナイハン症候群と家族性高コレステロール血症の両方の研究を続けていった。

ボストンでの研修期間を終えたウィルソンは、ミシガン大学に戻って常勤の教師となり、別の若い研究者フランシス・コリンズと共同研究を進めるようになった。コリンズは、最も一般的な単一遺伝子疾患である嚢胞性線維症の原因となる、CFTR遺伝子に焦点をしぼっていた。一九八九年には、オーランドで開催された嚢胞性線維症財団の年次総会で講演者が直前に出席を取りやめ、代わりにウィルソンが発表した。嚢胞性線維症の原因遺伝子の発見が公表されたわずか一週間後のことで、情報を待ちわびる聴衆の期待に応える役目を、コリンズがウィルソンに託したのだった。「総会の会場に入っていくと、信じられないような雰囲気でした。よかれあしかれ、この発見は病の治療法を私たちに教えてくれるはずでした。私にとってはほとんど宗教的な体験といえるようなものでしたね。一介の若い大学教師だったのですが」と、ウィルソンは語る。嚢胞性線維症もまた、遺伝子治療で治すことが難しいとその後だんだんにわかってくる病だ。気道内の細胞に対して行なう修復は、わずか二、三週間しか続かない傾向があるためだった。

ウィルソンはレッシュ－ナイハン症候群、家族性高コレステロール血症、嚢胞性線維症との出会いを通して、治療用の遺伝子を送り込むベクターとして使うウイルスのエキスパートになりつつあった。ベクターという呼び名は、たとえばマラリアを引き起こす寄生虫を運ぶ蚊のように、病原生物の運び手を表す「媒介者」という従来の用語に由来する。

遺伝子治療に利用されるひと握りのウイルスベクターは、いくつかの点でそれぞれに異なっている。感染する細胞のタイプ、DNAまたはRNAのどちらをもっているか、挿入可能な遺伝子の長さ、また宿主細胞の分裂に伴ってベクターが希釈されていくとき、ベクターがヒト染色体に永久に組み込まれるのか、それとも運んできた荷物（治療用の遺伝子）をおろして使えるようにしようと、宿主細胞内をウロウロ動きまわるだけなのか。ただし、ウイルスベクターのおそらく最も重要な特性は、ヒト細胞に入る前に問題になる。すなわち、ウイルス表面の凹凸の形状が、宿主の免疫系の反応を引き起こすのか、それとも免疫系のレーダー網をすりぬけるのかという点だ。

一九九〇年、フランシス・コリンズは正常なＣＦＴＲ遺伝子をレトロウイルスに挿入し、それを体外で培養している細胞に送り込んだ。それが遺伝子治療の第一歩となる。通常、細胞や他のタイプのウイルス内にある遺伝子情報はＤＮＡとして保存され、それがＲＮＡに転写され、ＲＮＡが特定のタンパク質の合成を指示する。レトロウイルスという名前は、その逆の働きをすることからつけられたものだ。レトロウイルスの遺伝物質はＲＮＡで、宿主細胞がそれをＤＮＡに転写して自身の染色体に組み込む。コリンズが体外で培養した細胞は、嚢胞性線維症の患者で不足しているタンパク質を実際に生産した。一九九三年までには国立衛生研究所のロナルド・クリスタル博士が試験をさらに進め、正しい働きをしているＣＦＴＲ遺伝子を患者の気管に直接送り込んだ。ただし使用したベクターは異なり、アデノウイルスだった。この方法は功を奏したものの、効果は長くは続かなかった。ウイルスに感染した細胞を免疫系が攻撃したからだった。アデノウイルスは、ごく普通の風邪や、もう少し重い呼吸器感染を引き起こすウイルスのひとつだ。試験に使ったウイルスからは病気の原因となる特性を取り除いてあったものの、その表面の構造が、宿主の免疫反応を呼びさましてしまった。患者の気管はトロイの木馬を見ただけで、なかにはもう危険なギリシャ兵がいないことなどお構いなしに反応したわけだ。ウィルソンもアデノウイルスをサルに大量に投与する研究をしていたが、ウイルスは荷物を効果的に運びはしても、炎症の原因となることに気づいた。事実、科学論文にはアデノウイルスが霊長類の炎症を引き起こしたとする報告がいくつかあった。

ウィルソンがミシガンにいるあいだに、恩師のビル・ケリーはペンシルバニア大学に移り、着任後すぐにウィルソンを誘った。一九九三年三月にはウィルソンも移動して、新設されたヒト遺伝子治療イニシアチブの責任者になる。そこで、遺伝子治療分野の歴史に大きな影響を与えることになる三人の主要な人物といっしょになった。まず、以前に指導したことのある医学部生だったジーン・ベネット。彼女は眼病に対する遺伝子治療を研究したいと思っていた。次に、アデノウイルスを手なずける方法を見つけたポスドク（博士研究員）のグアンピン・ガオ。そして三人目のマーク・バットショーは、一九八八年以来、尿素サイクル異常症への遺伝子治療について考察を続けていた。ウィルソンとバットショーは、部分的なOTC欠損症をもつマウスを治療してみようというアイデアに意欲を燃やした。アデノウイルスに入れて運び込んだ健康なOTC遺伝子は、果たして機能するのだろうか？

アデノウイルスはベクターとして詳しく研究されていた。密航者となる遺伝子が入る十分な大きさをもちながら、細胞内にはわずか数週間しかとどまらず、その後は静かに消えてしまうから、免疫反応などの副作用は長く続かないだろう。最も重要なのは、アデノウイルスの表面の特徴から、肝臓に直接送り込むことができ、OTC酵素を作れない肝細胞を治せるかもしれない点だと、科学者たちは考えていた。OTC遺伝子を運ぶアデノウイルスを注入されたマウスは順調で、タンパク質の多い餌を食べても消化に問題が起きたようには見えず、そのような状態は最長で三週間続いた。二年という寿命を考えれば、かなりの長さだった。だが一方で否定的な側面として、一九九四年の「イミュニティ」誌には、アデノウイルスを用いてマウスを治療した実験で急激な免疫反応（炎症）が見られ、標的とした肝細胞が破壊されたという報告があった。その論文は、「体内で遺伝子を導入する遺伝子治療の有用性を評価するには、その治療に対する患者のからだの反応をよりよく理解することが重要である」と結論づけている。

一九九四年の全米尿素サイクル異常症財団の年次総会で、バットショーは導入された遺伝子への反応がよかったマウスについて講演した。そのとき、保因者である母親が被験者として適していると話した。母親は変異した遺伝子をもっていて、反応を酵素のレベルで測定できるからだ。もし治療が効果を上げれば、通常の半分しかないが発症するほど低くはない母親の酵素レベルは上昇するはずだ。うれしそうに血液提供の列に並んだ母親たちは、自分の子どもを助けてやれるかもしれない何かをようやく見つけて、感謝の気持ちであふれていた。総会のあともバットショーとウィルソンは旅を続けていくつもの医学会議で講演をし、小児科仲間への口コミによって、より多くの候補者を集めていった。

　各地で絶大な支持を得たバットショーとウィルソンは、新たなエネルギーを感じながらOTC欠損症のマウスの実験に戻った。酵素欠乏症は、からだの生化学で起きた交通渋滞のようなものだ。通常は酵素が分解するはずの物質がだんだんに増えていき、正常な酵素の活動で生まれるはずの生成物がまったくないか、あるいは不足する。OTCの治療を目指す過程で、バットショーとウィルソンは薬の開発にはすでに成功していた。余分な代謝産物（アンモニアとグルタミン）のレベルを下げると同時に、不足している代謝産物（シトルリンとアルギニン）を増やして、生化学的なアンバランスを修復するもので、それが高校四年生の途中でジェシー・ゲルシンガーの命を助けた。だが、決められた薬をきちんと飲み、決められた食品の細かいきまりを正しく守りながら毎日を暮らすのは難しく、特に子どもから一〇代の若者には大変なことだ。バットショーとウィルソンは、恒久的な解決をもたらす遺伝子治療なら生活をずっと楽にできると考え、アデノウイルスを使って送り込まれた治療用の遺伝子がマウスで機能している今、人を永久に治すという目標にも手が届くところまで近づいたように思えた。

　マウスでの実験の結果は、OTC欠損症の遺伝子治療が実際にうまくいくであろうことを示唆していた。酵素レベルの上昇がわずかであっても、正常な尿の生成に大きく貢献するからだ。もし遺伝子治療によって、ジェシーの場合のような六％の酵素効率を一〇％から二〇％まで引き上げられれば、尿素生成の効率はもっと高くなる。子どもが誕生パーティーでホットドッグを食べても、病院にかつぎこまれることはなくなるだろうし、たとえわずかな修復でも、赤ちゃんを昏睡から覚ましてやれるかもしれない。気持ちを高ぶらせ、勇気づけられながら、研究者たちは人間を対象とした臨床試験を提案し、その一方ではマウスを使ったウイルスベクターの調整をたゆみなく続け、感染したり免疫系を刺激したりするウイルスの部分を取り除いていった。

ＯＴＣ欠損症の臨床試験の実施にこぎつけるには、規制の迷路をくぐりぬける必要があった。ペンシルバニア大学で召集された施設内審査委員会は、一九九四年に、提出された臨床試験実施計画書を承認している。科学者と科学者以外のメンバーで構成される少人数の委員会で、上院議員のウォルター・モンデールとエドワード・ケネディーによって一九六〇年代後半に創設された。提案された臨床試験が連邦政府の研究規定に則しているか、また患者の権利を適切に保護しているかを審査する目的をもっている。米国食品医薬品局と保健社会福祉省によって監視され、どちらの機関にも試験を中止させる権限がある。臨床試験のスポンサーとなるバイオテクノロジー企業も、施設内審査委員会に代わる私的審査委員会をもっている。現在では、プロジェクトの増加で施設内審査委員会に負担がかかりすぎているため、私的審査委員会を利用して臨床試験実施計画書にゴーサインをもらう学術研究者が増える一方だ。

ＯＴＣ欠損症の臨床試験実施計画書が施設内審査委員会の審査を通過すると、次なる関門は国立衛生研究所の組み換えＤＮＡ諮問委員会になる。創設されたのは一九七〇年代で、別々のものから取りだしたＤＮＡを組み合わせる実験の安全性を審査する委員会だった。最初に審査したのは糖尿病患者向けのインスリンを生産するためにヒトのインスリン遺伝子を組み込んだバクテリアだったが、やがて遺伝子治療の臨床試験も扱うようになっていく。その会議は公開討論の形式で三か月に一回ずつ開かれ、遺伝学、医学、生命倫理学から選ばれた最多で二一人の専門家が無給で参加する。提出されたプロジェクトが民間出資によるものでも、その臨床試験を実施する機関が国立衛生研究所から少しでも資金提供を受けていれば、研究者は情報を組み換えＤＮＡ諮問委員会に提出しなければならない。大学付属の医療センターなら、ほとんどすべてが該当する。この委員会の典型的な会議では、数人の研究者がそれぞれのプロジェクトを簡単に説明してから、質疑応答を行なう。そのあとで委員会が他の規制機関に助言を与える――試験の承認や否認をするわけではない。さらに臨床試験責任医師は、試験中に発生した生死にかかわる有害事象や死亡事故を、七日以内に委員会に報告することが義務づけられている。

ＯＴＣ欠損症の臨床試験を評価した組み換えＤＮＡ諮問委員会のメンバーは、大半がいくつかの点で高い点をつけた。変異とタンパク質はよく知られており、症状は肝臓というひとつの器官だけに由来している。従来の治療法は、それを考えだした本人に聞いても、「費用が高いうえに苦しい」もので、役には立つが病気を治すわけではなかった。動物を使った研究は、酵素レベルのわずかな向上によって著しい臨床効果が得られる可能性があることを示していた。ただし、いくつかの懸念もあった。委員会の二人のメンバーは、ウィルソンとレイパーが共同執筆して「ヒューマンジーンセラピー」誌に公表した実験について質問した。その実験では、治療用遺伝子の代わりにマーカー遺伝子〔遺伝子の導入がなされたかどうかを確認するための目印となる〕を入れたアデノウイルスを大量にアカゲザルの肝臓に投与ところ、「高度の毒性を示し、死亡した例もあった」と報告されていたのだ。それらの研究は、人間で実際に使用する場合の投与量を調整するための下準備として行なわれていた。もうひとつの心配は、ジェシーのように症状の軽いボランティアに対して、ウイルスは十分に安全といえるかどうかという点だった。症状をコントロールして元気に暮らしている人を選び、悪化させるリスクを冒す必要があるのか？　また委員会は技術的な問題点も懸念していた。治療用遺伝子を組み込んだウイルスを血流に送り込むのがよいのか、それとも肝臓に直接注入するほうがよいのか？　食品医薬品局では最終的に、より局所的な経路であることから肝臓が最適と裁定したが、この決定を委員会には伝えていなかった。

一九九六年一〇月下旬になって、悪化したサルとベクターの投与経路についての問題を残したまま、食品医薬品局はようやくこの臨床試験を承認し、それぞれの主治医が選んだ患者に「臨床試験参加案内」が送られた。それは、安全性を評価するために「漸増法（投与量を徐々に増やしながら結果を評価する方法）」を用いる、第I相パイロット研究（予備的研究）となる。パイロット研究は、本格的な大規模試験の前に安全性などを確認する小規模試験だ。それぞれボランティアの女性二人、男性一人からなる六つのグループが、グループごとに数週間の間隔をおいて遺伝子治療を受ける。ひとつのグループで全員の経過が良好であれば、投与量を五倍にして、次のグループの治療を開始する。投与量の増加は、毒性が現れるまで、あるいは症状が改善されるまで、つまり血中アンモニア濃度が下がるという最良の事態が現れるまで続けられる。最初の患者は一九九七年四月七日に治療を受けた。ジェシー・ゲルシンガーは投与量が最も多いグループに入り、その量はサルに害を与えた投与量の一七分の一になる予定だった。

6 悲劇

日程が決まり、旅が計画された。ジェシーが臨床試験を受ける日は、予定では一〇月だったが、すぐ前に予定されていた患者の体調が悪くなったために繰り上げとなった。ただし、ジェシーが最大の量を投与される三人に入っていたことに変わりはない。

ジェシーにとって遠方のひとり旅ははじめての経験で、新しい服と大好きなレスリングのビデオを旅行バッグに詰めながら、ワクワクしているように見えた。九月九日木曜日にツーソンの空港から出発し、血液検査や尿検査の合間にニュージャージーのいとこたちといっしょに過ごしたあと、一三日の月曜日に本番の試験を迎える予定だ。ポールは、遺伝子治療後の肝臓の生体組織検査が行なわれる一八日にフィラデルフィアに行ってジェシーと会い、二一日にはふたりいっしょに飛行機で家に戻る手筈になっている。

ポールは空港まで息子を送っていったとき、特に恐怖も不安も感じなかった。「ゲートまでいっしょに行き、別れぎわに思いきりハグしてやってから、ジェシーの目をじっと見つめ、『おまえは私のヒーローだよ』と言いました」と、ポールはその日の様子を振り返る。

九月一二日、日曜日の夜、一大イベントの前夜になってジェシーの血中アンモニア濃度がわずかに上昇し、投薬治療が必要になった。それ以前に他の患者に同じことが起きたとき、臨床試験責任医師が実施計画書に変更を加え、血中アンモニア濃度のわずかな上昇の「重要性は不明」としていた。ジェシーは数値が上昇したことを、まだアリゾナにいた父親に伝えたが、ポールは特に心配しなかった――その時点では、まだ医療チームを信用しきっていたからだ。

月曜日の朝、鎮静剤を投与されたジェシーはストレッチャーに横たわり、インターベンショナルラジオロジー（放射線診断技術の治療的応用）処置室に運ばれた。そこで鼠蹊部に二本のカテーテルが挿入され、上方の肝臓までの誘導が終わると、レイパー医師が三〇ミリリットルのウイルスベクターを投与した。ジェシーの前の患者で使用したものとは異なるベクターで、投与には午前一〇時三〇分から午後一二時三〇分までかかった。その後、レイパー医師はポールに電話をかけて、すべてがうまくいったように見えると伝えた。ポールとジェシーは少しだけ話をし、ふたりとも「愛しているよ」と言って、会話を切り上げた。

だがそのときすでにウイルスは、予期せぬ動きをしていた。標的としていたたくさんの肝細胞のあいだを動きまわる免疫細胞に、静かに警告を発していたのだ。二時間の投与中ずっと採取していた血液検体を用いて研究者がのちに解析したところによると、免疫の見張り番には、問題を見つけようとからだじゅうを動きまわる大きくてぶよぶよしたマクロファージと、侵入者が現れると分子の旗で知らせる樹状細胞が含まれていた。「私たちがカテーテルを抜くまでに、すでに全身性炎症の兆候が見られました」。一〇年以上を経た今、ウィルソンはそう話す。だがあのとき、その場では、誰にもわからなかった事実だ。

月曜日の夜、ジェシーの体調はひどく悪かった。吐き気があり、体温は四〇度を超えている。だがそれは特別異常なことではなかった。すでに治療を受けた一七人の患者も全員、インフルエンザのような症状でひどくつらい夜を過ごしていた。

翌朝の六時一五分、看護師がレイパー医師に連絡し、ジェシーに見当識障害が見られること、また皮膚と白眼が黄色くなって黄疸の症状が見られることを伝えた。肝臓が悪戦苦闘している証拠だ。血液検査の結果、ジェシーのビリルビン（肝臓で生成される、古い赤血球が分解されてできた色素）が正常値の四倍にも増えていた。差し迫った危険は、破壊された赤血球によって血流にグロビンタンパク質があふれ、それが分解されてアンモニアを生みだすことだった。レイパー医師は、そのときワシントンＤＣの国立小児医療センターにいたバットショー医師に電話をかけ、バットショー医師はすぐさま北行きの列車に飛び乗った。レイパー医師はポールにも電話をした。ジェシーの病歴で、何か別の、肝臓の問題を示すようなものをチームは見落としていたのだろうか？　ジェシーは黄疸になったことがあるのだろうか？　黄疸は、新生児ではよく見られる症状だ。ポールは思いだせなかったので、パティーに連絡をとると、パティーは覚えていた。はい、息子は新生児黄疸にかかりました、と母親は言った。そのあいだにもジェシーの血中アンモニア濃度は上昇を続け、二日目の午前零時には正常の一〇倍に達した。父親は夜の便で病院に向かい、ジェシーは透析を続けた。「息子が重体に陥ったと聞いたとき、大陸の反対側にいて、どうにもできない無念さがつのるばかりでした」と、ポールはその日のことを思い起こす。

ポールが東に向かって飛ぶあいだにも、ジェシーの容態は驚くべきスピードで悪化していった。水曜日の朝八時半、ポールが息子の病室に駆け込んだとき、ジェシーは昏睡状態で、人工呼吸器が取りつけられていた。取り乱した様子の父親をふたりの医師が脇に呼び寄せ、透析によってアンモニアの濃度は下がったものの、別の問題が起きていると静かに説明した。ジェシーの血流全体で微小な血栓が次々に作られているため、凝固因子と血小板が必要とされる場所からもぎ取られるかたちになり、生命の維持に不可欠な重要な臓器と皮膚で出血を引き起こしている。呼吸も困難になっているということだった。

夕方になると、集中治療によって事態が好転したように見えた。ジェシーの血液と呼吸は制御されて落ち着いたので、バッドショー医師はワシントンＤＣに戻り、ポールはきょうだいのひとりと会って、いっしょに夕食をとった。

水曜日の夜遅く、ジェシーの血中酸素濃度が急激に低下し、酸素補給量を最大限に増やしても肺から十分な酸素を取り込むことができなくなった。木曜日の午前一時には、絶望の空気が漂うなか、レイパー医師はジェシーに心肺バイパス装置を取りつけた。この装置は、空気を強制的に出し入れする人工呼吸器より穏やかに、体外でガス交換を行なうため、ジェシーの肺を休ませられるという考えだった。すでに回復の見込みは大きくはなかった。ジェシーが生きられる確率は、何もしなければ一〇%ほど、心肺バイパス装置を使用しておよそ五〇%だ。だが午前三時には明らかに危険な状態に陥ってしまう。肺がわずかながら回復の兆しを見せる一方で、腎臓が動かなくなりはじめていた。五時には心肺バイパス装置の効率が落ちた。チームのメンバーは、ジェシーの命をつなぐために必要ないくつもの臓器を同時に動かしつづけようと奮闘しながら、パニックにならないようにと自らに言い聞かせていた。病室のドアの向こうでは、ポールが半狂乱になって親類の者たちに電話をしはじめていた。牧師にも連絡した。

ジェシーの新しい母親、ミッキーは、ハリケーン・フロイドがバハマから東海岸に沿って北上するなか、夜行便に乗っていた。それは嵐が直撃する前にフィラデルフィアに着陸できた最後の便になり、ミッキーとニュージャージーの親類が病院に駆けつけた。バットショー医師は嵐のために立ち往生した列車に閉じ込められ、携帯電話の電池が切れたあとも必死の面持ちでまわりの人から携帯電話を借り、レイパー医師と連絡をとりつづけた。

九月一六日、木曜日の正午、ジェシーの家族は病室に入ることを許された。「私たちがようやく会えたとき、ジェシーは見る影もなく、むくみきっていました」と、ポールは『ジェシーの意志』として広く配布した文書に書き綴っている。何年も経ち、免疫学をかなり勉強して専門的な知識を得たあとで、次のように説明した。「ジェシーの目と耳は膨れあがって、あけることさえできず、耳からは分泌物まで流れだしていました。傷口から滲みだしてくる透明な液体を知っているでしょう？　ジェシーのからだのあらゆる細胞で、それと同じことが起きていたのです。彼の細胞はサイトカインを放出していました。致死的な攻撃がはじまり、それを止めることができませんでした」。ジェシーのからだは自らの炎症を引き起こす分子の海で溺れていた。

打ちのめされた親族はゆっくりと部屋を出ていった。ジェシーの肺は動きを止め、スタッフによれば、容態は「非常に深刻」なものだった。

金曜日の朝、レイパー医師とバットショー医師はポールとミッキーに、生命維持装置の取り外しについて話をした。ジェシーの脳は、回復不能なほど損傷を受けていた。外では吹き荒れていた嵐が少しずつやんでいくなか、病室に小さなグループが集まった。ポールとミッキー、七人の叔父と叔母がベッドを囲むと、ポールが息子をもう一度、「私のヒーロー」と呼んだ。牧師が最後の祈りを捧げた。臨床試験の責任者だったふたりの医師を含む一〇人のスタッフは部屋の奥に立ち、誰もが泣くか、涙を必死でこらえていた。

九月一七日金曜日、午後二時三〇分、レイパー医師が親族の輪のなかに入って装置のスイッチを切り、全員がモニター上の線を見つめた。その線は急激に落ち、そして平らになった。若者の肝臓にウイルスを入れた医師が、その患者の胸に聴診器を置き、つぶやいた。「さよなら、ジェシー。この原因は必ず突き止めるよ」

その少しあと、ジェームズ・ウィルソンはうなだれきって、グアンピン・ガオのオフィスに入っていった。ガオは次のように回想する。「彼は心の底から悲しみ、それはそれは落ち込んでいました。それからこう言いました。『グアンピン、何がうまくいかなかったのか、ぼくたちは絶対に答えを見つけなくちゃいけないな』」。今ではペンシルバニア大学の遺伝子治療プログラム副所長に昇進しているガオが、その答えを見つけた。ガオの発見は、遺伝子治療をより安全なものにするのに役立っている。だが、ジェシーを救うには間に合わなかった。

＊　＊　＊

一九九九年当時、ジェシー・ゲルシンガーの死のニュースを瞬時にあらゆる場所に伝えるような、テキストメールも、ツイートも、フェイスブックもなかった。ただ、もしあったとしても、ほとんどの人にとって遺伝子治療はまだバイオテクノロジーの漠然とした一分野にすぎなかっただろう。聞いたことぐらいはあったかもしれない。ペンシルバニア大学の広報室は最初、今日のような記者会見を開かなかった。おそらく、関係者全員が大きなショックを受けていたせいだと思う。また、科学専門誌にはよくあることだが、掲載までに時間がかかり、この件に関する最初の報告が実にタイミングの悪い時期に載った。一九九九年九月二〇日発行の「ヒューマンジーンセラピー」誌で、臨床試験実施計画書、「部分的オルニチントランスカルバミラーゼ欠損症をもつ成人に対する、組み換えアデノウイルスによる遺伝子導入」がようやく発表されたのだ。

新聞の報道は九月二九日にはじまり、いくつもの記事の先陣をきって、「ワシントンポスト」紙が「ティーンエージャーが遺伝子治療で死亡」という見出しで報じた。この記事にはいくつもの誤りがあった。ジェシーは、生まれたあとで病気になったわけではないし、健康が劇的に改善されることを期待していたわけでもない。ポール・ゲルシンガーの職業は「便利屋」とされ、まるで生活のためにドアノブや流しの水漏れを修理しているように聞こえるが、実際には立派な家を設計・建築するのが仕事だった。記者は医師たちを「遺伝子治療専門医」と呼び、肛門病学のように、あたかもすでに試験段階を終えた医学上の専門分野のような印象を与えている。また、ＯＴＣ欠損症に利用できる治療は簡単な方法として説明され、膨大な費用がかかる難しい食餌療法と投薬療法で、しかも一時的にしか効果を発揮しないことは書かれていない。
まもなく、AP通信、「ニューヨークタイムズ」紙、そしてもちろん地元紙の「フィラデルフィアインクワイアラー」紙もあとに続いた。記事は徐々にエスカレートし、その見出しは衝撃を受け悲嘆に暮れるものから強い疑問へと、大きな軌跡を描いて移り変わっていく。

ペンシルバニア大学の遺伝子治療による死亡を調査
「フィラデルフィアインクワイアラー」紙（一九九九年九月三〇日付）

遺伝子治療による死亡の後、研究者らは誤りの原因を考える
「サイエンティスト」誌（一九九九年一〇月二五日号）

遺伝子治療の監督強化を求める声強まる
「ワシントンポスト」紙（一九九九年一一月二四日付）

遺伝子治療に対する恐怖が広がって、進行中だった臨床試験に影響が出はじめた。一〇月一一日には食品医薬品局が「臨床試験差し止め」を命じ、一部の試験を中断させるとともに、新たな試験の開始を禁じた。製薬会社シェリング・プラウがスポンサーとなって進められていた二件の臨床試験も、それからすぐ中止するよう命じられた。二種類の癌に対するアデノウイルスを用いた遺伝子治療で、すでに三人の患者で「重篤な有害事象」が生じていたが、この製薬会社はそれらの有害事象を「企業秘密」として処理していた。企業秘密ならば、食品医薬品局から公表を義務づけられていなかったからだ。しかし、ジェシーの

死を受けて、食品医薬品局はアデノウイルスを使用するすべての臨床試験に対し、どんな口実も例外も許さずに追加の安全性に関する情報を提出するよう求めたために、シェリング・プラウ社が隠していた重篤な有害事象が明るみに出たのだった。

新聞記者は追究の手をゆるめない。一一月四日には「ワシントンポスト」紙が、遺伝子治療の臨床試験で命を落とした他の七人の患者のニュースを流し、それらの死が食品医薬品局には報告されていたものの、国立衛生研究所の組み換えDNA諮問委員会には報告されていなかった事実を暴露する。研究者たちはそれに対し、死の原因は疾病であって、治療のせいではないと反論した。重症の患者を対象とした従来の医薬品の臨床試験の多くでは、そうしたことは実際に起きている。だが新聞記者たちは、遺伝子導入には異なる基準を当てはめているように見えた。記者にも馴染みがなかったせいだろう。

そうした騒ぎをよそに、ポールとミッキー・ゲルシンガーは静かにツーソンに戻っていた。ゲルシンガー一家は当初、それまでのことで研究者や医師を責める気持ちはなかった。医療チームのひとりひとりに、自分たちと同じ不安、失意、恐怖、悲嘆の表情が浮かぶのを目の当たりにしていたからだ。しかし、ほんの小さなものだが不信感がはじめて芽生えたのは一一月はじめのことだった。

ポールはジェシーの遺灰を、この若者が愛した山に撒くことにし、儀式の日を一一月七日の日曜日と決めてレイパー医師を招いていた。レイパー医師はその前の金曜日には飛行機でツーソンに到着し、アリゾナ大学のロバート・エリクソン博士の遺伝学の授業で講義をした。授業のあとの会話から、もしかしたら警戒すべき兆候があったのかもしれないと、ポールはうすうす感じはじめることになる。このときわかったのだが、エリクソン博士はジェシーの臨床試験を検討した組み換えDNA諮問委員会の委員で、この試験は先に進めるには十分に安全とはいえないと発言した二人のうちのひとりだったのだ。

「サルがとても重症になったんだよ、ポール」と、エリクソンが口にした。そしてこのひとことが、事態を急展開させる発端となる。

「私はペンシルバニア大学から、そのことをまったく聞いていませんでした。何かがおかしいと感じたのは、それがはじめてです。レイパー先生に尋ねると、『ベクターを安全なものに変えた。サルの具合を悪くしたのは第一世代のベクターだった』と言いました」と、ポールは当時を思いだしながら話す。だがそのときにはまだ知らなかった――実際には、第二世代のアデノウイルスがサルを「殺していた」のだ。皮肉にも、代謝障害専門クリニックでジェシーを担当していたランディ・ハイデンライク医師は、バットショー医師のもとで訓練を受け、臨床試験のことを最初に言いだした人物だが、エリクソンの研究室のすぐ隣に研究室をもっていた。実施計画書の安全性に疑問を投げかけた二人の委員について、ハイデンライク医師がジェシーの死後まで知らなかったのは仕方がない。でももし、エリクソンがハイデンライク医師にサルのことを話していたなら、そしてハイデンライク医師が――あるいは他の誰かが――ゲルシンガーの家族をまじえた臨床試験前の話し合いでそのことを口にしていたなら、事態はどう運んでいただろうかと、ポールは今でも考えてしまう。

一一月七日、ポールとミッキー、たくさんの叔父と叔母、友人、そして三人の医師の総勢二五人が、標高二八〇〇メートルあまりのライトソン山に登った。そこからは、あたりに広がる雄大な砂漠、はるか彼方の荘重な緑を見わたすことができる。レイパー医師が朗々と詩を朗読するなか、ポールが投薬瓶に入った息子の遺灰を撒いた。「ここにいるおまえを、いつも見ているよ」と言いながら。

数週間後、ジム・ウィルソンが飛行機で西海岸にやってきて、はじめてポールに会った。実施計画書によって、臨床試験中はウィルソンが患者と会うことは禁じられていた。ウイルスベクターの発明者であるウィルソンは、ジェノボ社というバイオテクノロジー企業と関係があったからだ。ウィルソンは一九九二年にこの企業の設立に力を貸している。このような分離は、学究的な実験医学とビジネスを分けるために必要な壁だ。一九八六年に制定された連邦技術移転法は、共同研究開発契約を詳細に定め、臨床での応用に向けた研究開発のスピードアップを民間企業が手助けできるようにした。ポールによれば、ウィルソンは自分のことをジェノボ社にアドバイスする無給の顧問だと説明したという。

もしポールが勇気を出してすべての報道に目を通していたなら、ジェシーの死を検証するためにまもなく開催される三日間の組み換えDNA諮問委員会の会議で明らかになることに対し、もっと心の準備ができていたかもしれない。一二月二日には新聞に相反する見出しが掲載され、騒ぎが起こりそうな気配がうかがえた。

当惑した医療チームはいかにして誤りの原因を突き止めたか
「フィラデルフィアインクワイアラー」紙（一九九九年一二月二日付）

研究者は遺伝子治療に誤りはないと主張
「ワシントンポスト」紙（一九九九年一二月二日付）

新聞記事はどれも、ペンシルバニア大学のヒト遺伝子治療研究所が発表した膨大な報告書から、要点のみを抜きだしたものだ。その報告書は死の原因を「異常で破壊的な免疫系の反応が、多臓器不全と死につながったもの」とし、最も重要な直接的要因は、動物実験では見つからなかった成人呼吸窮迫症候群であるとした。また、人為的ミスの証拠はなく、解剖の結果からは「ゲルシンガー氏の死を引き起こした事象を予測できたと思われる情報は、明らかにならなかった」。それでも研究所は正式に責任を認めた。その二日前には、食品医薬品局の生物製剤評価研究センターからウィルソン宛てに、臨床試験での「明確な違反」を記載した書状が送られていた。バットショー医師とレイパー医師が受け取ったのは、それより厳しくない警告書だった。ウィルソンに宛てた書状は、「臨床試験責任医師の全般的責務の遂行を怠った」という一般論的な項目ではじまり、誤りがあったと見られるあらゆる項目をいくつも細かく書きつらねていた。インフォームド・コンセントの不適切さ、実施計画書に見られる矛盾、アンモニア濃度の上昇を十分に検査しなかった点、有害事象をすべて報告しなかったことなどだ。また、この書状は「サルAH4T」が陥った状態を具体的に詳しく取り上げている。一九九八年一〇月二七日にアデノウイルスを投与されこのサルの場合、二日後には全身にわたって生死にかかわる微小な血栓が発生した。わずかに調整を加えたベクターの投与を受けた別の二匹のサルでも、同じ反応が起きた。この件に関する食品医薬品局の最終通知には、次のようにある。「あなたはインフォームド・コンセントの書類を修正するのを怠り、被験者になる予定の人々に、こうした生死にかかわる有害事象が起こる可能性があることを伝えなかった」

組み換えDNA諮問委員会の会議は、国立衛生研究所ベセスダキャンパスの不規則に広がった敷地のはずれにある会議場で一二月八日から一〇日まで開催され、一般にも公開された。ポールは最終日にあたる金曜日に講演する予定になっていた。そのため最初の二日間は、混雑した会場のうしろのほうの席に目立たないように座り、熱心に耳を傾けながらメモをとることにした。水曜日は、遺伝子治療に使われるさまざまなウイルスを比較する専門的な話がほとんどだった。その時点ではまだ、ポールが研究者たちを支持する気持ちに変わりはない。なにしろ研究者のなかには、食品医薬品局から発表されたばかりのプレスリリースを読んで泣きそうな者もいたのだ。そのリリースは、インフォームド・コンセントが十分ではなかった点、有害事象を迅速に報告しなかった点をあげて研究者たちの責任を問い、あとになって見ればこれほど急激に症状が悪化したのだから、そもそもジェシーは被験者として適切だったのかと疑問視していた。それでもポールは記者の取材に対し、「あの人たちは間違ったことは何もしていない」と答えていた。

だがこの誠実な信頼感は、まもなく粉々に砕け散る。

会議の二日目になり、手を加えた何百億個、あるいはもっと多くのウイルスをからだに送り込んだ方法について、技術的詳細が少しずつ明らかにされるにつれ、ジェシーの死をめぐる連絡の行き違いと誤解が同時にいくつも浮上してきた。なかには紛らわしいこともあった。たとえば、実施計画書にはジェシーに二〇〇億個のウイルスを投与すると記載されている――だがそれは体重一キログラムあたりの数値であって、ウイルスの総数ではなかった。ジェシーの体重は一キロではなく、およそ五七キロだ。ポールは、インフォームド・コンセントの書類に署名した時点ではその数が膨大になることに気づかず、ここにきてはじめて計算をした。

さらに、前の晩わずかに上昇したジェシーの血中アンモニア濃度にも、紛らわしい点があった。その濃度は「正常」という漠然とした範囲内だったが、正常の定義そのものが、臨床試験実施計画書の再三にわたる修正によって揺れていたのだ。血中アンモニア濃度の正常範囲について、もっと厳密で一貫性のある定義が使われていれば、研究者たちはジェシーを前もって試験から除外できたかもしれない。

ウィルソンの説明によると、漸増試験の目的は、副作用が現れはじめる投与量の範囲を正確に見極めることにある――この臨床試験でジェシーより前にウイルスの投与を受けた参加者は、ジェシーと同じ量だった女性も含めて、すべて予想どおり、インフルエンザに似た症状を呈しただけだった。だがどうやら、人によって異なる反応を示すこともあるようだ。ジェシーの症例で見られた悲惨な結果は、チームのメンバーにとって、まったく予期せぬものだった。「この臨床試験の前にも、試験の最中にも、ジェシー・ゲルシンガーに起きたことを予想したことは一度もありませんでした」と、ウィルソンは聴衆に向かって話した。

会議の途中で新聞紙面を飾ったふたつの見出しは、またも対立の雰囲気を漂わせるものになった。

食品医薬品局は遺伝子治療での死亡でペンシルバニア大学チームの責任を問う

「ニューヨークタイムズ」紙（一九九九年一二月九日付）

ペンシルバニア大学は治療の過失で若者が死んだことを否定

「フィラデルフィアインクワイアラー」紙（一九九九年一二月九日付）

また会議での三つ目の、非常に感動的な見解は、尿素サイクル異常症患者の家族の会から出された。連名で会長を務めるシンディ・レモンズとティッシュ・サイモンが、家族には他に希望を見いだせるものは何もないのだから、どうにかして遺伝子治療の努力を続けてほしいと熱心に嘆願したのだ。ふたりは心をこめて、ピザもアイスクリームも口にできない子どもと、もしかしたら今朝が、目を覚まさなくなるその日なのかと恐怖におののきながら毎日を暮らす心境をわかってほしいと説明した。ジェシーと同じ病気の一七歳の若者は、自分の口でこう訴えた。「お母さん、ぼくが遺伝子治療を受けたいってことをみんなに伝えてよ。ぼくは病気なんか大嫌いなんだ」

一方、話を聞くにつれてポールの疑念は膨らみはじめていた。そして最終的に、ふたつの問題によってポールの考えはすっかり変わることになる。ひとつは、別の試験で重病になったり死んだりしたサルのことが、インフォームド・コンセントの書類に記載されていなかった点。そしてもうひとつは、会議最終日のバットショー医師とレイパー医師による臨床試験のデータ発表で聞こえてきた警鐘だ。このとき医師たちは、アンモニアを排出する能力が五〇％上昇した女性について言及した。七月に電話でレイパー医師と話したとき、この事実を聞いてポールとジェシーは臨床試験に踏みきったのだ——ポールはそのとき、治療が功を奏したのだと考えた。だが今になって、この一二月の会議でポールの耳に聞こえてきたのはまったく違う話だった。「その会議で、あれは治療の効果ではなかったのだと知りました。医師たちは、女性のアンモニア排出が上昇したのは自力であって、遺伝子治療とは関係がなかったと言ったのです。遺伝子治療は弾みをつけた、最終的なきっかけになっただけでした」と、ポールは当時を思いだして話した。

だがその日ポールが選んだのは、臨床試験に自ら進んで参加し、膨大な量のウイルスを肝臓に投与されることを受け入れた人たちに光を当てることだった。そこで父親は静まり返った聴衆に向かって、押し殺したような声で語りかけた。「この試験に参加した人たちはすべて、すばらしいことをしました。それらの人々はみな、私の息子と同じ意図をもって臨みました。これ以上はない、純粋な志です」

ジグソーパズルのピースがポールの頭と心のなかで少しずつ動き、形をなしはじめた。ポールとジェシーが受け取った情報に欠けていた部分があったこと、また研究者たちの口調に熱がこもりすぎていたことは、それぞれ個別にはさほど重要ではないように思えたが、すべてがまとまり、組み合わさって、最後には悲劇につながったのだ。動揺した父親はついに結論を下した。「私はジェシーの死後も、あの人たちと研究所に対してとても協力的な姿勢を貫いてきましたが、新しい情報を聞いたあとでは、もう協力することはできませんでした」

組み換えDNA諮問委員会の会議からの帰路、きょうだいの助言を受け、ポールはニュージャージー州の弁護士アラン・ミルスタインを訪ねた。

＊　＊　＊

新しいミレニアムの幕開けとともに、謝罪と制裁措置の報がもたらされた。食品医薬品局は一月一九日にOTC欠損症臨床試験の調査を完了して、インフォームド・コンセントの書類の不備や適格性確認書が期限後に提出されていた点から、有害事象を適切に報告しなかったという深刻な問題まで、あわせて一八の具体的な違反を列挙した。その二日後には、ペンシルバニア大学のヒト遺伝子治療研究所を一時的に閉鎖し、嚢胞性線維症と乳癌（ＢＲＣＡ１遺伝子変異陽性）に対するふたつの試験をはじめとした八つの臨床試験を差し止めている。

弁護士のアラン・ミルスタインは一月二七日に、ポール・ゲルシンガーと最初の綿密な打ち合わせをした。この弁護士は次のように回想している。「ポールが一番困惑していたのは、息子さんが試験に参加する前、治療の効果を確認できたかどうかについて医師たちが嘘をついたのではないかという点でした」

ポールはさらに、ペンシルバニア大学の生命倫理研究センター長であるアート・カプラン博士と遺伝子治療チームにも憤慨していた。この事例が生命倫理を教えるのに適していると、「フィラデルフィアインクワイアラー」紙に語ったためだった。息子の犠牲を教科書の演習に利用しようという考え方は、深い悲しみに暮れる父親を激怒させた。ただしカプランはそんなコメントはしていないと抗弁している。「私は、スキャンダルは生命倫理の論議を推し進める傾向があると言ったのです」（残念ながら、ジェシー・ゲルシンガーは実際に、ヘンリエッタ・ラックスやテリー・シャイボと並んで多くの教科書に重要な事例として登場するようになった。私は二〇〇一年に、父親の全面的な承諾を得て、私が執筆した遺伝学の教科書の第四版をジェシーに捧げた。）

ポール・ゲルシンガーは、ジェシーのように軽度の患者に対する臨床試験を進めた点についてもカプランを非難している。「他にほとんど打つ手のない赤ちゃんに試験をするなら、理にかなっているでしょう。何もしなければ死あるのみで、受けるのは恩恵だけですから」と、ポールは話す。多くの科学者もこの意見に賛成だ。だがカプランが主張している考え方は、倫理だけでなく、論理と実践的な計画にもかかわっている。その説明は次のようなものだ。

「臨床試験では、瀕死の赤ちゃんを使うつもりはありませんでした。研究者は有害事象を見分けることができないからです。もしも試験で赤ちゃんが命を落とした場合、それが遺伝子治療によるものか病気によるものか、誰にもわかりません。遺伝子治療のベクターに危険があるかどうかを見極めるためには、末期症状ではない人で試してみる必要があります」

もうひとつの厄介な問題は、遺伝子治療の実施が他の治療ほど簡単ではない点にある。注射したり粉ミルクに混ぜこんだりして投与できる薬とは違う。投与技術の訓練を受けた外科医が、この稀な病気をもつ赤ちゃんが生まれたという緊急の知らせを受けたら、どんなに遠い場所でも飛行機で駆けつけなければならない。政府の研究助成金の支援もない、膨大な費用のかかる試験になる。「もしも赤ちゃんで試験をするなら、いつどこで生まれるか予想できないために、計画を立てることができません」と、カプランは言い添えた。

カプランによれば、リスクが最小とは言えない試験に関する小児科研究の規則に従って、研究者は自分で同意することのできる被験者を選ぶ必要があり、そうなると、選ばれるのは病状が軽度から中程度の患者になる。生まれたばかりのわが子が病気と知って動転している若い親に、試験について説明する難しさを、カプランは何より重く考えている。「考えてもみてください。医者がそんな状態の親ごさんに向かって、『あなたのお子さんは一二時間以内に死んでしまいます。私たちは新しい方法を知っているのですが、試したいですか?』と声をかけるんです。親としてはノーと言えないのではないかと気がかりです。そうした状況で参加者を求めようとするのは、本質的に、強制することになるような気がします」。誰に参加を求めればよいのか、簡単に答えは出ない。

おそらく誤解を生む最大の原因は、安全性を評価するという第I相臨床試験の意図だ。具体的にはジェシーの場合もそうだし、臨床試験の計画全般にわたって言えることだが、臨床試験に効果があるという保証はない。試験の参加者は、恩恵を受けられると望みをもつかもしれないが、期待はできない。ところが多くの患者は、またジャーナリストも、弁護士さえも、この点を理解していないだろう。二〇〇一年には国家生命倫理諮問委員会が、この広く見られる混乱を「臨床試験を治療と誤解すること」と名づけている。それは「臨床試験の目的が、科学的知識に貢献するためのデータを収集することにあるのではなく、個人の患者に恩恵をもたらすことにあると考えること」だ。カプランは今でも、ゲルシンガーの弁護士が第I相試験の目的を真に理解しているかどうか、疑っている。「ミルスタイン弁護士は、恩恵のない研究はするべきではないと確信していますが、第I相試験はそういうものではありません」

第I相試験の目標は治療効果ではなく、有害事象を見極め、すぐに報告することにある。この点ではメディアが役立った。記者たちはジェシーの死を受けて、アデノウイルスを用いた九三の臨床試験に六九一の有害事象があり、そのうち食品医薬品局にただちに報告されたものは、三九にすぎなかったことを突き止めたのだ。

二〇〇〇年二月二日、上院小委員会はジェシーの事例を審議するために、四時間近くにわたる公聴会を開いた。そこでは、「害を与えることなく」永久に治す道を探すことと、「ビジネスとしてのバイオテクノロジー」が、目に見えるほどの火花を散らして衝突する。バイオテクノロジー企業ターゲテッドジェネティクス社の元CEOであるH・スチュワート・パーカーは、この会社がジェノボ社を買収し、ウィルソンがジェシーの死後に三〇%の持ち分として一三五〇万ドル相当の株式を受け取ったと証言した。ポールも公聴会でこの点を指摘した。彼は涙ながらに、息子に起こったことは「避けられる悲劇だったが、もう取り返しがつかない」と言葉を結んだものの、研究続行に反対はしていない。患者たちも上院議員に、遺伝子治療を禁じないよう嘆願した。重度の嚢胞性線維症を病む三一歳のエリック・カストは、オクラホマのノーマンからやってきて、こう訴えた。「私の病気との闘いは競争なのです。そこを曲がればすぐゴールが見えるかもしれないのに、私を競争の敗者にしないでください」

ペンシルバニア大学は二月一七日、食品医薬品局が指摘した重大な不備に対して二八ページにわたる回答書を公表し、一部の軽度な違反については否定した。ペンシルバニア大学における遺伝子治療臨床試験は、独立した専門家で構成される委員会から完全停止の提言を受けていたが、結果的には規模を縮小して続けることを許され、ウィルソンは患者に対応することを禁じられた。七月までは動物実験にもいくつか制約が加えられはしたが、ウィルソンが新しいウイルス発見の手を休めることはなかった。

ジェシーの死から一年と一日後、ポールはフィラデルフィアで複数の個人と団体を相手取り、民事訴訟を起こした。その相手は、三人の臨床試験責任医師（ウィルソン、バットショー、レイパー）、実施計画書を承認したペンシルバニア大学とその施設内審査委員会、ジェノボ社、国立小児医療センター、生命倫理学者のアート・カプラン、ジム・ウィルソンをペンシルバニア大学に雇った医学部長のウィリアム・ケリーだった。

ジェシーの遺灰が、大好きだったアリゾナの雄大な光景の一部となってからほぼ一年が経った二〇〇〇年一一月三日、ゲルシンガー一家とペンシルバニア大学のあいだで示談が成立する。ポールは支払われた金額の一部を、「全米稀少疾患患者組織」および「責任あるケアと研究のための市民の会」に寄贈し、カプランとケリーはその任を解かれた。米国司法省も起訴していたが、二〇〇五年二月九日に和解した。その和解の一環として、自らの経験に関する論文を書いて発表するよう命じられたジム・ウィルソンは、そのタイトルを「教訓として学んだこと」に決めた。

ウィルソンは、二〇〇二年二月八日に食品医薬品局から手厳しい書状を受け取り、いくつかの問題点を指摘されていたので、論文でそれらに対応できるよう工夫した。書状は、食品医薬品局と研究者たちのやりとりを要約し、実施計画書のどの部分に違反があったのか、チームはなぜ危険な兆候に注意する必要があったのかを、詳細に述べたものだった。個人宛てに書かれたその書状を読むのは苦しかったと、ウィルソンは当時を思いだして話す。ジェシーより何歳か年下でレッシュ - ナイハン症候群のエドウィンのことが、いつも頭から離れなかったからだ。ウィルソンはただ病気の子どもを救いたい一心だったと当時を振り返る。六ページにわたる書状には、「怠った」という言葉が二〇回、「誤解させた」という言葉が九回も登場していた。

「教訓として学んだこと」がようやく「モレキュラージェネティクス&メタボリズム」誌に掲載されたのは、二〇〇九年二月のことだった。ウィルソンによれば、提出期限は定められていなかったものの、それほどの時間がかかってしまったのは法的問題のせいで、決着がついたのは二〇〇五年だという。「その後まもなく、数々の有名機関で『教訓として学んだこと』をテーマにして講演するようになり、今でもまだ続けています。そうした経験によって、私は前より物ごとを系統立てて考えられるようになりました」と話すウィルソンは、その年月のあいだにも、コーリーの病気をはじめとした他の疾患を治療するためのウイルスを開発する研究を続けていた。

論文では、ウィルソンはいくつかの点について自分の責任を認めているが、事項によっては批判をはぐらかしたものもある。たとえば、試験実施前夜にジェシーの血中アンモニア濃度が上昇したことが死亡と関連しているというのは、専門家の個人的見解にすぎないと述べている。サルについては、問題が発生したのはOTC欠損症の臨床試験ではなく、異なるウイルスの変異体を大量に投与した場合ではあったが、自分とバットショーとレイパーがポールに毒性を報告すべきだったとしている。ウィルソンはさらに冷静に、医師個人の説明責任を最小限に抑えようとするチームのアプローチを引き合いに出すとともに、研究者たちがプロジェクトに情熱を注ぎすぎたことで、必死に治療法を求める家族には過度の楽観が伝わったかもしれないと認めた。また、ジェノボ社は自分のミシガン大学での博士課程の研究から生まれた実体のない企業だと説明している。議決権のない株式は所有していたが、社員でも科学顧問団の一員でもなく、権利の使用料も受け取ってはいなかった。ジェノボ社を買収したターゲテッドジェネティクス社は、その後の遺伝子治療の不遇時代に経営難に陥り、二〇一一年にロンドンに本拠を置くバイオテクノロジー企業と合併するまで、しばらく株式配当もなかった。この合併によって、企業の目標は抗生物質耐性菌に対抗するウイルスの遺伝子操作に変わった。だが、なにはともあれこの企業がジム・ウィルソンに株式を提供したことで、試験に失敗しても研究者は利益を得るという印象をポール・ゲルシンガーに与えていた。

あたかも金銭的な不正があったように見えることに気づいたウィルソンは、その論文で代案を提案している。基礎研究と前臨床研究にかかわる研究者への出資は認めても、臨床試験に直接かかわる研究者には認めないというものだ。また、インフォームド・コンセントの過程で第三者の「患者に支援を提供する専門家」（別名「チャイルドドライフスペシャリスト」）を指名することを支持し、現在では子どもを被験者とする多くの遺伝子治療臨床試験で採用されている。

ウィルソンはその論文の執筆を振り返り、あれは罰ではなく、書くことによってほんとうの意味での教訓が学べたと感じている。「医療ミスを起こしてしまったら、ミスを認めないより、認めるほうがいいのです。明らかにミスは起き、私は責任を感じましたが、自分の口で話させてはもらえませんでした。でも論文を書かなければならなくなったことで、科学者として、また臨床試験責任医師としての自分たちの責任をより深く考える時間ができました」。ただし、「教訓として学んだこと」に詳細に記録されたことや、試験にかかわったみながどれだけ悔やんだかということ以上に重要なのは、おそらく、遺伝子治療の分野が「生体内作用の基本的理解より先に進んでいたという事実でした。だから私たちは、免疫や宿主とベクターの相互作用の解明に専念するようになったのです」と、ウィルソンは話す。今でもまだ、治療用の遺伝子を運ぶウイルスベクターと免疫系の見張り番とのあいだでどんな動きがあるのか、その入り組んだ手順のすべてはわかっていない。

ジェシーの父親は、息子を死に追いやった臨床試験の責任者を罰することを望んでいたわけでない。司法省の五年にわたる調査の結果、ペンシルバニア大学と小児医療センターに一〇〇万ドルを少し超える額の罰金が科せられ、刑事責任は問われず、臨床試験責任医師たちには一時的な「臨床活動の制限」が言い渡された（ウィルソンの専門的活動は五年間、レイパーとバットショーは三年間、制限された）。ポールはいまだ息子の死に関連するすべての公式文書に目を通し終えておらず、死後一〇年の節目にあたって「フィラデルフィアインクワイアラー」紙にこう書いた。「一〇年前のきょう、私の息子は科学実験で命を奪われた」

ジェシー・ゲルシンガーの悲しい事例によって、いつまでも消えることのない、大きなふたつの足跡が残されている。第一に、遺伝子治療研究の被験者に対する保護が向上した。二〇〇〇年三月までに制度が変更されて、利益相反とインフォームド・コンセントの新しいガイドラインが導入され、国立衛生研究所の助成金を受ける研究者への生命倫理教育、ひとつでも有害事象が発生した場合の全被験者に対するインフォームド・コンセントの強制的やり直し、臨床試験のモニタリング計画を食品医薬品局と国立衛生研究所に提出することが義務づけられている。第二に、ジェシーの事例は遺伝子治療の進む道を根本的に変えた。死の原因は治療用の遺伝子ではなく、それを導入するために利用したウイルスだったからだ。遺伝子治療の概念は浸透したが、それ以後は免疫反応を引き起こしそうもない別のウイルスへと注目が移っていくことになる。

ポール・ゲルシンガーは、いまだ癒えることのない悲しみのなかにいる。それでも、遺伝子治療の目標に反感を抱いているわけではない。実際には、息子の犠牲がいくつもの命を救ってきたらしいことを知って、慰められている。「ジェシーは、たくさんのことを可能にしました」。そのひとつがコーリー・ハースにもたらされた新しい視力で、はるかに安全なウイルスベクターのおかげだった。

ただし、遺伝子治療の成功例はコーリーがはじめてでも、また最年少でもない。最初の成功は、コーリーの手術の一八年も前に実現していた。

第3部　アイデアの進化

遺伝性疾患で死にそうな人がいて、その原因が遺伝子の欠陥にあるなら、遺伝子を修復すればいい……今、遺伝子治療が生まれ変わろうとしていることが、ほんとうにうれしい。

——W・フレンチ・アンダーソン

オリヴァー・レイピン（中央）とふたりの弟、エリオット（右）とアレック（左）。オリヴァーは2004年、12歳の誕生日を迎える前日に副腎白質ジストロフィーで世を去った。エリオットにも同じ病気が遺伝していたが幹細胞移植によって一命をとりとめ、アレックは健康だ。（写真提供　アラン・ロス）

イヴ・レイピン、レイチェル・サルズマン、アンバー・サルズマン。三姉妹はわが子が恩恵にあずかれないにもかかわらず、副腎白質ジストロフィーの遺伝子治療計画を進めるうえで中心的役割を果たし、成功に導いた。（写真提供　スティーブ・バーシュ）

7　ＳＣＩＤキッズ——重症複合型免疫不全症の子どもたち

不思議なことに、遺伝子治療の重大な出来事が起きるのは、たいてい九月半ばだ。コーリーの処置が実施されたのは二〇〇八年九月二五日、ジェシー・ゲルシンガーの場合は一九九九年九月一三日だった。さらに、遺伝性疾患に対するはじめての遺伝子治療は一九九〇年九月一四日に行なわれている。その月曜日の午後、四歳のアシャンティ・デシルバは、衰えた免疫系にとってどうしても必要な正常に働く遺伝子のコピーを組み込んだ、自分自身のＴ細胞の注入を受けた。

アシャンティは生後わずか二日で最初の感染症にかかっている。歩きはじめるころには年がら年中風邪をひいていて、いつも咳をしながら鼻水をたらしていた。よちよち歩きするだけで年配のヘビースモーカーのように息切れしたと、父親のラジは当時を回想する。医師ははじめ、喘息、アレルギー、気管支炎と、ごくありきたりの診断を下していたが、通常の治療では一向に効き目がなく、アシャンティはほとんど一年中病気をしていた。だがラジのきょうだいに免疫学者がいて、免疫系を詳しく検査してもらったほうがよいと助言してくれたことから、二歳の誕生日を過ぎたところで正しい診断にこぎつける。アシャンティは、コーリーと同じく、めったにない病気にかかっている医学上の「シマウマ」だった。病名はアデノシンデアミナーゼ（ＡＤＡ）欠損症で、アデノシンデアミナーゼという酵素が欠乏しているために、重要な生化学反応が停止し、血液中の毒素が増えて、免疫反応の要である白血球のT細胞が作られない。T細胞は、ヒト免疫不全ウイルス（HIV）が最初に標的とする細胞だ。

アシャンティは、コーリーと同じく、適切な時、適切な場所にいた——しかも二回。診断が下されてまもなく、アシャンティは新たに開発された酵素補充療法を受けることになり、二年間はその効果が発揮された。永久的な治癒ではなかったが、その治療は体内で作れない酵素を補充した。T細胞の数が増えるにつれて、アシャンティの体重は増え、感染症にかからない健康な期間も延びていった。ところがその後、T細胞の数は徐々に減りはじめる。やがて感染症が戻ってきて、検査結果は免疫の衰えを示した。するとこの少女にはまた幸運がめぐってきた。メリーランド州ベセスダの国立衛生研究所で、初の遺伝子治療を受ける患者に選ばれたのだ。もし効果が見られなければ、主治医が酵素補充療法を継続しただろう。

今、アシャンティは健康を取り戻し、もう治療を必要としていない。彼女が診断を下されたADA欠損症は、重症複合型免疫不全症（SCID）の一種だ。この疾患は、遺伝子治療が準備され、誕生し、ときには困難な道のりを歩みながら発展する途上で、とても大きな役割を果たしてきた。この疾患の子どもたちははじめて遺伝子治療を受け、コーリーの治療の成功につながる土台の一部を築いていく。

*　*　*

新生児一〇万人にひとりの割合で現れる重症複合型免疫不全症には、八つの異なるタイプがあり、働かない免疫細胞のタイプによって分類されている。この稀な遺伝性免疫不全が、T細胞をどんなふうに死滅させるかを理解できれば、人々に広く知られているエイズにも多くの手がかりをもたらすことができる。エイズはこの病とほとんど同じ状況に陥る後天性の免疫不全疾患だ。一年間に世界で生まれるADA欠損症の赤ちゃんはわずか二〇人だが、HIV感染者は数百万人にのぼる。

一九六〇年代から七〇年代にかけて、遺伝性の免疫不全疾患のタイプを区別しようとした研究者は、すぐに女児より男児の患者が多いことに気づいた。それならば、この疾患の少なくともひとつの型は、ジェシーのOTC欠損症と同じように、保因者である母親から発症した息子へと受け継がれるに違いない。X連鎖重症複合型免疫不全症（SCID‐X1）をもって生まれたひとりの少年が、エイズが知られるようになるずっと前に、免疫をもたない暮らしがどれだけ悲惨なものかを世界の人々に伝えることになった。

「バブルボーイ」と呼ばれたデヴィッド・フィリップ・ヴェッターは、一九七一年に誕生した。生後すぐに重症複合型免疫不全症と診断されたが、研究者たちがそのX連鎖SCIDというタイプを調べあげ、一個の遺伝子に起きた突然変異を突き止めてメカニズムを明らかにするのは、まだ先の一九九三年のことだ。その遺伝子は、通常なら骨髄のなかにある未熟な白血球に対して、細胞表面にキャッチャーミットのようなタンパク質を作るよう指示するはずなのだが、変異のせいでそのタンパク質が作られない。それが正常に作られていれば、白血球に成熟するよう合図する分子を「キャッチ」し、サイトカインを量産して感染に対処する。サイトカインは免疫系の分子で、ジェシー・ゲルシンガーの場合はそれが過剰に作られて命を奪われた。こうした全容が解明されるまでのあいだ、研究者たちにわかっていたことといえば、この稀な病気が保因者の母親から息子に伝わり、発症する確率は二分の一という点だけだった。X連鎖SCIDの男児は、二歳までしか生きることができなかった。

コーリーの視覚障害やアシャンティの絶え間ない感染症とは違い、デヴィッドの病は生まれる前から予想のつくものだった。テキサス州シェナンドアに暮らす両親のデヴィッド・J・ヴェッター・ジュニアとキャロル・アン・ヴェッターには、デヴィッドの誕生前に、一九六八年生まれの健康な娘キャサリンと、一九七〇年生まれの息子、デヴィッド・ジョセフ・ヴェッター三世がいた。この長男は病気がちで、SCIDと診断された。医師は骨髄移植の可能性を探ってキャサリンを検査し、型が適合することがわかったものの、長男は姉の骨髄の細胞と自分の正常でない細胞が入れ替わる前に世を去った。七か月の命だった。

キャロル・アンが再び妊娠したとき、男の子なら五〇％の確率で重症複合型免疫不全症が遺伝していることは知っていた。羊水検査で生まれてくる赤ちゃんが男であることがわかっても、希望を捨てず、産むことに決めた。よい結果を望みはしたが、最悪の場合の覚悟もできていた。医師たちは、新生児がこの遺伝性疾患を受け継いでいるかいないかを確認できるまで、分娩室と新生児室を無菌状態にする準備を整えた。もし受け継いでいるなら、骨髄移植の実験に参加することができる。テキサス小児病院と提携しているベイラー医科大学の生物学者、ラファエル・ウィルソンが、ヨーロッパで双子に実施した骨髄移植実験を再現する準備を整えていた。その双子は移植のおかげで、三年間の隔離ののちに、免疫を獲得していた。

一九七一年九月二一日、ヒューストンの聖ルカ聖公会病院で、帝王切開によってデヴィッド・フィリップ・ヴェッターが誕生した。三部屋続きの分娩用特別室は何日も前から消毒され、入室するには誰でも必ず細菌の検査を受けなければならなかった。分娩はわずか一五分で終わった。室内が静けさに包まれていたのは、空気を乱して、万が一紛れ込んだ細菌が新生児に取りついたりしないよう、医療チームが動きを最小限に抑えていたからだ。看護師たちは新生児を吸引すると、瞬時にプラスチック製の隔離器に入れ、それから慎重に併設のテキサス小児病院に運んだ。そこには、デヴィッド用の無菌の保育器と、やはりていねいな消毒が必要な身のまわり品を入れておく補給庫が用意されていた。どちらにもゴム手袋のついた穴があり、看護師たちはそこから手を入れて新生児の世話をすることができた。ビニールテントのような無菌の透明な保育器と補給庫は、風船にたとえて「バブル」と呼ばれた。

血液検査の結果は最悪だった。デヴィッドは重症複合型免疫不全症で、しかも姉の骨髄の型は、生まれたばかりの弟に移植できるほど完全には適合していないという。

デヴィッドはいくつもの「バブル」のなかで暮らしつづけることになった。はじめのうちは、ほとんどテキサス小児病院の三階で過ごしていたが、その後は自宅で過ごす時間も増えて、病院と自宅のあいだでは移動用バブルを使用した。友だちや近所の人たちも頻繁に遊びにやってきた。姉のキャサリンは弟を守ろうと必死で、家ではバブルの隣で眠り、病院への行き帰りでは見物人の目から見えないよう工夫した。ふつうの姉弟と同じようにけんかまでして、キャサリンが怒れば弟のバブルの一部をしぼませて小さくしたし、デヴィッドのほうは付いている手袋を使って器用にパンチを繰りだした。

心理学者と精神科医も定期的にやってきた。デヴィッドは病院のスタッフに愛着を抱き、なかでもラファエル・ウィルソンにはよくなついた。デヴィッドが四歳のとき、ウィルソンが二、三日留守にすると、動揺したあまりバブルに穴をあけてしまったほどだ。またウィルソンが心臓発作を起こして時間どおりに姿を見せなかったときには、捨てられたと思い込み、バブルの内側に自分の排泄物を塗りつけた。

博士課程の学生メアリー・エイダ・マーフィーとの心の絆は、生涯続くものになった。ふたりはデヴィッドの自宅で、彼が三歳のときにはじめて会っている。マーフィーの博士論文のテーマが先天性異常の子をもつ家族のストレスだったため、指導教官がデヴィッドの知能検査を実施するために自宅を訪問するにあたって、彼女に同行するよう求めたからだ。マーフィーは子どもと心を通わせる術を心得ていて、すぐにデヴィッドの信頼を勝ちとった。そしてバブルの世界の外には何があるか、デヴィッドに教えようとした。木というのは、緑の形と茶色の形がくっついたものだとデヴィッドが言えば、マーフィーはすぐに外から木の枝を探してきて実際に見せ、本物の木の大きさと荘厳さを実感させた。

マーフィーはやがてデヴィッドの病室で博士論文を書くようになる。それと同時に少年の擁護者になり、親友にもなると、その心の奥底にある恐怖にひそかに触れ、メディアが描くような、バブルのなかで楽しそうに暮らす少年とはほど遠いと知った。デヴィッドは五歳になるまでに、自分がふつうとは違うとわかっていた。七歳になると、自分はどうして四六時中腹を立てているのだろうかとマーフィーに尋ね、学校の勉強など、自分がさせられていることは全部無駄なのではないかと話した。成長するにつれて、従順で陽気な姿を期待しているように見える医療スタッフに不機嫌な表情を見せるようになっていく。失意のなか、デヴィッドはマーフィーに自分のほんとうの姿を書いてほしいと頼み、マーフィーはメモをとりはじめた。

八歳になるころには、毎日の暮らしが怒りと苛立ちに支配されるようになっていた。なぜバブルのなかに閉じ込められているのか。なぜ自分の言いたいことを言わせてもらえないのか。デヴィッドが九歳になったとき、医療チームはその先どうすべきかについて話し合いをはじめた。チームの顔ぶれは、すでに誕生当時のメンバーからガラリと変わっていた。バブルから出して、抗生物質とγ《ガンマ》グロブリンを投与して、可能なかぎり感染と闘わせるほうがいいのか？　マーフィーはその方法に賛成したが、両親は反対にまわり、誕生当時の医師たちを味方につけて、その考えを押しとおした。だが一九八三年に、状況が大きく変わった。

新しい薬と骨髄移植の手法の変化によって、型が完全に適合していない姉の骨髄でも、デヴィッドのからだが受け入れられるようになったのだ。そこで一九八三年一〇月二一日に、姉から採取した貴重な骨髄液が弟の静脈に注入された。その後しばらく元気に過ごしていたデヴィッドだったが、一二月になると具合を悪くし、二月はじめには突然、下痢、吐き気、高熱に襲われた。症状があまりにもひどくなったために、バブルの外に出るより他に方法はなくなった。一九八四年二月七日、こうしてバブルを出たデヴィッドは、生まれてはじめて両親と姉にじかに触れることができたのだった。目が覚めているときに自分の暮らしを紹介するテレビ番組を見たデヴィッドは、再びマーフィーにほんとうの話を伝えてほしいと懇願した。だがその様子は疲れきっており、もう終わりが近いことを悟っているように見えた。一九八四年二月二二日、デヴィッド・フィリップ・ヴェッターは短い一生を終えた。

解剖の結果は意外なものだった。デヴィッドの死の原因はリンパ系の癌であるリンパ腫で、それが全身に広がっていたのだ。姉の骨髄に含まれていたエプスタイン・バー・ウイルスから感染したものだった。このウイルスは当時、伝染性単核球症との関係しか知られていなかったものだ。デヴィッドの姉が発症しなかったのは、健康な免疫系がこのウイルスの働きを抑えていたからだった。デヴィッドのからだには、その防衛能力が備わっていなかった。

＊　＊　＊

骨髄移植は、正常ではない細胞を入れ替えることによってデヴィッド・ヴェッターを救うはずだった。一方の遺伝子治療はもっと正確に修復するもので、デヴィッドが命を落とした時点ですでに、セオドア・フリードマンが少なくとも実験室で培養された細胞のなかでは可能であることを明らかにしていた。突然変異がはっきり解明されている遺伝性疾患ならどんなものにでも、遺伝子治療が有益な治療法になることを示す断片的な証拠が集まりはじめていた。一九八四年にデヴィッドが病気との闘いに負けてまもなく、遺伝子マーカーを用いた最初の人間の遺伝子地図が発表された。現在の尺度で見れば、その地図は標識をおおまかに集めたものにすぎないが、それでもその数年後にはじまるヒトゲノムプロジェクトにとってのスタート地点となり、足場の役割を果たした。それと同時に一九八九年からは、病気を引き起こしている遺伝子が次々に発見されていく――嚢胞性線維症、デュシェンヌ型筋ジストロフィー、ハンチントン病などだ。別の研究の最前線では、遺伝子を運べるウイルスの構造と機能が分析され、異なる生物のＤＮＡを組み合わせる技術が微調整されつつあった。アシャンティが国立衛生研究所で治療を受けた一九九〇年前後、生まれたばかりの遺伝子治療分野が使える道具は、そうしたものだった。

振り返ってみれば、欠陥のある遺伝子を置き換えて病気を治すのは、ごく当たり前のことのように思える。けれども、遺伝物質の性質や働きを解明しても、そこからこうした考えを思いつくまでにはずいぶん時間がかかった。私がこれから説明することは、生物学を専攻した者にはABCとも言える基本事項だが、ここでは少し視点を変え、わが子が遺伝性疾患だと診断されてショックと恐怖を抱えながら、とりあえずDNA科学の基礎を学ぼうと思い立った親の気持ちになって読み進んでほしい。

遺伝の背後に隠れた化学構造を理解しようという研究は、二〇世紀の初頭にはじまり、二一世紀を迎えてすぐ、最初のヒトゲノム配列が決定されたことで最高潮に達した。その途中、二〇世紀半ばにはジェームズ・ワトソンとフランシス・クリックが、大半を他の研究者たちが行なった実験から得たヒントをまとめ、DNAの構造を読み解くことに成功している。世代から世代へと形質を伝える分子、DNA（デオキシリボ核酸）は、細胞の中心にある核に入っており、核は核膜で包まれた遺伝の司令室と呼ぶことができる。DNAの分子は、四種類の「文字」が結合した二本の鎖で構成され、それぞれの文字は塩基と呼ばれる化学物質だ。二本の鎖は長いはしごのような形に結びついてねじれ、優雅な二重らせんを描いている。それぞれの鎖の塩基のペアがはしごの横木になり、リン酸基と糖が交互に結合したものがはしごの縦木を構成する。DNAは、糸巻きの役割を果たすタンパク質のまわりにグルグルと巻きついており、人間の細胞の核に入っているDNAをまっすぐ伸ばすと、平均的な男性の身長ほどの長さになる。

このような化学物質を表す四種類の文字（塩基）と二重らせん構造から、分子が自己複製する方法はすぐに解明された。対称形をした長い鎖状のふたつの分子が、まるでラインダンスを踊るようにまんなかから分かれ、それぞれの鎖をなしている塩基が細胞内を自由に漂っている別の塩基と新しいペアを作ると、それまでの一本から二本の二重らせんが生まれる。DNA分子の塩基配列は、細胞がタンパク質を合成するために使う情報を三文字のコードで伝えており、このコードを作るのが四種類の「文字」なのだ。コードに従って合成されるタンパク質は、一直線に連結したアミノ酸が折りたたまれた巨大な分子で、それぞれに固有の立体構造をもっている。

ＤＮＡの構成要素である四種類の塩基――Ａ（アデニン）、Ｃ（シトシン）、Ｇ（グアニン）、Ｔ（チミン）――からは、三文字ずつを組み合わせることで六四種類の異なる「トリプレット」ができる。タンパク質の合成は、細胞がＤＮＡの遺伝情報（通常は数千塩基）をメッセンジャーＲＮＡ（ｍＲＮＡ）と呼ばれる中間体にコピーすることからはじまる（ＲＮＡはＤＮＡとほぼ同じ構造をもつが、Ｔ（チミン）の代わりにＵ（ウラシル）が使われるところが大きく異なっている）。ｍＲＮＡは核膜の孔を通って核の外に出ると、ゼリー状の細胞質に入り、リボソームという微小な球に結合する。ここでは、トランスファーＲＮＡ（ｔＲＮＡ）と呼ばれるクローバーの葉のような形をしたコネクターの役目を果たす分子がｍＲＮＡに近づいてくると、アンチコドンと呼ばれる三つの塩基の配列を用いて、ｍＲＮＡのコドンと呼ばれるトリプレットと塩基ごとに組み合わさる。両者は化学的な引力によって互いに引き合うが、これはＡがＵと、ＧがＣと結びつくこと（対合規則）によって起こる。

このように、遺伝情報はＤＮＡ（遺伝子）からＲＮＡへ、さらにタンパク質へと「流れて」いく。たとえば血液凝固因子などの特定の形質を実際に与えるのはタンパク質だ。ある遺伝子が一個のタンパク質をコードする鍵は、それぞれのｔＲＮＡが、アンチコドンの反対側にあるクローバーの茎の先にあたる部分にくっつけて運んでくるアミノ酸にある。特定のｔＲＮＡはいつも同じタイプのアミノ酸を運んでいて、その種類は全部で二〇種類だ。ひとつのｍＲＮＡに次々とｔＲＮＡが組み合わさるにつれ、子どもが手をつなぐようにアミノ酸が順番に並んでつながり、ポリペプチドを形成する。インスリンのようにポリペプチド一個だけでできているタンパク質もあれば、血液中で酸素を運ぶヘモグロビンなど、複数のポリペプチドで構成されるタンパク質もある。

遺伝子コードというのは、よく誤って使われる言葉だが、実際にはどのＤＮＡ／ＲＮＡのトリプレットがどのアミノ酸を指定するかを意味している。コードは普遍的なもので、あらゆる種の生きものに共通だ。たとえばCCGはプロリンというアミノ酸に対応し、それはゾウでもナスでも、たとえウイルスでも変わりない。遺伝子治療では、このように遺伝子コードがウイルスでも同じである点がとても重要で、だからこそウイルスが治療用の遺伝子を細胞に運び込んで、細胞がそのコードを読み取れるわけだ。遺伝物質としてRNAをもっているウイルス（遺伝子治療にとってこの上なく大切なレトロウイルス）でも、細胞にウイルスのRNAをDNAにコピーさせる酵素を作りだしている。

DNA、RNA、タンパク質はすべて、薬の標的とすることができるが、永久に治せるのはDNAレベルでの介入だけだ。嚢胞性線維症を治療する、いくつかの非常に有望な新薬を見てみれば、タンパク質を標的とすることと遺伝子を置き換えることの違いがよくわかる。

嚢胞性線維症の特徴的な症状である肺の閉塞や脾臓の肥大は、「嚢胞性線維症膜貫通制御因子（CFTR）」という長々しい名前をもつタンパク質の出来損ないによって起きる。この病気では、CFTRタンパク質が、肺や脾臓の内側を覆う細胞の膜を貫通できなかったり、そこでうまく機能しなかったりする。このタンパク質は塩化物イオンの通路《チャネル》を作っていると考えられていて、それが正常に働かなければイオンのバランスがくずれてしまう。その結果、分泌物の粘度が高くなって、ふつうなら人の肺には定着しない微生物をおびき寄せ、治療の難しい重度の感染症を引き起こす。

嚢胞性線維症の新しい薬は、異常をきたしたCFTRタンパク質を修復するか、生産ラインにひっかかったままの正常なCFTRタンパク質を細胞膜まで送り届け、そこで機能できるようにする。患者は一日に二錠の薬を飲めば呼吸が楽になる。ある製薬会社はこの薬を「嚢胞性線維症の根底にある原因を治療する新薬」と呼んでいて、この言葉はメディアにも引用されるようになり、たとえばフォーブス・ドットコムは「遺伝的根源から病気を治療する最初の薬」としている。しかしこの説明は正しくない。薬は毎日二回ずつタンパク質を修復するのであって、遺伝子を修復するわけではないから、この誤った説明は問題を招くことになる。新しい薬は、印刷されたページが次々にコピーされていくのを見ながら、コピーされた紙にあるミスを一枚ずつ修正液で消していくようなものだ。遺伝子治療なら、コピーの元になっているオリジナルの文書にあるミスを修正してしまう。

＊　＊　＊

車やコンピューターをもっている人なら誰でもわかるだろうが、何かの部品の名前を言えるのと、それを修理できるのとは、まったく異なる技術だ。初期の遺伝子治療でも同じことだった。考え方はわかりやすいが、実行するのはたやすくなかった。一九五〇年代と一九六〇年代に遺伝物質の働きを発見した研究者たちの多くは、ＤＮＡがむきだしの状態で入っている細菌を利用した。それでもほんのひと握りの研究者たちは、人間の遺伝子を変えるという大胆な夢を描いた。そのひとりは、ウィリアム・フレンチ・アンダーソンだ。

　オクラホマ州タルサで生まれたアンダーソンは、何よりも科学の本を読むのが好きで、三年生のときには大学の教科書を読んでいたという。はにかみ屋で吃音だった。五年生のある日、いっしょに歩いて下校していた同級生が口をすべらせ、きみは学校で一番の嫌われ者なんだと言うのを聞いてショックを受けると、それをきっかけにしてがらりと生き方を変えた。もう何年ものあいだ、まわりの子はみんな頭が悪いからかかわる時間がもったいないと思っていたのだが、それからはみんなの言葉に耳を傾けるようにし、だんだんに友だちを作っていった。七年生のときには学級委員長に選ばれ、陸上競技も得意で、討論クラブにも入った。

　アンダーソンは、遺伝子治療をはじめて思いついたのは一九五四年だったと話す。まだ一七歳で、ハーバード入学という最初の大きな成果を上げる直前のことだった。少し前にワトソンとクリックがＤＮＡの構造を明らかにしており、それを知ってアンダーソンは将来の道を定めたのだという――遺伝性疾患を分子レベルで理解しようと志したのだ。ハーバード入学時には、すでに医学研究者として専門職につく計画をこと細かに決めていた。カウボーイブーツをはいてオクラホマ訛りで話すアンダーソンは、落ち着きのあるアイビーリーグのキャンパスではよく目立つ存在だった。

一九五八年の冬、世の中は宇宙開発競争の火ぶたを切ったロシアの人工衛星スプートニクの話題でもちきりになった。そのおかげで、科学は急に「かっこいい」ものになった。アンダーソンはまだ学部生だったが、生化学の「ジャーナルクラブ」に参加することを許された。ジャーナルクラブは科学者にとっての通過儀礼ともいえ、ひとつの研究グループに属しているさまざまな立場の人々――教授、ポスドク、大学院生、選ばれた少数の学部生――が週一回開く集まりだ。アンダーソンはこの集まりで、奇妙なアイデアを人にわかってもらう練習を積むことができたのだが、当時はその技術が将来どれだけ大切なものになるか、まったくわかっていなかった。

一九五八年のある日のジャーナルクラブで、客員のポスドクが、血液中で酸素を運ぶ四つの部分から成る分子、ヘモグロビンの構造について話した。それを聞いたアンダーソンは、思いついたことを心のなかに抑えておけずに、意気込んでこう発言した。

「鎌状赤血球貧血で何が悪いのかがわかれば、どうですか？　正常なグロビン遺伝子を入れて、病気を治せます！」

すると出席者たちがいっせいに振り向き、意気消沈させるような視線を浴びせた。アンダーソンより上級の研究者のひとりは甲高い声で、「これはまじめな科学の議論なんだ。空想にふけるのなら、自分の頭のなかだけにしておけ」と叫んだ。

アンダーソンは落ち込んだが、同時に「おもしろいアイデアだな」という意見も耳に届いていた。最初の意見で出鼻をくじかれたにもかかわらず、アンダーソンは卒論のテーマを遺伝子のエラーの修復とし、それを生涯の目標とする。その後は、英国ケンブリッジ大学のフランシス・クリック、国立衛生研究所で遺伝子コードを解読するグループを率いたマーシャル・ニーレンバーグといった新分野の巨匠たちと研究を続けていった。アンダーソンは、「もし理論の筋が通っていて、それを立証する証拠がないのなら、実験を続けること」を一生の教訓としたが、これはクリックから学んだことだった。より多くの証拠を見つければよいのだ。また、妻となるキャシーともケンブリッジで出会っている。解剖学の研究室でひとつの頭部をふたりで分け合うことになったのがきっかけだという。キャシーのほうが解剖の腕がよく、のちに著名な外科医となる。ふたりは、女優で王妃となったグレース・ケリーに似た美女、俳優のジミー・スチュワートに似た長身の美男子という、目を引くカップルだった。

ヒッピーブームのまっただなかだった一九六〇年代に、遺伝子治療について考え、話し、書いた人たちがいる。細菌がどのようにして遺伝子を交換するかを発見した功績で、一九五八年に三三歳の若さでノーベル賞を受賞したジョシュア・レーダーバーグは、コロンビア大学で遺伝子治療の手順を議論し、それをまとめて「ワシントンポスト」紙に発表した。ニーレンバーグは「サイエンス」誌に「社会の準備は整うか?」という論文を執筆し、一九九二年までに遺伝子治療がはじまるだろうと予測した。それは、アンダーソンが現実に行なった時期とあまり離れていない。けれどもその他の人たちは、遺伝子治療という言葉を使うのは時期尚早だと警告を発した。そのころ議論されていたのは、遺伝子治療を目標とした遺伝子導入だった。

遺伝子治療がはじめて試みられたのは一九七〇年で、オークリッジ国立研究所のスタンフィールド・ロジャーズが西ドイツの医師たちといっしょに、ウサギにイボを生じさせるウイルスを用い、知的障害、けいれん、発作を起こす稀な遺伝性疾患をもったふたりの少女を治療しようとした。ウイルスの遺伝子が、少女たちに欠けているものを元に戻すと期待しての治療だった。ロジャーズのやり方はうまくいかなかったが、ヒト以外の遺伝子を使って人間の病気を治すこと、しかもウイルスという人を病気にする可能性があるものを利用するという考えは、一部の研究者たちを不安にさせた。のちにレッシュ＝ナイハン症候群で遺伝子導入を実証し、若き日のジム・ウィルソンに影響を与えることになるセオドア・フリードマンは、もっとよく考えてほしいと声をあげた。一九七二年に「サイエンス」誌に掲載した論文では、遺伝子の働きが詳しくわからないうちに、あせって遺伝子治療を試みるべきではないと注意を促している。

一九七〇年の最初の遺伝子治療の試みでふたりの少女に導入されたのは、ウサギのウイルスの遺伝子だったが、まもなくウイルスを利用してヒトの遺伝子を導入するという考えが支持を集めはじめた。それは新しいアプローチの一例で、組み換えDNA技術と呼ばれ、異なる種のDNAを組み合わせるものだ。この考えを危惧する声が非常に多かったので、一九七五年二月にはカリフォルニア州のモントレー半島で有名な会議が開かれる運びとなる。「組み換えDNAに関するアシロマ会議」には、新しいタイプの実験について話し合うために一四〇人の出席者が集い、その大半は分子生物学者で、弁護士と医師も何人か含まれていた。スタンフォード大学のポール・バーグは、SV40と呼ばれるサルのウイルスのDNAを、通常は細菌に感染する別のウイルスのDNAと結合させ、それを大腸菌に送り込みたいと考えた。潜在的な危険性は、SV40がマウスに癌を引き起こすこと、また大腸菌が人間の腸にすみつくことにあった。もしも手を加えた細菌が人間の腸に入り込めば、そのウイルスを量産し、癌を発症させはしないか？　熱を帯びた議論の末に、出席者たちはその実験が安全であると結論づけたが、封じ込めの手段を取り決め、それは今も守られている。細菌のなかで作られるヒトインスリンを手始めに、組み換えDNA技術はそれ以降、数十種類の薬の製造に貢献し、ある研究者が呼んだような「頭が三つある紫色の怪物」を作りだしてはいない。この技術の草分けとなった研究者たちには知る由もなかったが、やがて一九八〇年代はじめに輸血用血液にHIVが見つかりはじめたとき、微生物の工場でヒト由来タンパク質を量産できることが非常に貴重になる。それに加えて、アシロマ会議はバイオテクノロジー界に自己管理の前例を残す役割も果たした。

組み換えDNA技術は、単細胞の生きものである細菌を対象にするところからはじまった。多細胞の生きものに遺伝子を加えることには、より多くの課題があるが、それによってトランスジェニック生物（遺伝子導入生物）が生みだされる。手を加えられたDNAをもつ生命体は、広義には「遺伝子組み換え生物」と呼ばれる。細菌の遺伝子のおかげで自ら殺虫剤を作りだせるようになったトウモロコシ、ヒト血液凝固因子を含んだ乳を出すヤギ、ヒトの遺伝性疾患をもつ多くの「マウスモデル」は、すべて遺伝子組み換え生物だ。トランスジェニック生物は、その細胞のひとつひとつに外来の遺伝子をもっている。受精卵のときに手を加えられているからだ。その他のバイオテクノロジーとしては、ある遺伝子がなくなるとどうなるかを調べるためにその遺伝子を欠損させる「ノックアウト」、あるいは特定の遺伝子の機能を大幅に減少させる「ノックダウン」がある。

人間を対象にした遺伝子治療は、そのルーツが組み換えDNA技術にあるとはいえ、トランスジェニック人間を作るわけではない（理論的には可能だが）。誕生後に、特定の種類の体細胞を変えるものだ。遺伝学の専門用語を使うと、コーリーが受けたのは体細胞遺伝子治療で、将来の世代には影響を与えないことを意味している。これとは別に生殖細胞系列遺伝子治療があり、この場合は精子、卵子、受精卵にも影響が及んで、子孫に受け継がれる。たとえば、クラゲがもっている緑色蛍光タンパク質の遺伝子をネコの卵子に加え、それを受精させると、緑色に光るネコが誕生し、その子孫も光る。コーリーは網膜の細胞に新しい遺伝子を受け入れたのであって、将来生みだされる精子に、その遺伝子が含まれることはない。

研究者たちが細胞に遺伝子を送り込む方法をいろいろ考案しはじめたのは、一九八〇年代半ばからだった。リポソームと呼ばれる脂質の泡に遺伝子を入れると、細胞膜におだやかに融合する。小さい石鹸の泡がまとまってひとつの大きい泡になる様子に似ていて、積んでいる荷物を大きい泡のなかに運び込めるのだ。また、ごく小さい銃のような道具を使えば、DNAを細胞のなかに入れることができる。自然に存在するプラスミドという環状のDNAを切り開き、そこに必要な遺伝子を挿入することもできる。手をつないで輪になっている子どもたちが、別の子どもを輪に加えるようなものだ。そうやって荷物を挿入したプラスミドを、ヒト細胞の核に導入する。ヒト遺伝子をウイルスに入れて、それをヒト細胞に感染させるという方法は、一九八四年にマサチューセッツ工科大学のリチャード・マリガンが考えだした。それからは徐々にウイルスを使った導入が優勢になり、ジム・ウィルソンがマリガンの研究室で仕事をはじめたのはそうした経緯からだった。

はじめての遺伝子導入の試みでは、化学物質を使ってDNAを細胞に運んだ。一九八〇年、カリフォルニア大学ロサンゼルス校のマーティン・クラインは、地中海地方出身者に多い遺伝性貧血の一種、β《ベータ》サラセミアの遺伝子治療をしたいと考えた。しかし大学は実施計画書を承認しそうもなかったため、イスラエルとイタリアで実験を行なった。それを受けて国立衛生研究所は研究費の支援を停止したため、クラインはカリフォルニア大学を去った。治療を受けた患者の症状はよくならなかったが、悪くもなっていない。「ロサンゼルスタイムズ」紙がこの無許可で実施された実験の記事を載せると、「ニューイングランドジャーナルオブメディシン」誌はあわてて、フレンチ・アンダーソンと生命倫理学者ジョン・フレッチャーが何か月も前に提出していた論文を掲載した。突如としてタイムリーな内容になったためだった。アンダーソンとフレッチャーは、人に試す前に動物実験を行なえば、遺伝子が標的に届き、害を及ぼすことなく定着することを実証できると主張していた。

アンダーソンはケンブリッジで研究してから国立衛生研究所に移るまでのあいだに、ハーバード大学に戻って博士号を取得している。そこでは遺伝子治療のことをずっと話しつづける一方で、小児遺伝性疾患をもつ家族に強い関心を抱くようになった。また一九六五年から一九六八年まで所属した国立衛生研究所のニーレンバーグの研究室で、βサラセミアの幼い兄妹を知った。赤ちゃんのころ診断を下されたニックとジュディー・ランビスは、いつも極度の疲労感を抱えていた。さらに、赤血球の減少に追いつこうと骨髄が過剰に活動するせいで、骨がもろくなっていた。一九六八年、国立衛生研究所に自分の研究グループを立ち上げると、アンダーソンはその兄妹のケアを引き継ぐことにする。自分の遺伝子治療のアイデアを使って幼い患者を救いたいと思ったのだが、まだ遺伝子を導入する方法がなかった。そこで代わりに、サラセミアの患者が度重なる輸血による鉄の過剰蓄積と闘うためのキレート療法の考案に手を貸した。ニックもジュディーも思春期まで生きることはできず、βサラセミアの遺伝子治療が行なわれるようになるのは、ずっとあとの二〇一〇年になる。

*　*　*

βサラセミアが遺伝子治療の初期のターゲットになったのは、ヘモグロビンと貧血についての情報がすでに豊富にそろっていたためだった。アンダーソンはニックとジュディー・ランビスの治療に遺伝子導入を利用したいと必死だったので、クラインに先を越されたと感じたが、どちらの経験からしても、遺伝子治療は、少なくともβサラセミアに関しては、思ったより単純ではないことを実感した。問題は、ヘモグロビン分子に二本のα鎖と二本のβ鎖という四つのポリペプチド鎖があることだった。ひとつの遺伝子がα鎖を指定し、もうひとつの遺伝子がβ鎖を指定する。βサラセミアはβ鎖に影響を与えるが、遺伝子治療が成功したと言えるにはα鎖とβ鎖をほぼ同数にしなければならず、どうすればよいのかは誰にもわからなかった。しかも顕著な効果を得るには、修復された遺伝子を導入された細胞が、変異した遺伝子をもつものにすばやく置き換わらなければならない。それはとても難しい注文だった。

遺伝子導入が実際に遺伝子治療につながるかどうかを試すには、もっと単純な病気を選ぶ必要があった。つまり、オンとオフを切り替えるスイッチのような役割をする突然変異によって引き起こされ、その影響を容易に観察できる、あるいは測定できる病気が望ましい。最も重要な点として、修復された細胞が病気の細胞より優位に立ち、ただ生き残るだけでなく、取って代わる必要があった。

アシャンティがかかっていたアデノシンデアミナーゼ（ADA）欠損症は、その条件を満たしていた。酵素の欠乏という単純な理由で生じ、ひとつのタイプの細胞だけに影響を与える。また、体内に検出可能なものが生じる――鳥の糞の物質と同じ、尿酸だ。尿酸が増えすぎるとT細胞が破壊され、抗体を作るB細胞を活性化できずに、免疫力が破壊される。

ADA欠損症の治療法である酵素補充療法が、すでに何人かの子どもを救っていたものの、多額の費用がかかり、とても面倒なものだった。一九八〇年代はじめにはウシの酵素が実験に使われたが、ほんのつかのま効き目が現れただけで、子どもたちにアレルギー反応が出てしまった。その後一九八六年に、ウシのADAをポリエチレングリコール（不凍剤の成分）に結合すれば、T細胞の破壊を防げる時間だけ血液中に残ることがわかった。それでもその「PEG-ADA（ポリエチレングリコールADA）」は万能薬とは言えず、免疫をわずかに取り戻せるにすぎない。「T細胞のレベルが頭打ちになって、それから減ってしまいます。しかも患者ひとりあたり一年におよそ二五万ドルの費用がかかります」と、カリフォルニア大学ロサンゼルス校のヒト遺伝子医薬品プログラムを率いるドナルド・コーンは話す。コーンは二〇年以上にわたってADA欠損症の遺伝子治療を研究し、若いころには国立衛生研究所でアンダーソンともいっしょだった。黒髪で口ひげをたくわえ、エネルギッシュに話すコーンは、科学や医療の会議で遺伝子治療の歴史について講演する機会が多い。

一九八四年には、世界初の遺伝子治療をADA欠損症に実施することになるチームが集まった。キャシー・アンダーソンは、国立癌研究所の細胞免疫学部門長でこの病気の専門家であるマイケル・ブレーズに、夫を紹介した。フレンチ・アンダーソンは当時、国立心臓・肺・血液研究所の分子血液学部門を率いており、ブレーズとアンダーソンの研究室は近くにあった。ブレーズとコーンはそれまでにADA欠損症の子どもたちに接触したことがあったし、ウィスコンシン州に住むふたりの幼い患者から血液と骨髄の試料を採取してあった。一方のフレンチ・アンダーソンは、遺伝子を単離した三人の研究者のうちのひとりから、その遺伝子を入手していた。コーンは、複製に必要な遺伝子を取り除いたマウスのレトロウイルスに正常なADA遺伝子を挿入し、それをウィスコンシンの患者のひとりから抽出したT細胞に導入した。こうして修復された細胞を子どもの血流に戻したなら、何が起こるだろうか?

アンダーソンは、人間に移る前に動物実験をすべきだという自分自身のルールに従い、ニューヨーク市のスローン・ケタリング記念癌センターの同僚たちとともに、ADA欠損症の二五匹のサルに遺伝子治療を試すことにした。だが、治療後のサルの血液中に修復された細胞は見つからなかった。研究者たちはひどく落胆したが、あと一匹だけでいいからサルで実験してみようと懇願したのはアンダーソンだった。すると、その二六番目のサルのロバートの血液中に、修復された細胞が見つかったのだった。命を救われたサルのおかげで、子どもたちに遺伝子治療の臨床試験をする計画は順調に進んでいった。

何年も経ってから、なぜサルのロバートだけに遺伝子治療の効果が現れたかが解明されている。研究所育ちの他のサルとは違って、ロバートは野生で育っており、そこでマラリアにかかっていた。発症はしていなかったが、感染のせいで骨髄が活発に活動するようになったため、他のサルよりずっと早く細胞を血流に送り込んでいたのだ。通常よりも盛んな循環によって、遺伝子治療の効果が検出できるレベルに達すかしており、その重要性は二〇年あまりあとになって実証されることになる。

一九八六年、アンダーソンは組み換えＤＮＡ諮問委員会に五〇〇ページにのぼる文書を提出した。そこでは細胞とサルの実験に関する分析をまとめ、最後に子どもたちの治療を開始したいと訴えていた。しかし委員会の審査は、彼の望んだようには進まなかった。消極的だった理由の一端には、遺伝子治療そのものがまったく新しい考え方だったこと、そして患者が子どもだということがあった。その他に、科学の世界の政治問題も影響していた。アンダーソンは敵を作っていたからだ。ただ何より大きい要因は、一匹の幸運なサルだけでは、遺伝子治療が安全だという証拠としては不十分だという点だった。

研究者と委員会とのあいだで、意見のやりとりが何度も繰り返された。そのとき思わぬ方向からの後押しで、初の遺伝子治療の臨床試験に実現の道が開かれることになる。力になったのは新しいチームメンバーだった。国立癌研究所の外科医長スティーヴン・ローゼンバーグによる免疫療法という新しい癌治療のアプローチが、新聞で大々的に取り上げられたのだ。ローゼンバーグは進行性黒色腫の患者から白血球を取りだし、免疫反応を強めるインターロイキンというタンパク質を産生する遺伝子を導入した。その後、このように操作した細胞を患者の体内に戻す。対象とする病気は異なっていたが、方法は同じものだった。そこで一九八八年にブレーズとアンダーソンがローゼンバーグに会って協力について話し合うと、三人は即座に意気投合した。ローゼンバーグが委員会に、そうしているあいだにも一分間に数人ずつの癌患者が命を落としていると指摘すると、遺伝子を操作するという概念全般に対する委員の抵抗感が減っていった。癌ならば身近な問題として考えられたのだろう。稀な病気に委員会の目を向けさせるには、遠回りするよりも身近な癌という病気に進出するほうが有望だった。

戦略は功を奏し、一九八九年五月二二日に、余命三か月と宣告された黒色腫患者、インディアナ州出身で五二歳だったモーリス・カンツの遺伝子に手を加える治療が実施される運びになった。遺伝子操作された自分の白血球を注入された二日後、修復された細胞が腫瘍に現れはじめ、その数は順調に増加していった。カンツはそれからおよそ一年間生き、他の九人の患者はさらに長く生きて、誰にも有害な影響は出なかった。

興奮が一気に高まった。その年、「サイエンス」誌に論文を発表したセオドア・フリードマンは、遺伝子治療を「突然変異した遺伝子を直接攻撃して病気を治療する、先例のないまったく新しい方法」と呼び、その実現可能性はすでに「医療および科学の分野で広く受け入れられている」と書いた。これは完全に正確な記述とは言えない。カンツの免疫系の活動は治療前から高められており、遺伝子を置き換えて遺伝的欠陥を修復するのとまったく同じではなかった。それでも、それは遺伝子治療を前進させる第一歩になった。

一九九〇年六月一日に開かれた三か月に一度の組み換えDNA諮問委員会の会議で、ADA欠損症がもう一度議題にのぼると、誰を治療するべきなのかと委員たちは研究者に尋ねた。最も重症の患者を対象にすれば、結果は最も明白になるだろうが、そのために酵素補充療法を中止させるのは倫理的に問題がある。妥協案は、最も重症の子どもを対象にしながら、PEG‐ADAの投与も続けるというものだった。ブレーズと、ドナルド・コーンの代わりに加わったケン・カルヴァーは、全国に散らばった小児免疫学者のネットワークを通して患者を探しているところだったが、ブレーズの友人のメルヴィン・バージャーがアシャンティとシンシアというふたりの患者を紹介した。ふたりともオハイオ州に住む少女だった。

組み換えDNA諮問委員会は、その提案を承認するよう食品医薬品局に助言した。今回もまた却下されるだろうという噂が流れていたせいで、この件を追っていた大手新聞の記者でも、この最終会議にわざわざ行く必要はないと考えた者もいたし、一般市民の傍聴者もひとりもいなかった。夏の終わりになっても食品医薬品局からゴーサインは出なかったが、研究者たちはとりあえずアシャンティの白血球を採取して、そこに正しく機能するＡＤＡ遺伝子を組み込みはじめた。あくまでも楽観的に、承認が下りたらすぐ、最初の患者に点滴するものを用意しておきたかった。

国立衛生研究所も準備を整えつつあった。九月三日、食品医薬品局による臨床試験の承認が間近に迫っていると予想したために記者会見を開き、アンダーソンが翌日の予定を発表した。今回はメディアも関心を寄せた。また、バイオテクノロジーに反対していることで広く知られた経済動向財団代表のジェレミー・リフキンも姿を見せ、一般市民がいないなかで組み換えＤＮＡ諮問委員会の最終決定が下されたことに対して訴訟を起こすと伝えた。この記者会見はまた、アンダーソンの名声への第一歩ともなった。

その晩になっても、臨床試験を許可するという食品医薬品局の最終決定はまだ下されなかった。ほとんど眠れなかったアンダーソンは、翌朝五時半には国立衛生研究所臨床センターに向かい、癌患者たちの様子を確認することにした。午前八時五五分、ふたつの機関はようやく論争に終止符を打ち、食品医薬品局がゴーサインを出す。アンダーソンはそのときを小児科集中治療室でアシャンティといっしょに待ち受けていた。そこでさらに血液を採取してから、アシャンティの故郷の主治医も加えて、みんなでダンボの映画を見た。午後一二時五二分、ケン・カルヴァーが「スープ」を部屋にもって入ると、アシャンティの点滴につないだ。スープは暗い色をした一パイント（〇・四七リットル）の液体で、そこにはアシャンティの修復された白血球が一〇〇億個ほど含まれていた。点滴が終わるまでの時間は二八分だった。

遺伝子治療の結果はまだわからなかったが、国立衛生研究所の報道局は大騒ぎになった。ブレーズとローゼンバーグはスポットライトを避け、アンダーソンがメディアのスターとして注目を集めていく。国立衛生研究所は彼を「遺伝子治療の父」と呼び、やがてそれが彼の伝記のサブタイトルにもなった。

アシャンティには副作用も出ず、何回か点滴を繰り返したあとで効果が出はじめた。一か月から二か月おきに全部で一一回の治療を受けたのに加え、ＰＥＧ‐ＡＤＡの投与も毎週受けた。この計画には成果があったようだ。六か月後に、アシャンティ、その両親、ふたりの姉妹の家族全員がインフルエンザにかかったが、最初に回復したのはアシャンティだった。母親の話では、そのときから娘が正常だと考えられるようになったという。その他の臨床的な兆候も、免疫力が上がっていることを示していた。血液には修復されたＴ細胞もＡＤＡも増えた。ジフテリア、破傷風、真菌カンジダ・アルビカンスの皮膚テストも陽性を示し、感染に対する抗体を作りだしていることを証明した。それに加えて、治療された細胞がＡＤＡ欠損細胞より長く存在していることがわかり、それは成功の大きな判断基準となった。しかし、科学的側面から考えるとどうだろうか。アシャンティの事例ではサンプルがひとつしかなく、比較のための対照群もない。同時にＰＥＧ‐ＡＤＡの投与も受けていた事実は、善意から出たことではあるが、科学的には遺伝子治療以外に影響を与える交絡因子になる。遺伝子は厳密な規則に従い、コードされたタンパク質が必要であると生化学的な信号が伝えたときだけ、ｍＲＮＡに転写される。アシャンティに酵素を補充したことによって、修復された遺伝子の働きが抑え込まれた可能性もある。「酵素補充療法は、修復された細胞独自のメリットを鈍らせたかもしれません。そのために、遺伝子治療は臨床的にはほとんど役立っていなかったでしょう」とコーンは話す。それに加えて、Ｔ細胞が生きている時間は通常ともても短いので、それを修復してもほんの短い時間の効果しか得られず、継続的なＡＤＡの補充によって目立たなかった可能性がある点も指摘した。

アシャンティの症状が改善されていくあいだに、アンダーソンはスター街道を歩み、いくつもの受賞、特集記事の主役、名誉学位、大統領との対面、「タイム」誌の「マンオブザイヤー」での次点選出など、華々しく脚光を浴びつづけた。映画『ガタカ』のコンサルタントを担当し、「医学の英雄たち」という記事では、ヒポクラテス、エドワード・ジェンナー、ルイ・パスツールと並び称されることもあった。

アシャンティの最初の遺伝子導入から四か月後に、チームは九歳のシンシア・カッショールに治療を実施した。シンシアの場合、ADA欠損症は軽症だったが、いくつもの深刻な感染症にかかっていて、五歳のときには敗血症性関節炎になり、痛みを伴う副鼻腔炎も多かった。六歳のとき、T細胞の数が急激に減ったあとで診断された。二年間は酵素補充療法がよく効いたのだが、その後は免疫力が低下してしまった。シンシアは、アシャンティほどはっきり遺伝子治療に反応することもなかった。理由はわからなかったが、年上のシンシアの細胞に入ったウイルスの数は、アシャンティの一〇分の一にすぎなかった。

本物の継続的な免疫力がついている兆候が続いた。T細胞の数も増えた。ふたりの少女は皮膚から入った異種抗原に反応し、シンシアの場合は扁桃腺が腫れて、リンパ節が触れてわかるほどになった。免疫力が欠けていたときには見られなかった反応だった。ワクチンも効いた。アシャンティは幼稚園に入り、シンシアは体重も身長も増えて、頭痛や副鼻腔炎はなくなった。

アシャンティとシンシアの主治医は、ことの成り行きに目を見張った。遺伝子の導入にレトロウイルスを使うことに懸念を表明し、レトロウイルスは理論的には癌を誘発する癌遺伝子を活性化させるはずだと主張した人も何人かいたが、フレンチ・アンダーソンらは意欲を燃やしつづけた。一九九二年に、妻のキャシーが外科の地位を得られるよう国立心臓・肺・血液研究所を離れて南カリフォルニア大学に移ったばかりのアンダーソンは、「ヒト遺伝子治療は短期間で推論から現実へと進歩し」、その技術が遺伝的能力増進のために濫用される可能性が高まったと、「サイエンス」誌に書いている。アンダーソンは、遺伝子治療には特殊な技術が必要なために、当初は数百万人を助けることは無理で、せいぜい数千人の役にしか立てないだろうとしながらも、いつかは糖尿病患者がインスリンを注射するくらい簡単に、遺伝子を組み込んだベクターを注射できる日が来るだろうと予想した。心臓・肺・血液研究所は一九九三年に発行した「ヒト遺伝子治療で病気を治す」と題したパンフレットで、次のように声高らかに宣伝している。「多様な経験と才能をもった男たちが力を合わせたことで、遺伝子治療は格段に早く現実のものとなった。こうした協力がなければ、もっと時間がかかったに違いない」

アシャンティとシンシアの遺伝子治療が続いたのは二年間だったが、国立衛生研究所の臨床医たちは細かい観察を長期にわたって続けた。一九九五年の時点で、ふたりにはまだ修復されたT細胞が残っており、感染を防ぐのに十分なADAもあった（ウイルスが稀少な幹細胞または前駆細胞に入って、修復を続けているに違いなかった）。アシャンティはすっかり健康を取り戻し、担当医師といっしょによく写真に収まっていた。科学の会議で講演し、命を救ってくれた研究者たちに感謝の気持ちを述べたこともある。私がある会議で出会ったのは彼女が一七歳のときで、大学に進学して音楽の仕事をしたいという将来の計画を話してくれた。その後、公共政策の修士号を取得し、結婚した。現在も元気にしている。

＊　＊　＊

オハイオ出身のふたりの少女の場合、ADA欠損症に対する遺伝子治療は成功したように見えるものの、あらゆる免疫を身につけたわけではなかった。おそらく、T細胞が攻撃する細菌を選ぶせいだろう。そこで研究者たちは、骨髄や臍帯血で見つかるCD34陽性細胞のような、もっと融通のきく細胞を修復すれば、遺伝子治療の効果が長続きするのではないかと考えはじめた（CD34は、細胞の表面にあるタンパク質を表している）。これらの細胞は血流に入り、他のさまざまな細胞に分化する。骨髄由来のCD34陽性細胞には、幹細胞と、もう少し分化した前駆細胞が含まれる。一九九二年三月にはミラノの研究者が、五歳の病気の少年の骨髄からCD34陽性前駆細胞を採取し、健康なADA遺伝子を組み込んでから、その少年に戻している。少年は元気になった。

一九九三年の春、ロサンゼルス小児病院のドナルド・コーンとケネス・・ワインバーグは、もっとよい考えを思いつく。ADA欠損症の新生児の臍帯血から幹細胞を採取し、必要な遺伝子を加えてやれば、乳児のうちに修復が始まるというものだ。そこで、すでにADA欠損症の子をもち、次の子の誕生が間近に迫っている三家族から、臨床試験に参加する同意を得た。

五月一一日火曜日、小児病院でアンドリュー・ゴービーが生まれた。両親は最初の子を五か月で亡くしていた。ふさふさした黒い髪をもつアンドリューは、遺伝子を修復された臍帯血幹細胞を注入される二分間、すやすや眠ったままだった。アンドリューが生まれた三日後には、ザカリー・リギンズがカリフォルニア大学サンフランシスコ校で誕生する。担当の小児科医は貴重な臍帯血細胞を採集すると、ドナルド・コーンとケネス・ワインバーグのもとに送って、「修復」してから送り返してもらい、誕生から一週間以内にザカリーに注入した。ザカリーには、健康な四歳の姉と、PEG-ADAの投与を受けて治療中の二歳の兄がいた。アンドリューとザカリーは「すばらしい新生児」の見出しのもと、「タイム」六月二四日号の表紙を飾っている。ふたりとも並行してPEG-ADAの投与を受けており、それは安全のため、また生命倫理学者からの批判をかわすためだったが、そのせいで臨床試験の結果の解釈は曖昧なものになった。子どもたちの症状が改善されたとき、それが酵素補充と遺伝子補充のどちらの成果なのか、どうやって判断できるというのだろう。

ADA欠損症の遺伝子治療を受けた子どもたちは、すばらしい医療の成功物語を提供しつづけ、メディアもそれに飛びついた。一九九五年には、ニューヨーク長老派病院コーネル医療センターで肺疾患および救命救急医療部門を率いるロナルド・クリスタルが、「サイエンス」誌に次のように書いている。「かつて、まだ何世代も先まで現実とはならない夢物語と考えられていたヒト遺伝子導入は、動物を用いて実現可能性と安全性を探る研究から臨床での応用へと、最も熱心な支持者の期待さえしのぐ速さで移行した」

遺伝子治療に携わる人々は今日に至るまで、遺伝子治療が単独でアシャンティとシンシア、アンドリューとザカリーを救ったのかどうか、わからないままでいる。何かを学んだことは確かだとドナルド・コーンは言う。少女たちに悪影響は出ず、何年もあとまで標識のついたT細胞が残ったからだ。しかしセオドア・フリードマンはもっと辛口だ。「ADA欠損症は、遺伝子治療における最初の大惨事でした。効き目がなかったからではありません。人を惑わす論調を作りだしたからです。使ったのは初期のベクターで、とにかく手に入るもので仕事をしただけでした。でもそれが科学者とマスコミに、治療として売り込まれたのです」。遺伝子導入がなされたという確かな証拠はなかったし、まして臨床的な有益性など、まったくなかったとフリードマンは主張する。「あの子どもたちは、それほど深刻な病状ではなく、命にかかわる病気にかかっていたわけではありません。私たちは作り話を押しつけられました。臨床試験責任医師たちはメディアが報道した不正確な説明を黙認しました。アシャンティ・デシルバの物語は彼らの空想の産物ですよ」

アンダーソンは反論する。「遺伝子治療がシンシアに大きく役立ったかどうかは、はっきりわかりません。でもアシャンティを救ったのは確かです。彼女の場合、PEG-ADAの抑制効果があるにもかかわらず、遺伝子を修正されたT細胞が今でもおよそ二〇%あるのですから」

こうした不確実さがあることから、一部の研究者はいわば振り出しに戻って、ADA欠損型の重症複合型免疫不全症に取り組みはじめた。たとえば「ヒューマンジーンセラピー」誌の二〇一一年八月号に掲載された論文は、異なるタイプのウイルス（アデノ随伴ウイルス）を用いて、この病気のマウスを治療する方法について書いている。マウスを使えば、解剖によってさまざまな組織を調べ、からだのどの部分で酵素が作られるかを確認できるから、子どもを治療する見通しを立てるのに役立つだろう。こうして、遺伝子治療の臨床試験がほんのわずかずつ前進するあいだにも、動物を使った前臨床研究が繰り返され、洗練されて、次々に情報をもたらしている。

酵素補充療法が同時に実施されたために結果が見えにくくなった最初の遺伝子治療の曖昧さは、コーリーの物語とはっきりした対照をなしている。コーリーの治癒は、遺伝子治療のみの成果だった。

8　挫折

遺伝子治療が成功するまでの道のりで命を落とした若者は、ジェシー・ゲルシンガーだけではない。遺伝子治療がはじめて行なわれて、おそらく成功したと言ってよさそうなものは、重症複合型免疫不全症（ＳＣＩＤ）のひとつであるアデノシンデアミナーゼ（ＡＤＡ）欠損症の治療だったが、次の悲劇的な出来事は別のタイプのＳＣＩＤの治療の過程で起きた。今回の問題は、ジェシーのわずか四日間の苦闘に比べ、はるかにゆっくりと姿を現していく。そしてこのときも、みじめな失敗に終わったその臨床試験の悲しみのなかから、また新たな知識が芽生え、それがコーリーの治療の安全性へとつながっていった。

健康を損ねたとして再び新聞の見出しに取り上げられることになる遺伝子治療は、Ｘ連鎖重症複合型免疫不全症（ＳＣＩＤ－Ｘ１）の治療を目指していた。この病気で生まれて「バブルボーイ」と呼ばれたデヴィッド・ヴェッターの死から一〇年を経た一九四四年、パリにあるネッカー小児病院の小児免疫学者アラン・フィッシャーは、Ｘ連鎖ＳＣＩＤのノックアウト遺伝子をもつマウスを作りだす。この病にかかった人間のモデルになる動物だ。そして仲間たちとともに十分な研究を進め、一九九七年には子どもたちでこの症状を治す臨床試験を開始したいとフランス政府に申請した。ＡＤＡ欠損症と同様に、Ｘ連鎖ＳＣＩＤはいくつかの理由から遺伝子治療の候補として適していた。骨髄移植によって治ることがわかっていたので、適切な細胞を修正し、それらが優位に立って病気の細胞と置き換われば、子どもの免疫が回復するはずだった。イヌをモデルに用いた実験と、遺伝子が突然変異によって正常に戻ることで快方に向かった患者の症例報告も、遺伝子治療に効果があることを示していた。

Ｘ連鎖ＳＣＩＤの場合、アシャンティのＡＤＡ欠損症とは違う方法で免疫力が失われる。ＡＤＡ欠損症では酵素が足りないが、Ｘ連鎖ＳＣＩＤの少年では、通常はＴ細胞の表面についている受容体の一部がうまく働かなかったり欠けたりしている。Ｔ細胞表面にある極小のキャッチャーミットのような正常な受容体は、インターロイキンと呼ばれるサイトカインと結びついてさまざまな免疫反応を引き起こす。Ｘ連鎖ＳＣＩＤではこれらのインターロイキン受容体の一部が欠落し、感染への反応に必要なメッセージがＴ細胞に届かない。

フランスの研究者たちは遺伝子を送り届ける方法としてレトロウイルスを用いた。これらのベクターは活発に増殖している細胞だけに入ることができるのだが、標的とされるＴ細胞は、成熟する前の前駆細胞の短い期間だけ盛んに分裂する。その期間が過ぎたあとはかなり長く存在して、あらゆる種類の免疫機能を静かにコントロールする。そこで研究者たちは、血液中に成熟したＴ細胞を生みだすために、そのもととなる前駆細胞に遺伝子を積んだレトロウイルスを潜り込ませる計画を立てた。

研究は手早く進んだ。一九九九年にはフィッシャーのチームが、Ｘ連鎖ＳＣＩＤをもって生まれた生後一一か月と一八か月の赤ちゃんに、本人の骨髄細胞を送り込んだ。その骨髄細胞には、遺伝子を組み込んだレトロウイルスを体外で導入してあった。アシャンティの治療に用いられたのと同じ、生体外で導入するアプローチだ。これはウイルスの自然な活動を利用した方法で、ウイルスは私たちの細胞膜に組み込まれているタンパク質受容体と結びついてから細胞膜に融合して通過していくか、細胞膜がウイルスを包み込むエンドサイトーシスと呼ばれるプロセスによって「飲み込まれて」、細胞質に入る。小さい油の粒が、もっと大きい油のかたまりの端に直接つながってその一部になってしまうのと、大きい油のかたまりが動きながら小さい粒を包み込んでいくのを想像すると、わかりやすいかもしれない。

ふたりの赤ちゃんはそれから三か月間入院を続け、どちらにも副作用は見られず、症状は改善された。小さいほうの赤ちゃんを苦しませていたひどい下痢と皮膚の病変はすっかり消えた。まもなく、ふたりの血液中のT細胞に、はっきりと修正の兆しが現れた。遺伝子治療は功を奏したかのように思われた。

研究者たちは、遺伝子治療の臨床試験が終わってからその結果について報告するまでに、数か月間待つのが一般的だ。そのあいだに、遺伝子がほんとうに標的に届き、そこで荷物をおろし、親から受け継いだ誤りを修正したかどうかを確認する。X連鎖SCIDを治療した最初の五人の子どもたちの結果報告が「ニューイングランドジャーナルオブメディシン」誌に掲載されたのは二〇〇二年四月一八日で、ふたりの赤ちゃんが治療を受けてからすでに二年の歳月が過ぎていた。その時点で、有害事象も感染もなくて、T細胞は正常に働いており、萎縮していた胸腺まで大きくなっていた。胸腺は新しいT細胞を量産するのだから、これは重要な反応だった。実際、T細胞のTは胸腺を意味する英語（thymus）の頭文字をとったものだ。手短に言えば、この試験的な治療によって「患者は普通の生活を送れるようになった」と研究者たちは書いている。遺伝子治療は、骨髄移植や臍帯血幹細胞移植より、安全なように見えた。移植には、移植された組織が受け取り手の臓器を攻撃する「移植片対宿主病」のリスクがあるからだ。

だがその遺伝子治療は、子どもたちの免疫を再出発させただけにはとどまらなかった――同時に、白血病をも引き起こしていたのだ。

「ニューイングランドジャーナルオブメディシン」誌に論文が発表された時点までに、フィッシャーのグループは乳幼児九人、一〇代の少年ひとりの治療を終え、そのほとんどはよい方に向かっていた。ところがやがて、そのうちのひとりで白血球の数が増えはじめる――はじめは誰も気にとめるほどのものではなかった。それでも肝臓と脾臓が外から触れられるほど腫れているのがわかると、医師たちは血液を詳しく分析し、白血球の増加はT細胞のひとつのサブタイプの数だけが増えているせいで起きていることを突き止めた。そのような突然のアンバランスが暗示するのは、親細胞の急激な分裂――すなわち癌だ。

夏の終わりには、その男の子のリンパ球（T細胞とB細胞）は血液一ミリリットル中およそ三〇万個にまで増えた。ふつうなら一万個から四万個までのはずだ。何かが悪いのははっきりしていたが、症状は軽い貧血でしかない。そこで増加しているタイプの細胞のDNAを分析してみると、遺伝子を運んだウイルスが一一番染色体上のひとつの部位に挿入され、それが近くにある急性リンパ性白血病を引き起こす遺伝子を活性化させていることがわかった。ヘンリー・ワーズワース・ロングフェローの、「私は空に向けて矢を放った、矢は私の知らない大地のどこかに落ちた」という詩のように、レトロウイルスは自分自身の流儀に従って人間のDNAに潜り込むのだから、癌を誘発する可能性は常に存在したことになる（それに対してコーリーの目に送り込まれたウイルスは染色体の外にあって、もとからあるゲノムに影響を与えることなく、静かにRPE65タンパク質の生産を指示する）。

何週間かが経つにつれて、増加した白血球の負担に応じて男の子の肝臓と脾臓が肥大したため、化学療法が実施された。フィッシャーはただちに、他の研究者や規制機関に対して警戒の報告を入れた。それでも、ヨーロッパのいくつもの国から臨床試験を受けにやってきた子どもたち全員の親に伝えるには、ある程度の時間が要る。ヨーロッパ各国の当局者は、このニュースについては数日間沈黙を守り、フィッシャーが家族に話をする時間を与えたいと考えていた。そうすれば家族はこの事実をメディアから知らされずにすむ。ところが米国では組み換えDNA諮問委員会が一刻も早い公開の議論を求め、フランス政府が介入しようとしても断固として方針を変えることはなかった。そこでフィッシャーは二〇〇二年一〇月三日の夜、マスコミが取材合戦を繰り広げる喧騒のさなかに、家族を呼び集めて説明することになった。

翌一〇月四日の「ロサンゼルスタイムズ」紙は、「遺伝子治療で『治った』子どもが癌を発症」の見出しをかかげ、わざわざ括弧をつけた強調によってテクノロジー全体を非難した。この事態はあらゆるところで取り上げられ、フレンチ・アンダーソンが「ニューヨークタイムズ」紙に「遅かれ早かれ、こういうことが起こるのはわかっていた」と語る一幕まであったものの、病気の子どもたちの親は事態をとても冷静に受け止めた。息子が試験に参加しているという状況をよくわかってくれている親たちに、フィッシャーはひとまず胸をなでおろした。

一方でさまざまな遺伝子治療にかかわる研究者仲間は、ジェシー・ゲルシンガーの死による動揺がいまだおさまらないなか、さらに不安をつのらせていた。白血病はただの偶然だったのか？ だが一二月二日には二例目が発見された。どちらも、生後三か月未満で治療を受けていた。

米国食品医薬品局は一二月二〇日に二人目が発症した事実を知り、レトロウイルスを使って遺伝子を導入する臨床試験の延期を通達する。しかし、二〇〇三年一月一六日の「ニューイングランドジャーナルオブメディシン」誌に発表された一例目に関する簡単な報告には、その子どもが最近かかった水痘か家族の癌の病歴が白血病を誘発したのかもしれないと書かれていて、フランスの研究者たちを大いに当惑させた。その翌日に「サイエンス」誌に二例目に関する新しい論文が掲載されると、フランス政府もその遺伝子治療の一時的な停止を決め、米国はその他に二七の遺伝子治療の臨床試験を停止させた。

二〇〇四年一〇月、最初に白血病を発症したふたりの少年のうちのひとりが白血病によって死亡し、二〇〇五年一月には三人目の子どもに白血病が見つかった。二〇〇二年の夏に生後九か月で治療を受けていた。全体で見ると、フランスのグループは一〇人の子どもたちを治療し、イギリスのグループも別の一〇人の子どもたちを治療した。これら二〇人のうち、一八人で重症複合型免疫不全症が改善されている。だが、五人は白血病にかかった。

フランスで行なわれたX連鎖SCIDの臨床試験のどこに問題があったのか、研究者たちは今でも議論を続けている。「さまざまな要因によって引き起こされましたが、何が起こったのかは、まだはっきりわかっていません」と、ドナルド・コーンは話す。ただ、いくつかの危険因子が集中したのは明らかだ。からだの小さい幼い免疫不全の患者に大量のウイルスを投与した。そしてそのウイルスがもつ遺伝物質には、癌遺伝子に照準を合わせる生来の傾向があった。

こうした挫折にもかかわらず、ADA欠損症とX連鎖SCIDの遺伝子治療を発展させようという努力がやむことはなかった。一九九三年に、出生前から診断されていたアンドリュー・ゴービーとザカリー・リギンズを治療したドナルド・コーンは、二〇〇一年になるとADA遺伝子の導入にふたつの異なるレトロウイルスを使用して、別の臨床試験を開始している。計画はもう二年も前に提出されていたのだが、ゲルシンガー一家の悲劇を受け、規制の泥沼からなかなか抜けだせないでいたのだ。それでも臨床試験が再開されるとすぐ、ミラノの研究者たちが異なる実施計画書を用いてADA欠損症のふたりの赤ちゃんの治療に成功する。その方法は、患者に酵素（以前の試験で成否を曖昧にしたPEG－ADA）を補充せず、化学療法としてブスルファンを投与するというものだった。この薬は、骨髄に修復された細胞が蓄積する場所をあける。以前、マラリアによって骨髄の能力が高まったためにADA欠損症の遺伝子治療によく反応したサルのロバートを念頭に置き、コーンは化学療法を加えることでADAの補充をやめられるように臨床試験を改良していた。ただし、さらに六人の患者が被験者に決まるのは二〇〇五年になる。米国では、食品医薬品局が白血病の事例を踏まえ、ADA欠損症遺伝子治療の臨床試験を保留していたためだった。

再開された臨床試験では、研究者たちが血球数を慎重に調べると同時に投与の量を減らし、対象を生後六か月以降とした。フランスの臨床試験で病気になった子どもたちは、治療を受けた時期が早すぎたという考えからだった。その一方で、T細胞が数多く含まれている胸腺が萎縮しはじめる五歳より早い時期に行なう必要もあった。インフォームド・コンセントの書類は書き直され、ベクターが行き先を間違えると白血病になる可能性がある点も加えられた。

改善されたADA欠損症の新しい遺伝子治療法は効果を上げた。「今では、導入された遺伝子によって自分でT細胞を作りだせるようになり、酵素補充の必要がなくなった患者さんたちもいます」と、コーンは話す。ミラノとイギリスのグループは合わせて数十人にのぼるADA欠損症患者を治療し、そのほとんどに反応が見られた。このように効果があるのだから、アシャンティとシンシアに対する一九九〇年の遺伝子治療も、同じように功を奏していたのかもしれない。

X連鎖SCIDの遺伝子治療の改革は続いている。ロンドン、パリ、ボストン、ロサンゼルス、シンシナティの子どもたちを治療している新しい臨床試験では、エイズを引き起こす遺伝子を取り除いたHIVという、また別のウイルスが利用されはじめた。米国では組み換えDNA諮問委員会が厳しい勧告を出し、被験者は三歳以上でなければならず、幹細胞移植または骨髄移植のドナーが見つからない者、または重篤で移植に耐えられない者に限るとした。

遺伝性免疫不全の治療を受けて成功し、新聞の見出しに取り上げられている子どもたちが、遺伝子治療を救ったと考えてもよいのかもしれない。それでも私は、タイミングの点でコーリーのほうがその立場にふさわしいと思う。重症複合型免疫不全症の臨床試験は、ジェシー・ゲルシンガーの死によってこの分野の歯車が狂う前から始まっていたのだが、成功したかどうかの評価に長い年月がかかり、その成功を伝える論文が医学雑誌に発表されたのは、私が地元の町の新聞でコーリーの記事をはじめて読んだ二〇〇八年一一月よりあとだった。コーリーの物語を知ったときの感動は、私がそれまでに科学誌の論文や遺伝学の教科書で取り上げていた他の話では感じられなかった種類のものだった。状況が大きく異なっていたせいだ。重症複合型免疫不全症の遺伝子治療では、どちらのタイプでも、効果がはっきりわかるまでには何年も感染の有無を観察しなければならなかった。それに対してコーリーの場合、反応は突然、それも驚くようなかたちで現れ、誰でもわが身に置き換えて想像しやすい「視力」を取り戻すことができた。そのうえ、X連鎖SCIDに関する新聞記事はしばらくのあいだ白血病の発症にばかり注目していた。レーベル先天性黒内障タイプ2(LCA2)の遺伝子治療には、そのような乗り越えるべき失敗はなかったし、記者たちはコーリーの件を知る前から、数人の若者ではじめて効果を上げたニュースを書いていた。その前には牧羊犬で成功した例を大きく取り上げてもいる。

レーベル先天性黒内障タイプ2の遺伝子治療成功の驚くばかりの反響は、私がひとりの少年に魅了されたというような域に収まるものではなかった。二〇一一年八月には国立衛生研究所が、「共通基金」から資金を提供する新しいプログラムを発表している。共通基金は、内部の共同研究を推進するために二〇〇六年に議会で立法化された制度で、このとき発表された新プログラムは「遺伝子に基づく治療法――ゲノムの発現を操作して疾患を治療する」というものだ。そこには次のような目標が明記されている。「遺伝性疾患の患者のための治療の選択肢として、遺伝子に基づくひとつ以上の治療法を確立する。その指標として、現在主な大学病院で実施されている骨髄移植と同じ程度に、遺伝子に基づく治療を一般的なものにする。そのような成果を上げられれば、遺伝性疾患をもつ患者の臨床的見通しと暮らしを大きく変えることができるだろう。これは特に、ほとんどの症例で他の治療法がない稀少疾患で重要となる」。そしてこのプログラムの概要説明で最初に参考として取り上げられたのは、コーリーの臨床試験だった。

＊　＊　＊

コーリー・ハースの成功に至るまでの遺伝子治療で起きた悲劇を考えるには、ジョリー・モーアの件を欠かすことはできない。彼女の遺伝子治療は、効果が上がりすぎたかもしれないという点で、この話全体にとって重要な位置を占める。

ジョリーには、コーリー、ジェシー、アシャンティのような遺伝性の病気はなかったが、重症複合型免疫不全症の子どもたちのように免疫系に問題が起きていた。病名はリウマチ性関節炎で、免疫系が自分のからだを攻撃してしまうという古くから知られる自己免疫疾患だった。世界の成人の一％に見られ、米国の患者は一三〇万人にのぼる。

ジョリーは生まれも育ちもイリノイ州で、リウマチ性関節炎による関節の腫れは一九九三年、二二歳のときにはじまっている。特にひどく痛んだのは膝だった。八年間にわたって標準的な薬物治療を受け、プレドニゾン（炎症を抑えるステロイド）やメトトレキサート（細胞分裂阻害薬）を服用した。二〇〇二年になると、腫瘍壊死因子という、炎症を引き起こす恐ろしげな名前のタンパク質を標的とする治療も可能になった。エンブレル、レミケード、ヒュミラというその新薬は、関節に沿って並んだ細胞にある受容体に腫瘍壊死因子が結合しないよう阻止する働きをもつ。いずれもタンパク質をベースにした薬で、服用すれば消化液によってバラバラにされてしまうため、注射が必要になる。

ジョリーはエンブレルからはじめ、二〇〇四年にはヒュミラに切り替えたが、膝の痛みはあまりにもひどく、古い薬も飲みつづけた。だがどれも、どんな組み合わせでも、ジョリーの右膝の痛みを完全に消すことはできなかった。そのため二〇〇七年二月に、イリノイ州スプリングフィールドにある関節炎センターのリウマチ専門医から、遺伝子治療の臨床試験への登録を勧められた。痛みの消える時間が長続きするかもしれないという言葉に、ジョリーも夫のロブも心を躍らせた。それはまったく新しい治療法だった。炎症を抑える遺伝子を炎症の元に直接注入するので、従来の医薬品とは違い、毎日注射しなくても効果があるはずだと医師は説明した。

魅力的な話だった。ジョリーはそれまで七年にわたって診察してくれたロバート・トラップ医師を信頼していた。ジョリーとロブは一五ページものインフォームド・コンセントの書類を受け取ると、じっくり読んで考えるために家に持ち帰った。トラップ医師はすでに何人かの患者の登録をすませ、慣例として、製薬会社からわずかな報酬を得ている。それは第Ｉ相／第Ⅱ相試験で、少人数の患者を対象として、投与量を漸増する調査だった。目的は安全性の評価だが、効果が出るはずの量を投与することになる。

その遺伝子治療は、エンブレルの主成分と同じ腫瘍壊死因子受容体をふさぐ少量のタンパク質をコードするＤＮＡ配列を導入するもので、炎症信号を阻止することを狙っていた。遺伝子はベクターとなるアデノ随伴ウイルスに入って、被験者の炎症を起こしている関節に届くはずだ。アデノウイルスがジェシー・ゲルシンガーの肝臓に送り込まれたあと、研究者たちはもっと小さいアデノ随伴ウイルスについて研究を重ね、はるかに安全性が高いとみなすようになっていた。病原性をもたず、実際、すでに多くの人体に入っているので、ジェシーの命を奪ったような強い免疫反応を引き起こすことはほとんどない。また、Ｘ連鎖ＳＣＩＤの子どもたちで見られたように、癌遺伝子に入り込んで癌を引き起こすこともない。シアトルに本社をもつターゲテッドジェネティクス社によって製造されたアデノ随伴ウイルスは、二〇〇七年までに五〇近い臨床試験で使用され、安全に遺伝子を運んでいた。

リウマチ性関節炎に対する遺伝子治療の背景にある論理的根拠は、筋が通っていた。腫瘍壊死因子は、どこか癌が壊れていくのを連想させる名前をつけられてはいるが、炎症を引き起こす働きがあり、それは状況に応じてよくも悪くも働く。何かに感染すると、からだに炎症が起き、病原菌にとってすみにくい環境を作って追い払ってくれる。だがからだが炎症を必要としていないときには、ジョリーの場合のように、痛みを伴う自己免疫となる。

ジョリーは、難しい言葉が並んだインフォームド・コンセントの書類をあまり細かく検討することはなく、臨床試験によって痛みがなくなることばかりを考えていたと、のちに夫のロブが話している。もしかしたら、有害事象の可能性を書いた一節、「痛み、不快、身体障害、稀には死」が起こり得るという記述を読んでいなかったかもしれない。ジョリーのカルテには、試験に関する彼女の質問すべてにトラップ医師が答えたと記載されている。

やり方はとても簡単なものに思えた。右膝に注射を二回打つだけだ。最初の注射は遺伝子治療かプラセボ（空のウイルスを使う偽薬）のどちらかで、その一二週から三〇週あとに打つ二回目の注射では、ほんとうに遺伝子治療が行なわれる。その臨床試験はすでに二年前から進められ、一二七人の被験者のうち七四人が二回目の注射を受けた。反応が非常によかったので、二〇〇六年三月にはウイルスの投与量が増やされ、膝、足首、手首、指関節、肘の関節液一ミリリットルあたり五〇兆個のウイルスを用いるようになっていた。ターゲテッドジェネティクス社は、一一月に開催予定の次の米国リウマチ学会年次総会で、その前途有望な成果を発表する計画を立てていた。

二〇〇七年二月二六日、ジョリーは右膝に遺伝子治療の注射を受けた。ほとんど効果が感じられなかったので、きっとプラセボだったに違いないとロブに話したそうだ。けれども七月二日の月曜日に受けた二回目の注射の影響は、まったく別物だった。思い返してみると、ジェシー・ゲルシンガーに起きたことと酷似していて、身の凍る思いがする。

ジョリーは六月末にヒュミラの最後の投与を受け、その週末には夫のロブ、五歳の娘トリーといっしょに、ボートに乗って遊んだ。少し体調を崩し、州務長官のオフィスでデータを入力する仕事を一週間続けたあとで、いつもより疲れた様子だった。月曜日になっても疲れはとれなかったが、とにかくトラップ医師の診察室に行って、二回目の注射を受けた。体温は三七度六分近かった。

火曜日になると体調はさらに悪化した。吐き気と下痢に苦しみ、体温は三八度三分に上昇する。水曜日になってもよくならなかったので、かかりつけの医師に診てもらうと、ウイルス感染という診断だった。

その翌日には細菌感染の可能性も考え、医師は抗生物質を処方している。だが七月七日の土曜日には容態が危機的なものになり、体温は四〇度を超えて、まだ上がりつづけていたので、ロブは彼女を近くの救急診療所に連れていった。診断は感染症と肝障害で、家で休むよう指示される。そのあいだにかかりつけの医師がトラップ医師に連絡をとっているが、トラップ医師は遺伝子治療の臨床試験について説明したうえで、ターゲテッドジェネティクス社によれば安全とのことだと主張している。ふたりの医師は患者の容態に当惑していた。次の月曜日、ジョリーの心拍数は危険な域に達し、抗生物質を大量に投与しても白血球は急激に増加した。肝機能検査の結果は異常値を示し、右膝は再び痛みはじめた。

七月一二日の木曜日、ロブは絶望的な症状の妻を再び救急診療所に運び込んだ。まだ感染症の症状を呈していたが、血液検査では細菌もウイルスも検出されない。しかし、検査の網の目をくぐりぬけ、真菌感染症がひそかに広がりはじめていた。その時点で医師が判断できたことといえば、ジョリーの肝臓が悪化していること、そして呼吸が困難になっていることだけだった。また精密検査でわかったのは、胆嚢、肝臓、脾臓が肥大していること、腹水がたまりはじめていることだった。やがて激しい内出血がはじまると血圧が急落し、輸血が間に合わなくなった。ヘモグロビン量と血圧の低下に伴って肝臓の酵素が増え、腹部の膨張が外からもわかるようになった。ジョリーのやつれきったからだから体液が漏れ出していることは明らかだった。ところが七月一七日になってもまだ、このただならぬ症状を、前の週に体内に注入された何兆個もの手を加えられたウイルスと結びつける者は、誰ひとりとしていなかったのだ。

集中治療室に入ったジョリーの容態は悪化を続け、医師たちの目には肝機能が完全に停止しているように映った。そうなれば肝移植しか助ける道はない。そこで七月一八日の夜、地元の病院の医師は彼女を救急車に乗せ、三〇〇キロ以上離れたシカゴ大学医療センターへと送り込んだ。ジョリーは深夜一二時を少しすぎたころ医療センターに到着し、ただちに集中治療室に運ばれると、移植できる肝臓を探す手続きが本格的に開始された。このときになってようやく、集中治療室担当の医師が最近受けた遺伝子治療のことを知り、食品医薬品局に連絡する。翌七月二〇日、食品医薬品局は遺伝子治療の臨床試験中断を正式に命じた。

そうしているあいだにも、ジョリーの症状はさらに予断を許さない状況になっていった。腎不全のために透析を受け、呼吸不全のために人工呼吸器をつけても、腹部にたまった血液は急増して膨れあがり、内側にも圧力をかけて臓器を押しつぶしていく。それでもまだ、ジョリーの大量の内出血の原因はわからなかった。シカゴの集中治療室チームは、ジョリーが遺伝子治療で二回の注射を受けた時点ではたいして深刻な病状は見られず、二回の注射はどちらも許可されている最大の投与量だったことを知る。ところが電子顕微鏡でジョリーの肝臓組織の検体を調べても、遺伝子治療で使われたウイルスが迷い込んでいる形跡はない。だが、七月二一日にとった血液塗抹標本にヒントがあった。そこにはジョリーの白血球に潜り込んだ酵母細胞が入っていたのだ。酵母は単細胞の真菌だ。

ついに人工呼吸器も効果を失い、七月二三日、ロブ・モーアは涙ながらに妻の「蘇生処置拒否」の指示を出した。脳に酸素が行きわたらなくなり、その損傷を元に戻すことは不可能になったためだった。治療はすべて停止され、苦痛を取り除くために鎮静剤が投与された。出血による腹部の膨張はあまりにもおぞましく、ロブはまだ小さいトリーに母親の姿を見せることができなかった。翌日、死のときが近づくにつれて、ロブはもう病室にいることに耐えられなくなった。医師が生命維持装置のスイッチを切り、ジョリー・モーアは世を去った。膝に遺伝子治療の注射を受けてから、二二日後のことだった。

ただし、死の原因は遺伝子治療ではなかった。

七月二六日までにわかった予備的解剖の結果は、衝撃的なものだった。ジョリーの血液には真菌（カビ）がはびこり、肝臓、肺、骨髄、脾臓、リンパ節、膵臓、脳、腸にまで入り込んでいたのだ。おそらくこの生物が腹部の血管を傷つけたために、じわじわと出血が続き、最後にはおよそ三・五キログラムという大量の血液で膨れあがってしまったのだろう。たまった血液を高感度の技術を用いて分析すると、感染性のヒストプラズマ症を引き起こしたその真菌は、実際には二回目の遺伝子治療の注射を受けた七月二日より前に、少数ではあったがすでに体内に潜んでいたことがわかった。ジョリーは生まれてからずっと、この真菌が原因で起こる風土病のある地域で暮らしてきたが、ヒュミラと遺伝子治療による過度な免疫抑制が、古くに感染した病原菌を眠りから覚まさせ、活性化させてしまったらしい。

死の直接の原因はヒストプラズマ・カプスラタムという真菌で、オハイオ渓谷からミシシッピ下流域までの土、洞窟、鳥やコウモリの糞のなかに繁殖しているカビだ。この真菌の胞子を吸い込んでも、九九％以上の人は免疫の働きによって、肺の感染を防ぐか抑えることができる。ところが、健全な免疫系の持ち主が自分では気づかないうちに軽く感染した状態になっていた場合、免疫系を抑えこんでしまうと感染症が突然暴れだし、手がつけられなくなることがある。この種の真菌が風土病となっている地域に住む人が免疫抑制剤を用いると、そうした危険に直面する。

ゲルシンガーの事例との類似点が増えるにつれて、食品医薬品局とターゲテッドジェネティクス社は次々にプレスリリースを出して対応した。遺伝子治療によってまたもや死者が出たことを嗅ぎつけたメディアはハゲワシのように集まり、残酷な一部始終を聞きとって記事にする。このときも先頭に立ったのは「ワシントンポスト」紙だった。二〇〇七年八月六日の記事では再び怒りを前面に出し、第I相試験の定義で定められたことだとはいえ、患者を救うことを意図していない臨床試験の倫理を問いただしている。メディアはまた臨床試験について思い違いをしたわけだ。ただし、遺伝子治療によって引き起こされたふたつの死の物語は、ここから異なる道を進むことになる。ジェシーの死の原因は遺伝子治療だったが、ジョリーの場合、証拠がまったく違う方向を指し示していたからだ。彼女の死の原因は目を覚ました感染症だった。

ターゲテッドジェネティクス社は、はじめから遺伝子治療擁護の姿勢を見せた。ジョリーが世を去った二日後には、当時の社長兼CEOだったH・スチュワート・パーカーが「この人物がたどった臨床の経過は、われわれが知るかぎりでは、アデノ随伴ウイルスベクターまたは自然界のアデノ随伴ウイルスにさらされた結果としては見られないものだ」と発表している。二〇〇七年九月一七日には組み換えDNA諮問委員会もそれに同意し、「アデノ随伴ウイルスの注射が患者の死に大きく関与した要因とは思えない」と結論づけた。注目は、ジョリーが遺伝子治療の前および最中に受けていた、別の免疫抑制薬へと移りはじめる。

一一月一一日には、ワシントン大学医学部の医師でジョリーの臨床試験の責任医師だったフィリップ・J・ミースが、遺伝子治療そのものは安全だったばかりでなく、効果的でもあったように見えると報告した。さらに、ウイルスの広がりを調べたジョリーの組織の分子検査を評価して、ベクターは「患者の死に関与せず、死因は播種性ヒストプラズマ症と後腹膜血腫だった」と結論づけて、真菌と腹部の内出血に触れた。その一六日後、食品医薬品局は遺伝子治療の一時停止を解き、一二月三日に開かれた組み換えDNA諮問委員会の会合はヒュミラが患者の死の原因だったと判断した。このニュースと、関節炎の痛みが減ったという相次ぐ患者の報告を受けて、ターゲテッドジェネティクス社は第Ⅱ相臨床試験の計画を開始した。ただし、今度は安全のために、免疫抑制剤の投与を受けている患者は対象外とした。ジョリー・モーアの詳細な解剖結果が医学雑誌に発表されたのは死の二年後だったが、そこでもやはり遺伝子治療の潔白が証明されている。

三種類の事前の薬剤治療と遺伝子治療によって、ジョリーの免疫反応は何重にも弱められ、そのからだは圧倒的な真菌感染にさらされる結果になった。腫瘍壊死因子の抑制に関する警告は、ジョリーが遺伝子治療を受けた当時使用していた薬の箱にも書かれている。彼女が命を落とした日、ヒュミラの箱に同封された注意書きの紙には、日和見感染の危険性が高まることを警告する次の文章が太枠で囲まれて強調されていた。「免疫抑制作用をもつ薬剤を併用する療法では、患者に重篤な感染症の多くが発生しており、リウマチ性関節炎に加えて感染症にかかりやすくなる場合がある」

生命倫理学者たちは「ヒューマンジーンセラピー」誌の二〇〇八年一月号で、いっせいにジョリーの死について考察した。アート・カプランはここでも、臨床試験が治療や治癒を意図していると考える、「治療とみなす誤解」の問題を説明している。その思い違いはまだなくならない。私は、ポール・ゲルシンガーとロブ・モーアふたりの代理人を務めた弁護士のアラン・ミルスタインに、遺伝子治療の臨床試験の被験者となることについて依頼人にはどうアドバイスするのかと尋ねたことがある。二〇一〇年のことだ。答えは次のようなものだった。「ゲルシンガーで問題だったのは、彼が健康なボランティアだった点です。ジョリーのリウマチ性関節炎も軽度でした。もし誰かが重篤な病で、他に選択肢が何もなく、危険と恩恵が五分五分な状況であるならば、臨床試験と研究に頼り、そのような実験に応じる価値があるかもしれません。でも、ほんとうに他に何も選択肢がない場合を除いては、参加など考えられません」

ジェシー・ゲルシンガー、白血病になったX連鎖SCIDの子どもたち、そしてジョリー・モーアの悲しい物語を知ると、コーリー・ハースの成功はなおさら目覚ましいものに思える。遺伝子治療の確立を目指して遺伝子導入の実験を計画し、実行する人々にとって、失敗は多くの貴重な教訓を残した。ADA欠損症の実験では、未成熟の白血球を標的とすれば反応が強まり、長続きすることがわかった。一方、X連鎖SCIDの子どもたちの白血病は、遺伝子治療のベクターとして利用するウイルスの習性を、さらに研究する必要があることを教えた。被験者をより慎重に選び、ベクター投与前の数週間や投与後に患者の健康状態のあらゆる微妙な変化に細心の注意を払うだけでなく、最も難しいタイプの問題も見抜けるように油断なく気を配るようになった。それは事実を見落とすという過ちだ。たとえば、ジェシー・ゲルシンガーに新生児黄疸があったこと、ジョリー・モーアが使用していた免疫抑制剤には気づかれずにいた感染を発症させる可能性があったことが見逃されていた。

ジェシーやジョリーをはじめとした人々が、コーリー・ハースの左目で遺伝子治療を成功させる土台を築いた。さらに二〇〇九年の終わりになると、遺伝子治療はまた大きな前進を見せる。活発で明るい少年たちを徐々に植物状態に追いやる恐ろしい病気、副腎白質ジストロフィーの治療に成功したという報告だ。世界の人々がこの病気をはじめて耳にしたのは、ロレンツォという名の黒い髪をした美しい少年と、少年の両親が息子を救うために考案したオイルの物語を通してだった。また、この病気に効果のある遺伝子治療が可能になったのは、同じ病気をもつもうひとりの美しい少年、オリヴァーのおかげだった。

9　ロレンツォとオリヴァー——副腎白質ジストロフィーと闘った少年たち

親は子どものためならどんなことでもする。自分の子どもが治療法のない遺伝性疾患にかかっていると知ったとき、自分の力でなんとかしようと心に誓う親たちがいる。死に物狂いでとにかく何かをしたいと思う。医学書や科学の本を読みあさる一方で、グーグルや医学文献サイトに関係がありそうなありとあらゆるキーワードと短文を打ち込んでいく。そうしながら生物化学の知識の断片を少しずつつなぎ合わせ、子どもの病気を理解していく。筋の通った治療法と思われるものがひらめくときもあるし、それができる人を探すこともある。はじめはただ立ちすくみ、いよいよはっきりした診断が下されると、代替療法に飛びつくことも多い。マッサージや磁気マットレスから、さまざまなエキスに万能薬、食品、ビタミン、栄養補助食品などだ。

必死に何かを探そうとした親の多くは、ノルウェーのひとりの母親の物語を見つけることになるだろう。赤ちゃんのおむつから奇妙なにおいがすることに気づいた、洞察力に富んだ女性の話だ。その女性が自分の感じたことを専門家に話すと、専門家たちが関心を抱き、医薬品の世界でも指折りの成功物語が生まれた。その専門家たちが作り上げた治療法では、欠けている酵素を特殊な食べもので補う。発症した子どもたちの大きな努力も手伝って、その方法は目覚ましい効果を上げた。ただしそれは根本的に、土台となる遺伝的命令を出すＤＮＡ以外の生体の化学反応を操作するものなので、嚢胞性線維症の新薬と同じく、永久に治せるものではない。

フェニルケトン尿症の物語は一九三一年にはじまる。その年、障害のあるふたりの子をもったノルウェーの母親が、子どもたちのおしっこからカビ臭いにおいがするのに気づいた。父親がそのことを友人に話し、友人がそのまた友人に話すと、それが偶然にも生化学に関心をもつ医師だった。興味をそそられた医師は、オスロ大学の研究室で悪臭のする尿を分析してみることにする。最初ににおいに気づいた母親も手を貸し、バケツにためた尿を何週間も続けて大学まで運んだ。医師のアスビヨルン・フォリングは、その子どもが遺伝的に受け継いでいた代謝異常を明らかにしただけでなく——その異常は後にフェニルケトン尿症と呼ばれるようになる——精神病院で無気力に暮らす何百人という人々にも同じ異常があることを突き止めた。酵素がない、あるいは正常に働いていないために、体内でアミノ酸のフェニルアラニンを別のアミノ酸であるチロシンに変えられないことが原因だった。そのためにフェニルアラニンが蓄積し、脳の一部を冒してしまう。フェニルアラニンはごくふつうにタンパク質に含まれているのだから、タンパク質が豊富な食品を食べる量を減らせばいいのではないか——この食餌療法は実際に効き目があり、早い時期に開始すれば、精神遅滞などの症状を防ぐことができた。数年後に撮ったフェニルケトン尿症の家族の写真を見ると、食餌療法が確立される前に生まれた一番上の子は車椅子に座り、ぼんやりと空中を見つめているが、その隣には活発で健康そうな弟や妹がいる。同じく病気を受け継いで生まれたが、食餌療法に従った子どもたちだ。

脳の発育が終わるとされる六歳までのあいだ、子どもに低タンパクのミルクや食事を与えつづけるようにと医師は親たちに指示した。決められた食べものはけっしておいしいものではなく（それは今でもまだ同じだ）、味がなく彩りにも乏しい特別な「病人食」を子どもたちに食べさせるのは、容易なことではなかった。だが、その年齢を過ぎた子どもたちが制限なく飲食をはじめると、知的な鋭敏さが鈍っていくことには親も医師も気づいていた。そして六年間の食餌療法に従ったフェニルケトン尿症患者の最初のグループが大人になり、その子どもが生まれるようになると、思いがけない不幸が襲う。フェニルケトン尿症の母親から生まれた子どもたちには、同じ異常を受け継いだかどうかにかかわらず、すべて精神遅滞が見られたのだ。その後の研究で、食餌療法をやめたあと、患者は健康そうに見えてもフェニルアラニンの量はまだ増えつづけていることがわかった。妊娠期間中、母親に蓄積したフェニルアラニンが胎児に害を与える。そのため現在では、患者は生涯にわたって食事制限を続けるようになった。米国では数十年来、すべての新生児のかかとから採取した血液でフェニルケトン尿症の有無を検査しており、生化学の動かぬ証拠が見つかれば、ただちに食餌療法がはじまる。

＊　＊　＊

遺伝性疾患を特別食で治療する方法は、突然変異した遺伝子のせいで生じた症状を修正するという点で、遺伝子治療への第一歩だった。一九九二年に公開された映画『ロレンツォのオイル／命の詩』は、副腎白質ジストロフィーと闘うこの方法を、美しく描いた作品だ。

ロレンツォ・オドーネは一九七八年五月二九日、世界銀行に勤めるエコノミストの父オーグストと、言語学者の母ミケーラのもとに生まれた。一家は首都ワシントンへの通勤が便利な、バージニア州フェアファックスで暮らしていた。オーグストは今もまだそこに住んでいる〔二〇一三年一〇月、八〇歳で死去〕。一九八三年の夏には、オーグストが転勤でコモロ諸島に赴任することになり、アフリカの南東海岸沖、マダガスカル島とモザンビークのあいだにある火山性の諸島に一家三人で移り住んだ。のどかな日々だったと、オーグストは当時をなつかしそうに思いだす。「ロレンツォはコモロ諸島でフランス語を習い、コモロの言葉もいくつか覚えました。とても頭がよくて、幼いのにちょっと大人びていましたね」。英語も理解し、父親の話すイタリア語も少しわかった。驚くほどかわいらしく、映画で彼を演じた子役に負けず劣らずの美しい顔立ちだ。クラシック音楽とギリシャ神話が大好きな子だった。

コモロ諸島で暮らしているあいだ、ロレンツォは健康で活発で、とても丈夫だったのに、一家が米国に戻ると体調は一変する。幼稚園には元気に通いはじめたものの、徐々に集中力を保てなくなっていった。ふだんはもの静かな性格なのに、急にかんしゃくを起こし、手に負えなくなることもあった。クリスマスのころ激しく転び、春になるころにはあまりたびたび転ぶので、まわりが見えていないのは明らかだった。失神がはじまり、記憶を失うことさえもあった。言葉がなめらかに出ず、発作を起こし、いつも疲れてぐったりするようになった。

ミケーラとオーグストがたまらず息子をワシントン小児病院に連れていくと、医師の診療で脳腫瘍、発作性疾患、ライム病、注意欠陥・多動性障害の可能性はどれもないことがわかったが、ただの不器用ということもあり得なかった。やがて脳のＭＲＩ（核磁気共鳴画像法）検査で白い斑点が見つかる。診断は、副腎白質ジストロフィー（ＡＬＤ）だった。ロレンツォの脳では、ニューロン（神経細胞）を包んでいるミエリン（髄鞘）と呼ばれる脂質でできた層が消えつつあった。症状が現れはじめるのはふつう四歳から八歳までのあいだで、その後は急速に悪化する。ロレンツォは長くて八歳までの命だろうと、専門家は暗い顔で言いきった。骨髄移植による治療は未発達で、その道のりは遠く、険しいものだった。適合したドナーを見つける必要があり、手術には大きな危険が伴ううえに、すでに脳内で起こった損傷を元に戻すことはできない。

ロレンツォの脳のスキャン結果は、学校でかんしゃくを起こす理由を鮮明に映しだしていた――賢い少年は、それまでできたことが急にできなくなり、わけもわからずイライラしていたのだ。耳は聞こえていたが、何かを話しても相手にはさっぱり伝わらなかった。簡単なアルファベットの文字も書けなくなり、単語の発音も難しくなっていた。読むことはもうできないだろうと医師は言った。空間での方向感覚も失いつつあり、もうすぐ歩くことさえできなくなるはずだ。視力の低下が進めばやがては全盲になり、発作もさらに頻繁になるだろう。乱暴なふるまいや手に負えない行動はどんどんひどくなったあと、いつかは潮が引くように静まり、自分のなかに引きこもるようになる。まわりの世界はさらに遠のき、最後には自分の筋肉も自由にコントロールできなくなって、正気を失う。医師の診断は両親の想像を絶する残酷なものだった。

副腎白質ジストロフィーは一万八〇〇〇人から二万一〇〇〇人の男児にひとりしか発症しない病気だから、オドーネ夫妻が病気の名前さえ聞いたことがなかったのもうなずける。それでも今、闘うべき相手の姿は見えた。ミケーラとオーグストはすぐさま行動を起こすと、ベセスダの国立衛生研究所にある図書館に通って、生化学、分子生物学、遺伝学の専門誌と教科書類を読みあさる日々がはじまった。文献によれば、息子の症状がはじめて詳しく記述されたのは一九二三年のことだ。また一九六三年に行なわれた家系調査から、この病気はX連鎖劣性型の遺伝によるもので、保因者の母親から生まれた息子は五〇％の確率で発症することがわかっている（ごく稀に、女性に症状が現れることもある）。ただし、変異を受け継いだ子どものすべてで症状が現れるとは限らない。その理由はまだ誰にもわかっていないが、おそらく他の遺伝子の挙動が影響しているのではないかと考えられている。さらに複雑なのは、やや軽症のタイプ（副腎脊髄神経障害）もあることで、その場合は一〇歳を過ぎるまで症状が現れない。発症したあとも、下肢が衰弱するものの通常の寿命をまっとうできる患者もいれば、急激な脳の変質で命を奪われる患者もいる。

一九七六年には研究者たちが副腎白質ジストロフィーで世を去った子どもたちの脳を調べ、何がどう悪いのかを解き明かそうとした。そのときわかったのは、脳、副腎、皮膚、血液の特定の細胞に、極長鎖脂肪酸と呼ばれる脂質分子が、通常よりはるかに多く蓄積されていることだった。問題は、ペルオキシソームという、細胞内の小さな袋状の細胞小器官にあった。そこには酵素などの大切な分子がいっぱい詰まっている。

ペルオキシソームの微小な袋には、正常であれば船の舷側に並んだ丸窓のような形をした通路がついていて、それはＡＢＣＤ１と呼ばれるタンパク質のペアで作られている。極長鎖脂肪酸を分解する酵素は、この通路を通って袋のなかに入る。ところが副腎白質ジストロフィーではＡＢＣＤ１遺伝子に変異が生じており、この通路を通行不能にしてしまうために、順番待ちの脂質の荷物がペルオキシソームの袋の外にどんどんたまることになる。極長鎖脂肪酸は通常、一定の大きさに切り刻まれ、細胞がそのかけらを別の脂質やいくつかのタンパク質と組み合わせながらミエリンを生みだす。ミエリンは脳のニューロンを包む絶縁体の役割を果たし、効率よく神経の電気信号を伝えるので、ニューロンは私たちが生きていくのに必要な速さでメッセージを送れるようになる。ミエリンは、細かく枝分かれした神経組織のまわりにそのまま直接塗りつけられているわけではなく、割れものを包むのに使うプチプチのビニールシートのように、他のニューロンへ信号を伝える細長い軸索のまわりに巻きついている。極長鎖脂肪酸を分解したかけらが不足して、ミエリンが不足すると、プチプチシートの空気が抜けてぺちゃんこになるから、なかのニューロンは元気でも十分な速さでメッセージを送れなくなり、副腎白質ジストロフィーの症状を引き起こすことになる。ミエリンを作るレシピはとても複雑なため、ミエリンが変性して脱落する「脱髄」によって起こる症状はさまざまで、最もよく知られているものに多発性硬化症がある。

副腎白質ジストロフィー患者で病変が見つかる脳細胞は、ミクログリア（小膠細胞）と呼ばれるグリア細胞の一種だ。その元になる細胞は、血流を通って骨髄から運ばれる。偶然とも言えるこの事実によって、その遺伝子治療は他の脱髄疾患の場合よりもシンプルなものになる。血流を通して、治療用の遺伝子を導入できるからだ。その他の脳疾患の遺伝子治療では、治療用の遺伝子を脳に直接送り込まなければならない。

副腎白質ジストロフィーの「父」と称されるヒューゴ・モーザーは、二〇〇七年に世を去るまでボルチモアのケネディ・クリーガー研究所でチームを率い、発症する前に血中の極長鎖脂肪酸が増加することを突き止めている。モーザーは、副腎白質ジストロフィー患者の兄弟を対象とした大規模な調査の指揮をとった。すると、発症した子どもたちすべてで、症状が現れる前に極長鎖脂肪酸が増加していた。それは、極長鎖脂肪酸の増加を指標（マーカー）にすれば、発症が間近かどうか判断できるということだった。特有の症状のいくつか、たとえば虚弱、倦怠感、胸やけ、体重の減少、皮膚の黒ずみなどは、いずれも副腎に極長鎖脂肪酸が蓄積したことで起こる。副腎は腎臓の上側にあり、数種類のホルモンを分泌する働きをしているが、幸い、副腎皮質ホルモン剤によってこれらの症状は改善する。

図書館で文献を読みあさっていたオドーネ夫妻が最終的に行き着いたのは、フェニルケトン尿症の食餌療法だった。副腎白質ジストロフィーに効く食餌療法はないのだろうか？　ひどく動揺していた両親は、栄養学の学術書や専門誌の勉強に加えて、息子の脳細胞の絶縁体を消失させていた脂肪酸代謝の不具合にさらに細かく注目するようになった。栄養のことなら、自分たちでもなんとか手を出せそうだった。

脂肪酸は脂質の構成部品だ。炭素原子がつながった長い鎖に水素原子が飾りのようについていて、化学式にはCの数とHの数が示される。覚えにくい系統名と化学的な略号は炭素原子の数を表している。副腎白質ジストロフィーによって蓄積する脂肪酸はC26とC24で、これらの極長鎖脂肪酸がどんどん作られてたまるのに、その分解が遅すぎて追いつかない。ただしここで一番大切なのは、そのほとんどが食べものから取り込まれるということだ。そのため、フェニルケトン尿症の場合と同じように口から入る量を減らせば、理屈のうえではバランスがとれ、恐ろしい症状の発生を遅らせる、和らげる、あるいは防ぐことさえできるだろう。

オドーネ夫妻は国立衛生研究所の図書館にあった資料から、食べものに含まれるC26とC24脂肪酸を制限して副腎白質ジストロフィーを治療する試みが、すでに一九八二年に行なわれていたことを知る。研究者たちはその後の一九八六年には、オレイン酸（C18）を加えれば、原因となっている二種類の脂肪酸を作るのに必要な酵素の働きが阻害され、量を減らせることも発見した。さらに研究を続けたオドーネ夫妻はイギリスの生化学者に連絡をとり、この学者は夫妻の助言をもとにして、のちに「ロレンツォのオイル」として知られるようになるものを生みだしている。そのオイルは、キャノーラ油、オリーブ油、から し油に含まれているC18とC22を組み合わせたものだった。

オーグストはヒューゴ・モーザーおよびその妻アンらと力を合わせて、オイルの効果を科学的に検証した。一九八七年には、三六人の患者に「新しい食餌療法」を行なった結果を「アナルズオブニューロロジー」誌に発表している。またその二年後には、一か月以内に極長鎖脂肪酸の量を減らす、さらに厳密なレシピも報告した。だが、極長鎖脂肪酸の量を減らせば症状を防いだり和らげたりできるのだろうか？

ロレンツォが成長するにつれ、医師の言葉は現実になっていく。七歳になるころには、クラシック音楽が大好きで好奇心旺盛だった黒髪の少年は寝たきりになり、視覚も失われ、まばたきと指の動きでかろうじて意思を伝えられるだけになった。オーグストとミケーラは息子のベッドを居間に移して、いつもみんなで気を配り、友人たちにもぜひ遊びにきて息子に話しかけてほしいと頼んだ。オーグストは世界銀行を早期退職して、息子に専念するようになった。

オドーネ夫妻はロレンツォにオイルを飲ませたが、脳はすでに傷つき、反応を取り戻すことはなかった。その年、一九八九年に、夫妻は「さまざまな脱髄疾患に苦しむ家族の多国籍な集まり」として「ミエリンプロジェクト」を創設し、第一回副腎白質ジストロフィー国際会議の資金を提供した。ミエリンプロジェクトの目的はウェブサイトに明示され、オドーネ夫妻が求めているのは科学者を称賛することではなく、治療法や治療薬であることを、次のように説明している。「科学のための科学の進歩を目指す基礎研究および調査は、プロジェクトの資金提供から除外される」。苦しんでいる親の目には、基礎研究の目的と臨床医学の目的とが断絶しているように映ったのだ。それは、その何年か前にジム・ウィルソンが知った事実と同じ種類のものだった。ウィルソンはそのとき、レッシュ - ナイハン症候群の原因になっている遺伝子の変異を突き止めたからといって、その発見に協力してくれた若い患者エドウィンを救えるわけではないことに気づき、愕然とした。

モーザー夫妻がロレンツォのオイルを飲んでいる子どもたちを懸命に追跡していたころ、映画『ロレンツォのオイル／命の詩』が公開されて、副腎白質ジストロフィーはまたたくまに人々の注目を集めた。一九九二年制作のこの映画では、スーザン・サランドンがミケーラ・オドーネに扮してアカデミー主演女優賞にノミネートされたほか、ニック・ノルティーがオーグストを、ザック・オマリー・グリーンバーグがロレンツォを、それぞれ演じている。サランドンはミケーラをアカデミー賞の授賞式に招いた。

エコノミストから科学者に転身した才能豊かなオーグスト・オドーネは、脚本の共同執筆というかたちで映画の制作にも参加し、映画ができた経緯をこう話す。「オーストラリアの医科大学を卒業している映画監督でプロデューサーのジョージ・ミラーは、シドニーで朝食をとりながら『ロンドンタイムズ』紙の日曜版でオイルの記事に目をとめ、『この話がほんとうなら、映画にしよう』と思ったそうです。それですぐオーストラリアから私に電話をかけてきて、関心があるかと聞いてきました。私は『もちろん』と答えましたよ。監督はこの物語のヒーローたちに魅了されて、すばらしい映画を作りました。全体の八〇％ほどは事実で、残りの二〇％はハリウッドですけれどね」。たしかに映画の最後には、制作にかかわった人々の名前と著作権情報のあとに、「この物語は実話ですが、一部に架空の登場人物と出来事が含まれています」ということわりがきが、小さな文字で映しだされる。

ヒューゴ・モーザーはオーグスト・オドーネほどこの映画に熱を入れていなかった。モーザー博士は一九九三年の「ランセット」誌に、「フィクションの作品として見れば『ロレンツォのオイル』はすぐれた映画だ。しかし事実を語るドキュメンタリーとして見ると、三つの大きな不備がある」と書いた。その三点とは、臨床試験の結果を誇張しすぎていること、オドーネ一家と医師たちとのあいだに実際にはなかった確執を加えたこと、米国ロイコジストロフィー財団の意図と活動の描写が不正確だったことだった。ただし、この病気について少しでも知っている研究者たちのほとんどが異議を唱えたのは、ロレンツォは病気のままだと描かれたにせよ、オイルを摂取している他の子どもたちが元気に見えすぎるハリウッド調の結末だった。医師や生命倫理学者は、この映画が実現しそうもない希望を抱かせるとして非難したが、生物学を教える者はこれを使ってすぐれた授業計画を立て、映画は生徒たちにも一般の人々にも人気を博した。

『ロレンツォのオイル』はだんだんに新聞の見出しから消えていったが、医学専門誌からは消えなかった。まもなく、血液中の極長鎖脂肪酸が減少したからといってオイルの効果があることにはならず、数値は単なる指標にすぎないという研究結果が発表される。極長鎖脂肪酸の量を減らすことはできても、脳の損傷は容赦なく進み、症状は消えなかった。

一九九三年になると、パリの国立保健医学研究所とサン・ヴァンサン・ド・ポール病院のパトリック・オブールおよびナタリー・カルティエらが、ロレンツォのオイルを使った結果を「ニューイングランドジャーナルオブメディシン」誌に発表する。のちに副腎白質ジストロフィーの遺伝子治療を成功させることれらの研究者たちが対象としたのは、年齢が上がってからゆっくり発病するタイプの患者だった。小児型の厳しい症状では、進行が速すぎてオイルの効果が現れないのではないかと考えたためだ。発症した成人男性一四人、発症の兆候が見えた女性五人、遺伝子の変異はあるがまだ発症してない少年五人について、症状の評価、脳のＭＲＩ検査、神経伝導検査、血中の極長鎖脂肪酸測定を最大四年にわたって続けた。その結果、オイルを摂取しはじめてから一〇週間以内に極長鎖脂肪酸の量は正常値近くまで減ったものの、症状が改善した患者はひとりもいなかった。実際には一四人の成人男性のうち九人は悪化し、少年のうちひとりは発症している。それは研究者にとっても患者の家族にとっても同様に厳しい教訓をもたらした。分子レベルでの正常化では不十分なのだ。治療法は症状を和らげるだけでなく、病気の進行を遅らせるか、止める必要がある。

こうした期待外れの結果にもかかわらず、親たちは息子にロレンツォのオイルを飲ませつづけ、少しでもよくなることを、せめて症状の進行を遅らせることを願った。そして二〇〇五年七月にようやく、待ちわびたロレンツォのオイル追跡調査に関する論文が米国医師会の会誌に掲載される。論文の第一著者はヒューゴ・モーザーで、共著者の栄誉ある最後の位置にオーグスト・オドーネの名があった。この調査は非常に重要なもので、重い副腎白質ジストロフィーの兄をもつ八九人の少年たちを追跡していた。彼らはオイルの投与を開始した時点ではまだ症状がなかったが、すでに極長鎖脂肪酸の量が増えていた。少年たちはみな、七年間にわたり、ロレンツォのオイルを摂取すると同時に低脂肪食を続けた。そのうち二一人ではＭＲＩ検査でわかる脳の異常が進行し、一〇人では神経症状も現れた。対照群はないが、研究者たちはこの結果をそれ以前の研究と比較している。比較に用いた研究は、副腎白質ジストロフィーを引き起こす遺伝子の異常が遺伝していることがわかっていたが、まだロレンツォのオイルが作られていなかったために治療を受けなかった、四四三人の少年たちを調査したものだ。そのおよそ三分の一の少年が、一〇歳未満で発症していた。両者を比較するのはちょっと無理があるかもしれないが、オイルを摂取しなかった子どもたちの発症率は、摂取した子どもたちよりも高い。そこでこの論文は暫定的に、「脳のＭＲＩ検査の結果が正常で未発症のX連鎖副腎白質ジストロフィーの少年には、ロレンツォのオイルによる治療を推奨する」と結論づけている。ミエリンプロジェクトのウェブサイトはさらに熱意をこめて、「彼らは病気をただちに止めるオイルを見つけた」と書いた。ただし、オイルの摂取に危険が伴わないわけではない。オイルの治療を受けた少年の約三分の一で血液の凝固異常が起こり、一部の脂肪酸の欠乏が生じる可能性がある。

オイルに効果があるかどうかはまだわかっていない。オイルを飲んで症状が出なかったひとりひとりについて、それがオイルの効果なのか、あるいは飲まなくても発症しなかったのか、判断することはできないからだ。それでもロレンツォが予想を大きく上回って長生きしたことは、オイルが役に立った可能性を示唆する。

ロレンツォは成長して、豊かな黒髪と上品な黒い目が印象的なポール・マッカートニー似の立派な大人になった。濃いあごひげとうっすらとした口ひげからは、内分泌系が正常に機能していたことがわかる。オーグストとミケーラは、息子になるべく普通の暮らしをさせようと努力を続けた。介護人と看護師のチームは、ロレンツォを毎日着替えさせ、その動かない手足を頻繁に動かし、椅子に座らせて音楽を聴けるようにした。看護助手は、ロレンツォを居間の外にあるプールに毎日入れた。プールの水にゆったりと浮かぶ写真に見える穏やかな表情は、落ち着いた心境の現れかもしれない——あるいは、何も感じていないのかもしれない。排泄にはおむつを使い、胃ろう管を通して一日に五回の食事をとり、唾液を飲み込むことができないために頻繁に、ときには数分ごとに、吸引が必要だった。二〇〇二年にミケーラが癌で世を去ると、家族の友人たちがロレンツォの絶え間ない介護を引き継いだ。

二〇〇八年五月三〇日、ロレンツォは喉を詰まらせ、救急隊が到着する前に出血多量によって命を奪われた。オイルの抗凝血効果が原因になったのかもしれない。三〇歳の誕生日の翌日のことだった。

ロレンツォ・オドーネは、誰もが予想したより二二年長く生きた。オイルのおかげだったのだろうか？今ではオーグストさえも、疑問があることを認めている。「介護とオイルの両方が役立った可能性があります。彼の母親は、とても手厚く介護していました。そのうえで、オイルはなんらかの関与をしていたのでしょう」。それから長い間をおいて付け加えた。「でも、確かなことはわかりません」

＊　＊　＊

オドーネ一家は、副腎白質ジストロフィーに一般の人々の関心を集める役割を果たした。そして次に登場するサルズマン姉妹は、この病気の遺伝子治療を成功に導く研究チームをまとめあげていく。ソーシャルワーカー、製薬会社の役員、獣医師の三姉妹だ。二〇一〇年五月の暖かい夜、ワシントンDCで開かれた米国遺伝子細胞治療学会の年次総会で、私はイヴ・サルズマン・レイピンに会った。家族がどのような経験をしたかを翌日の午前中に報道陣の前で話す予定になっていたイヴは、少し緊張していたので、私を相手に喜んで話の予行演習をしてくれた。

テキサス州ヒューストンに住むイヴとボビーは、結婚してすぐ子どもを作ることに決めた。映画『ロレンツォのオイル』が公開された一九九二年に長男のオリヴァーが生まれると、それから三年のうちに、弟のエリオットとアレックも誕生している。黒い髪のかわいらしい三兄弟は、とても仲がよかった。「オリヴァーがどこに行くときも下のふたりがついていきました。オリヴァーが転ぶとエリオットも転ぶ。そっくり真似してね」と、こげ茶色のしなやかな髪をしたイヴは、悲しそうな笑顔を浮かべながらそのころを振り返る。オリヴァーが生まれてまもなく、家で息子といっしょにいたいからと、ソーシャルワーカーの仕事をやめていた。

数年間は、三人のやんちゃな男の子がいる家庭の平凡な暮らしが続いた。オリヴァーはとても賢い子だった。「三歳のころにはアメリカの地図のジグソーパズルでよく遊んでいました。それぞれの州のピースの裏に、州都が書いてあるものです。州都も州のかたちも、すっかり覚えていたんですよ。ピースをひとつ手にとって見せれば、オリヴァーはそのかたちで州の名前を言い当てました」

オリヴァーはプレスクールにも幼稚園にも楽しく通った。ところが小学校一年生になると、ロレンツォとまったく同じで、じっと座って集中することができなくなってしまう。発達小児科医は注意欠陥・多動性障害と診断してリタリンを処方した。「私たちはその障害をもつ子どもたちの親ごさんと話をして、リタリンは効果があったと聞きました。でもオリヴァーにはまったく効き目がありませんでした。ドクターは投与の量を増やしましたが、それでも役に立ちませんでした」と、イヴは話す。診断はころころ変わり、次はアスペルガー症候群だと言われる。オリヴァーの社会的な不適応を考えると、自閉症のなかでも比較的軽度とされるアスペルガー症候群が当てはまるように思えた。イヴは次のように続ける。「放課後、週に何回か、アスペルガーの子どもたちに社会的適応を教えるグループに通いました。何かを教わりはしましたが、問題はアスペルガー症候群ではありませんでした」。記憶力が失われていき、それまできちんと書けていた文字もだんだんに乱れ、めちゃくちゃになっていった。

最後には心理学者の助けで神経学者を紹介してもらうと、脳のMRI検査をするよう勧められる。するとその画像から、副腎白質ジストロフィーに特徴的な白質の破壊が明らかになった。しかも、すでにかなり進行しており、医師はそれに対してまだオリヴァーの能力水準が高いことに目を見張るほどだった。息子が学習障害に陥っていると思い込んでいたイヴとボビーは、致命的な脳疾患という現実を突きつけられることになった。

衝撃は副腎白質ジストロフィーの診断だけではすまなかった。その病気は遺伝性で、保因者の母親から息子に五〇％の確率で受け継がれるという。イヴはすぐ、姉妹のレイチェルとアンバーのことが心配になった。ふたりも保因者だろうか？　この悪い知らせを聞いたイヴとボビーの心の動揺がまだおさまらないうちに、遺伝子の変異を受け継いでいる可能性のある家族全員が検査を受けた。結果は残酷なものだった。末っ子のアレックの遺伝子は変異していなかったが、二男のエリオットの遺伝子は変異していた。レイチェルは変異を受け継いでいなかったが、アンバーはイヴと同じく保因者で、アンバーの一歳の息子スペンサーもまた、変異を受け継いでいた。ふたりの幼い兄弟とまだ赤ちゃんのいとこが同じ恐ろしい病気にかかっているなど、とうてい理解できないことのように思えた。だが驚くことに、三人姉妹はただちに行動を起こすと、ふたつの方向に敢然と進みはじめる。ひとつは子どもたちを治療すること、そしてもうひとつは、研究を前進させるためにヒューストンを本拠地とするＮＰＯ「ストップＡＬＤ」を設立することだった。

何よりも先にしたことは、オリヴァーが骨髄幹細胞移植を受けられるだけの健康をまだ保っているかどうかの確認だった。息子の能力水準テストを見ていたイヴは、胸の張り裂ける思いがした。「たった四ピースのパズルも、なかなかできませんでした。三歳のときだったら、いとも簡単にやってのけたでしょうに」。それと同時に、不思議に心が安らいだのも事実だったという。「オリヴァーが思い悩んでいる様子が見えなかったのです！　そのとき、あの子はもう現実の世界から遊離してしまったのだと気づきました。本人が苦しんでいないらしいことを知り、ほっとしました。本人にとっては幸せなことで、それは私にとっても救いでした」。オリヴァーはもう、ロレンツォのオイルも骨髄移植も効かないほど悪化していた。それでも、脳のスキャンでまだ白質の破壊が見えなかった年下の子どもたちには、骨髄移植が役に立つかもしれなかった。そこでレイピン夫妻は、ヒューストンでかつてなかった規模の骨髄提供の呼びかけを行なった。何人かの患者に型の一致する提供者が見つかったものの、エリオットにもスペンサーにもそのような人は現れなかった。

ロレンツォと同様、オリヴァーも家で療養を続け、家族の大切な一員として暮らした。だがそれは厳しいものだった。「あの子は次々に能力を失っていきました。まず認識できなくなり、次に話すことができなくなって、見ることも、歩くことも、やがて自分で動くこともできなくなりました。そして最後には飲み込む力も失ったのです」と静かな声で言ったイヴは、苦しい過去に思いをはせ、翌日に部屋いっぱい集まった記者たちの前で話す以上のことまで話してくれた。

イヴとボビーは、オリヴァーの病気が弟たちに与える影響を心配したが、エリオットは精神的にとても安定しているように見えた。心理学者がエリオットに、何か彼に悪いなと思ったりすることがあるかと尋ねると――その質問にはっとしたのはイヴの方で――少年はあっさりこう答えた。「どうしてぼくが悪いと思ったりするの？　ぼくがオリヴァーを病気にしたわけじゃないよ」。末っ子のアレックは、年齢に似合わず鋭い直観力をもちあわせていた。「オリヴァーが診断されたとき、アレックは五歳でした。だから私たちが知っていたオリヴァーをまったく覚えていないことになります。ただオリヴァーが能力を失っていき、どんどん悪くなるところだけを覚えています。私たちの話を聞き、そのままとってあるアメリカの地図のパズルを見ています」と、イヴは話す。

オリヴァーの最後の二年間の容体は深刻だった。イヴとボビーは毎日息子を風呂に入れ、痛みを伴う痙攣が起こらないよう筋肉をほぐし、便秘にならないよう座薬を使った。もう動くことさえできなかったから、筋肉の萎縮と床ずれを防ぐために頻繁に理学療法も受けさせた。イヴはオリヴァーの顔の表情から、痛みを感じていないこと、そばにいてほしいと思っていることを読み取った。ときには、母親の声を聞きたいのにまだうまく反応できない生まれたばかりの赤ちゃんのように扱ったりもした。「まばたきで意思を通じさせようとしましたが、それよりも、言葉などなくても意思が通じる感じでした。愛のコミュニケーションでしたね」

やがてオリヴァーはホスピスのホームケアを受けるようになって、ホスピスチームのメンバーが毎日訪問した。いつもは看護師、ときにはソーシャルワーカーがやってくる。他にもオリヴァーをマッサージする家族の友人など、折々に手助けする人たちが加わった。ホスピスの看護師はイヴとボビーに、最期が近づきつつあること、そのときはどうなるかを詳しく説明し、アンバーとレイチェルが築いた副腎白質ジストロフィーの専門家のネットワークも力になった。イヴはそのときの出来事を、静かな声で語ってくれた。

「あの子が逝ったとき、みんながいっしょにいました。私はオリヴァーを葬儀場に送るまでのあいだ、ずっと抱いていてやることにしました。霊柩車は使わずに、ふつうのバンで行き、ボビーとエリオットは家に残りました。でもアレックは、思いやりからか好奇心からかはわかりませんが、手伝いたいと言い張りました。

『どうしていっしょに行っちゃいけないの?』と、八歳だったアレックは聞いてきました。

私は泣くばかりでしたが、アレックはこう続けたのです。

『ねえ、ママ……ママ、オリヴァーは今、苦しくないのかな? それとも苦しいの?』

『いいえ、オリヴァーはもうちっとも苦しくないのよ。気持ちいいと思っているわ』

『それなら、どうしてママは泣いているの?』

『ママは自分で自分のことが悲しくて泣いているだけよ、オリヴァーのことが悲しいのじゃなくて』

アレックは、オリヴァーが苦しんでいないと知って安心したようでした」

オリヴァー・レイピンは一二歳の誕生日を迎える前日に世を去った。

＊　＊　＊

遺伝性疾患に特有の悲劇は、それが同じ家族を何度も襲う可能性があることだ。オリヴァーの衰弱が急速に進みはじめたころ、エリオットの脳のＭＲＩ検査でも、ニューロンの絶縁体が失われつつあることを示す脱髄の形跡が見えるようになる。数か月後のスキャンで、白質の異常が広がっていることがわかった。時計の針は着実に進む。ふたり目の息子の病気を食い止めるには、一刻も早い移植が必須だった。

イヴとボビーがオリヴァーの世話に明け暮れ、エリオットに骨髄を提供できる人を探し求めているあいだに、いとこのスペンサーの脳のＭＲＩ検査でも病の最初の兆候が見えはじめる。けれどもちょうどそのころ、このふたりのように骨髄提供者が見つからない幼児には、臍帯血から幹細胞を移植するという新しい治療法が利用できるようになっていた。臍帯血幹細胞の表面は、大人の提供者の骨髄幹細胞ほど受け手の免疫系を刺激しない構造になっているために、幹細胞の型が完全に一致しなくても子どもを助けられることがある。試してみるだけの価値はあった。

二〇〇二年当時、臍帯血幹細胞移植はまだ実験段階だったにすぎない。処置を受けるには長い入院が必要だった。そこでノースカロライナ州ダーラムにあるデューク大学病院の近くに、ふたつの家族は隣どうしの家を借りて移り住む。デューク大学で小児血液および骨髄移植プログラムの責任者を務めているジョアン・カーツバーグ博士は、臍帯血幹細胞移植の草分け的存在だ。アレックはテキサスに住むボビーの両親に預かってもらった。アンバーと夫のスティーヴ、一人っ子のスペンサーは、フィラデルフィアから一時的に引っ越してきた。

移植では子どもたちの免疫系が完全に破壊されるため、最大で三か月間の隔離が必要になる。それから数か月間は頻繁に検査を繰り返して、移植した幹細胞が血流に乗って体内で運ばれていく様子を細かく追跡することになる。幹細胞は、血液脳関門という障壁を作る、脳の毛細血管の内側のタイルのような細胞のあいだに潜り込むはずだ。この処置によって、ニューロンにミエリンを取り戻す健康な細胞が子どもたちの脳に根付き、病気を食い止めてくれるようにと、誰もが期待していた。

移植を受けるために病院に行くのは、とても奇妙な感じがしたという。エリオットもスペンサーも、そのときはまだ、実際には病気になっていなかったからだ。「病棟にいたお子さんたちの多くは白血病で、容態も重く、化学療法が効かなくて移植を決めていました。だから、髪の毛のない衰弱した子どもたちは、エリオットを見ると、『きみはどうしてここにいるの？』と聞いていました」と、イヴは当時を思い起こす。エリオットはオリヴァーの一部始終を目にしていたので、どうして治療が必要かをわかっていた。それでも一家は、幹細胞移植の副作用に対する心の準備は整えていなかった。ほとんどの人は、受け手の免疫系が「異物」である組織を拒絶する「拒絶反応」で、移植がうまくいかなくなると考えている。だがその逆も起こり得る。移植された骨髄や臍帯血の幹細胞のほうが、受け手のからだを攻撃することがあるのだ。移植された細胞は、言ってみれば外から持ち込まれた免疫系で、それが自分自身を「侵入者」ではなくて「宿主」とみなすために起こる。これが移植片対宿主病と呼ばれるものの正体だ。

スペンサーはラッキーだった。移植の結果、拒絶反応も移植片対宿主病もなしに副腎白質ジストロフィーの進行が止まり、今では、かつて命取りになる遺伝性疾患にかかっていたことなどまったくわからない。だがエリオットのほうはうまくいかなかった。移植によって副腎白質ジストロフィーの進行は止まったものの、短期間の副作用から発展した長期にわたる移植片対宿主病の障害と闘うことになった。兄の命が今にも天に召されようとしているころのことだ。エリオットは治療開始の直後からひどく苦しんだ。

移植の下準備としてエリオットの骨髄を破壊するために行なった三日間の強い化学療法が、その体力をすっかり奪い去ってしまった。絶え間ない吐き気に疲れはて、高熱を発し、じんましんに悩まされる。たとえ食欲があったとしても、消化管全体がひどい炎症を起こしていたから、何も食べられない。「食べたり飲んだりするのがひどく苦痛でした。入院しているあいだずっと、エリオットの胸にはベッド脇の三キロ半もある棒から何本もの管がつながれて、そのきゃしゃで弱った体全体に体液と薬を行き渡らせていました。口からも大量の薬を飲んでいましたが、それぞれに短期、長期のリスクがあります。免疫力が不足していたために特殊なフィルターを通した空気が必要で、治療室から一歩も出ることはできませんでした」と、イヴは振り返る。それでも移植してから何日かのうちに、ふたりの白血球の数は少しずつ増えていった——移植が効果を上げていた。

エリオットは移植用治療室に三か月間とどまり、そのあいだ小さい体は移植片対宿主病に翻弄されつづけた。ふつうは短期間だけ継続する急性のものは、エリオットで見られたように移植から三か月以内にはじまるのが典型的だが、彼が病院近くの仮の家に戻ったあとも猛攻はやまず、慢性移植片対宿主病になったことが明白になった。それならば、免疫の攻撃が中枢神経系にまで広がる恐れがある。叔母にあたるアンバーは、疲れきった甥の姿を思いだして泣きながら話した。「診療室から帰ってくると、エリオットは吐き気と下痢でずっとトイレに座りきりで、膝にバケツを抱えたまま気を失っていました。もし遺伝子治療を受けさせてやれたなら、あんな苦しみを味わわせずにすみました」。数か月後には症状がようやく和らいだが、エリオットはだんだんに歩けなっていった。ついに移植片対宿主病が脳と脊髄にまで広がっていたのだ。エリオットはオリヴァーの死の直後から車椅子を使いはじめ、それから何度か外科手術も受けている。それでも、副腎白質ジストロフィーの進行は止まっていた。

拒絶反応や移植片対宿主病がないとしても、幹細胞移植のあとが過酷であることは、スペンサーが経験ずみだ。「カーツバーグ先生は、スペンサーの移植は簡単だったとおっしゃいました。それでも、病院に何か月も入院し、あの棒にしばりつけられ、危険な山をいくつも乗り越えなければなりませんでした。とはいえ、他の子どもたちに比べれば、スペンサーは問題ないほうです。長期の合併症が出ませんでしたから」と、アンバーは言った。

遺伝子検査の結果、スペンサーが副腎白質ジストロフィーの変異を受け継いでいることがわかったとき、アンバーとスティーヴは生殖補助医療技術の不思議な世界に足を踏み入れた。最初から子どもはふたり以上ほしいと思っていたが、今では、はっきりした目標ができた。遺伝子の変異をもたず、しかもスペンサーと組織が適合する子どもを産むことだ。スペンサーは一歳のとき診断されていることから、医師たちは、四年か五年後にはもう一度移植が必要になるだろうと考えていた。症状によっては、効果を維持するために幹細胞移植を繰り返さなければならない。

スペンサーと組織が適合する赤ちゃんを身ごもるために、アンバーとスティーヴは着床前遺伝子診断を伴う体外受精に頼ることにした。当時はまだ、着床前遺伝子診断は比較的新しい技術だった。体外で卵を受精させ、その後何回かの細胞の分割を待ってから、小さい初期の胚の細胞を一個だけ取りだして、その家族のもつ遺伝子変異を検査する。残りの胚はそのまま育ちつづけるので、変異がないことがわかれば女性の体内に移植して、そのあとの妊娠の進行は自然にまかせる。

＊　＊　＊

この技術による最初の「救世主の弟妹」が誕生したのは、それより一年と少し前のことだった。アダム・ナッシュは、ファンコニ貧血の六歳の姉を救うために、選ばれて生まれてきた。ナッシュ夫妻は批判にさらされながらも、トーク番組に出演して考えを話した（二〇〇四年には小説家のジョディ・ピコーがこの話を題材として小説『私の中のあなた』を書き、姉の白血病を治療するために自分を意図的に産んだ両親を相手取り、訴訟を起こす一三歳の少女の姿を描いている）。現在では、体外受精に伴って着床前遺伝子診断も行なわれることが多く、子どもの男女の数のバランスをとるといった軽い気持ちで利用されることさえある。

今、アンバーは娘のレインが生まれるまでの努力について、笑って話すことができる。レインは、しばらく受精卵の凍結装置で過ごしたあと、二〇〇三年に誕生した。「四〇歳をすぎてから体外受精のクリニックに行くと、まるで一〇〇〇歳の人が来たというような目で見られてしまいます。『確率はとても低いですよ』と警告されましたが、私は体外受精のサイクルを五回繰り返しました。受精卵が副腎白質ジストロフィーだとわかったら、研究のために寄付しようと思っていました。そうでなくてもスペンサーに合わないものは、凍結するつもりでした」

副腎白質ジストロフィーでなく、スペンサーと適合する胚を得る最初の試みは、うまくいかなかった。時間がなくなっていくなか、夫妻はもう一度挑戦する。このときはニューヨーク市でアンバーから採取した胚を、デトロイトのウェイン州立大学にいる着床前遺伝子診断の権威マーク・ヒューズのもとに空輸することになっていた。だがその日は奇しくも二〇〇一年九月一一日。「リクリエーショナルパイロットの資格をもっている夫がニュージャージーまで車で運び、そこからミシガンまでは飛行機でした」と、アンバーは説明する。

ヒューズ博士は胚のタイプを調べ、選び、そのうちのいくつかを冷凍保存して、残りをアンバーの子宮に戻した。三回試みても着床せず、四回目の試みでようやくレインが生まれる。二〇〇三年八月一三日、オリヴァーの一一歳の誕生日だった。「私たちが健康な赤ちゃんに恵まれるよう助けてくれたのは、オリヴァーでした。それに、胚のときに細胞を一個取りだされ、それから二年間も冷凍装置で過ごしたあとでも生まれてくれたのは、レインの強い意志と個性があったからこそだと思っています。レインは背が高くて丈夫な、運動神経抜群の女の子です。上着を着たことがないんですよ」と、アンバーは笑う。レインは保因者ではなく、遺伝子のコピーは両方とも正常だ。アンバーとスティーヴは、遺伝子変異のある胚は選ばなかった。娘が、自分の息子が病気を受け継ぐことで苦労するのを見るには忍びなかったからだ。いつか、もう一度スペンサーの幹細胞移植が必要になったなら、レインが手助けできる。

イヴとボビーがふたりの息子の世話に明け暮れているころ、レイチェルとアンバーは「ストップALD基金」で活発な活動を続けた。アンバーはイヴによく似ており、長身のほっそりした体型と、わずかに波打った茶色の髪が印象的だ。一方のレイチェルの長い髪は、ふさふさとして色も濃く、獣医として診察するウマの尻尾を連想させる。

＊＊＊

オドーネ夫妻が一五年前にしたように、この姉妹も科学論文を読み、世界中の副腎白質ジストロフィーの専門家に連絡をとった。「専門家はあまりいなかったので、私たちは役に立つアイデアを出してくれそうな他の分野の人たちにも声をかけました。たくさんの分野の医師、科学者、研究者たちが力を合わせ、私たちが数多くの障害を乗り越えるのを助けてくれました」と、イヴは話す。目の前に立ちはだかる障害のひとつは、起こったばかりのジェシー・ゲルシンガーの悲劇だった。

サルズマン姉妹は三人がもつ並外れた技能と人脈を駆使して、今や悪評にまみれた技術の成功を追い求めていく。レイチェルが獣医としての豊富な科学的知識を提供すれば、アンバーは数学の博士号をもち、巨大製薬会社グラクソ・スミスクラインのシニアバイスプレジデントの役職にいた（現在はフィラデルフィアを本拠とするバイオ医薬品会社カーディオカインの社長兼CEO〔二〇一二年一月からはアロフェラセラピューティクス社の社長兼CEO〕）。アンバーは、ストップALD設立の経緯を次のように説明した。「甥が診断されたとき、私たちはいろいろなことを調べました。そしてわかったのは憂鬱なことばかりでした。二〇〇〇年一二月のことです。私は当時の上司で、グラクソ・スミスクラインの研究開発部門を率いていたタ一チ・ヤマダ（山田忠孝）に電話をかけ、助けが必要だと話しました。するとターチは、『ジムに電話してみよう。きみは遺伝子治療の道を探る必要がある』と言ったのです」

ジムというのはジム・ウィルソンのことで、そのころはジェシー・ゲルシンガーの死をめぐる調査で注目の的になっていた。

職場がフィラデルフィアにあったアンバーはさっそくジムに会い、フロリダから電話で加わったレイチェルも含めて、はじめての話し合いをもった。「私は何も知りませんでしたが、ジムは根気よく話してくれました。そして臨床試験にたどりつくまでに理解しておかなければならないことを、正確に教えてくれました。圧倒される内容で、とても一夜にして実現できるようなものではありませんでしたね」と、アンバーはそのときのことを振り返る。

遺伝子治療の手順は単純なもので、幹細胞移植が成功していたことから、細胞の置き換えが功を奏するなら遺伝子の置き換えも同じだろうと考えられていた。実際の方策としては、その両方を組み合わせる。適切な骨髄細胞を体外で修正してから体に戻せば、修正された細胞が血流から脳へと届くはずだ。脳内ではそれらが、ペルオキシソームの問題を抱えたミクログリアを徐々に置き換え、ゆっくりとではあるが、絶縁体をはがされた脳のニューロンにミエリンを取り戻してくれるだろう。そのおとぎ話を実話に変えるために、ストップＡＬＤには移植の執刀医、ベクターを作る人、副腎白質ジストロフィーの専門家、さらに神経学者が必要だ。「それから稀少疾病コミュニティーや食品医薬品局の関係者も必要でした。ジムがドナルド・コーンをはじめとした遺伝子治療分野の人々を集めて、私たちはグラクソ・スミスクラインで会合を開きました」。それは二〇〇一年三月だったとアンバーは語る。早々と決まったのは、数多くの動物実験や一部の臨床試験で十分な結果を残せていなかったレトロウイルスの使用をやめ、代わりにレトロウイルスの一種のレンチウイルスを使用することだった。レンチウイルスにはベクターとしていくつかの利点がある。さまざまな種類の細胞にすぐ侵入でき、大きい荷物を運べ、手を加えられていても免疫系を刺激することがない。それより前に使われたレトロウイルスは、X連鎖重症複合型免疫不全症（SCID－X1）の子どもたちに白血病を引き起こしていた。

ジム・ウィルソンはレイチェルとアンバーに、エゴや派閥を超えて最高のチームを作る方法を指南した。副腎白質ジストロフィーの父と呼ばれるヒューゴ・モーザー、さらにパリの国立保健医学研究所のパトリック・オブールとナタリー・カルティエにも協力を依頼した。「ジムが触媒の役目を果たしてくれました。彼には何度も電話をかけて、技術や政治的な質問攻めにしました。あなたならどんなふうに進めるかと尋ねたりして」と、アンバーは話す。一方のジムも、ふたりの熱意を楽しそうに振り返る。「レイチェルとアンバーはいつも近くにいました。ヨーロッパでも、アメリカでも。ふたりは私たちをランチに連れ出し、廊下で呼び止め、ホテルのロビーで話に引き込みました。男性トイレにいる以外は、どんなことをしてでも私たちの話を聞こうとしましたね」

レイチェルとアンバーが世界中を飛びまわり、重要人物に会って仲間にしていくにつれて、副腎白質ジストロフィー遺伝子治療の臨床試験は少しずつ具体化していく。ヒト免疫不全ウイルス（HIV）と呼ばれるレンチウイルスの使用を支持していたラホヤにあるソーク研究所のインダー・ヴァーマとは、ロンドンで会った。ふたりは、カリフォルニアのバイオテクノロジー会社セルジェネシス社で遺伝子治療のベクターを開発していたガボール・ヴェレスも見つけ出している。ヴェレスは、会合出席のためにハンガリーに向かう途中、ワシントンで別の会合に出ているときにアンバーから電話を受けた。アンバーは自己紹介のあと、オブールとカルティエに会ってほしいと頼んだ。その後ヴェレスは、ハンガリー行きの飛行機の中で客室乗務員からアンバーのメッセージを手渡されることになる。そこには、ブダペストでパトリック・オブールに会ってもらう準備ができたと書かれていた。ふたりの科学者を引き合わせたのは、ハンガリーまで飛行機で駆けつけたレイチェルだった。すばらしいチームが生まれた。

ジム・ウィルソンは今でもこの姉妹に畏敬の念を抱いている。「姉妹は、誰もがいっせいに退却しているまったただなかで、積極的な行動計画を推し進めました」。グラクソ・スミスクライン社で会合を開いた二〇〇一年三月の時点では、一九九九年のジェシー・ゲルシンガーの死の記憶がまだ新しく、X連鎖SCIDのふたりの子どもの治療に使われたベクターはすでに癌誘発遺伝子を静かに狙いうちしていた。アンバーとレイチェルが副腎白質ジストロフィーの遺伝子治療チームを集めつづけているあいだにも、X連鎖SCIDの治療を受けた最初の子どもが白血病を発症し、遺伝子治療の分野は大音響をあげて爆発したようなものだった。「一例目の白血病で大混乱になり、二例目で組み換えDNA諮問委員会は臨床試験を停止しました。それでもあのふたりは絶対にあきらめませんでした。アンバーとレイチェルは、競争と駆け引きという、科学の悪しき部分を取り除いたのです。ふたりとも頭の回転が速くて、科学者からも医師たちからも信頼されていたので、みんなの心をつかみ、チームがひとつにまとまりました」

フランスの研究者たちはすぐにでも臨床試験を開始したかったので、アンバーとレイチェルは周囲で巻き起こっている遺伝子治療論争を踏まえたうえで、たくさんの人々を説得してチームを完成させなければならなかった。アンバーは最後にセルジェネシス社のCEO、スティーヴ・シャーウィンをチームに加えた。「シャーウィンは腫瘍学に重点を置きたがっていて、何よりもかかわりたくないと思っていたのが、遺伝子治療の臨床試験で起こる有害事象でした。そこで私たちは会合を開いて話し合い、ようやく彼の会社からフランスの臨床試験にベクターを提供するという同意を得ました」と、アンバーは回想する。ベクターの提供でセルジェネシス社が負担するコストは、一〇〇万ドル以上になった。

他の遺伝子治療の臨床試験で死者が出たばかりの時期に、HIVを使用する遺伝子治療に副腎白質ジストロフィーの息子を参加させるよう家族を説得するのは並大抵のことではなく、最初の患者が参加を表明したときには二〇〇六年になっていた。さらにビジネス上の決定が邪魔をする。セルジェネシス社が別の会社に吸収されて、副腎白質ジストロフィープロジェクトは中止となり、大切なベクター研究者のヴェレスが解雇されてしまったのだ。それでもサルズマン姉妹は新しい会社を説き伏せて、なんとかしてベクターだけは作ってもらうことにした。

ＨＩＶを手なづけて遺伝子治療の道具に変えるというアイデアは一九九八年に生まれ、ソーク研究所のインダー・ヴァーマが二〇〇〇年に、ベクターとしてこのウイルスを使う方法の特許をとった。ＨＩＶのようなレンチウイルスは、他のレトロウイルスとは異なり、増殖していない細胞にも感染できるうえに、通常は症状が出るまでに何年という単位の歳月がかかる。数週間で存在をあらわにする他のウイルスとの大きな違いだ。ジム・ウィルソンは、パトリック・オブールがはじめてＨＩＶのベクターについて発表し、他のベクターに比べて細胞内に積み込める荷物が多く、遺伝子導入の効率がきわめて高い証拠を示したときには、ただただ驚いたことを覚えている。「それは誰もが夢見ていたものでした。非常に多くの細胞系統に効果があり、どんな疾患にも可能性の扉を開きます。もちろん、一般の人たちは私たちが患者にエイズを送り込もうとしていると思うのではないかという心配はありましたが、ウイルスは完膚なきまでに、その能力を奪われています。エイズを発症させることはできません」。それでも研究者たちは、このよく知られたベクターを「ＨＩＶ」とは呼ばずに「レンチウイルス」と呼ぶことが多く、メディアに話すときは特に注意する傾向がある。

副腎白質ジストロフィーの遺伝子治療ではタイミングが重要だ。効果を上げるためには、ミエリンの不足によってニューロンが元に戻せないほどひどく損傷してしまう前の、早い時期に介入する必要がある。遺伝子治療の実施が遅すぎれば、ロレンツォとオリヴァーのような状態に一生とらわれ、それが通常の寿命の年数だけ続く可能性がある。病気は進行しなくなるからだ。その治療に遺伝子治療の開発が求められるのは、幹細胞移植に限界があるからでもある。副腎白質ジストロフィーの場合、幹細胞移植では病気を食い止めるのに時間がかかりすぎる――一二か月から一八か月は必要になる。「細胞は骨髄から血液を通して脳に達しますが、脳のミクログリアが置き換わるのはゆっくりで、一定の割合まで置き換わらなければ臨床的効果は見られません」と、ワシントンの米国遺伝子細胞治療学会の会合でナタリー・カルティエは説明した。そのあいだにも損傷は広がる。また、ドナーを利用する幹細胞移植は危険性も伴い、死亡率は子どもで二〇％、成人では四〇％にもなる。「患者自身の細胞を使用する遺伝子治療を提案した理由はそこにあります」と、カルティエは付け加えた。遺伝子治療では、細胞の置き換えに必要な遺伝子の発現をコントロールするDNA配列もウイルスのなかに埋め込むことができるので、幹細胞移植よりも速く細胞の置き換えが起きる。

副腎白質ジストロフィーの臨床試験がパリのサン・ヴァンサン・ド・ポール病院ではじまったのは、ちょうどコーリーの医師たちがレーベル先天性黒内障（LCA2）の子どもたちに遺伝子治療を利用するために、組み換えDNA諮問委員会に事例を報告していたころだった。はじめての遺伝子治療はフランスで二〇〇六年九月に、また二回目は二〇〇七年一月に実施された。遺伝子導入が行なわれた時点で最初の男の子は四歳、二番目の男の子は三歳半で、どちらにも骨髄や臍帯血が適合する提供者はいなかった。このふたりが新聞の見出しに取り上げられるまでに、さらにふたりが治療を受けた。

子どもたちは治療前に比べて特に調子を悪くすることもなく、それは一九九〇年に幼いアシャンティ・デシルバが遺伝性疾患で最初の遺伝子治療を受けたときと同様だった。研究チームはまず、薬によって患者の骨髄からより多くの幹細胞を「動員」して、血液中に入るようにした。次に、血液を採取して必要な細胞の型――脳に戻ることがわかっているもの――をより分け、それらの細胞を、健康なABCD1遺伝子を組み込んだレンチウイルスに触れさせた。その治療用遺伝子にはレポーター遺伝子をつなげて、荷物を受け取った細胞にはピンク色のマークがつき、遺伝子が導入された細胞を判別できるようにしてある。

数日後、ピンク色のマークがついた細胞が必要なタンパク質を作りはじめた。修正された貴重な細胞が研究室で増殖しているあいだに、患者には化学療法の薬を投与し、病気のある骨髄を一掃して新しい骨髄が入る場所をあけた。それはドナルド・コーンがアデノシンデアミナーゼ（ＡＤＡ）欠損症の子どもたちで使用した方法だ。最後に、加工された自分自身の細胞およそ五〇〇万個が、それぞれの患者のからだに戻された。

結果はすばらしいものだった。治療から数日で視力を取り戻したコーリーのようにすぐとはいかなかったが、副腎白質ジストロフィーの遺伝子治療の効果は幹細胞移植のものより大きく、また短期間で現れた。それでも、ヨーロッパでのX連鎖ＳＣＩＤの臨床試験の経験から慎重になっていた研究チームは、何か月間も待ってから臨床試験結果を発表した。目の前で起きていることが現実かつ安全であるという確信を得たいと考えたからで、その願いは成就した。

白血病も、ＨＩＶ感染も、拒絶反応も、移植片対宿主病もなかった。そして遺伝子治療が効果を発揮しているという証拠が、あらゆるレベルで明らかになっていた。

血液検査の結果、修正された遺伝子をもつ白血球の割合が着実に増加して、そこには骨髄中の前駆細胞も含まれ、一方で血中の極長鎖脂肪酸の量は減少していることがわかった。細胞がきちんと分裂しているだけでなく、作るべきものを作っているということだった。脳スキャンの画像を見ると、ミエリンの脂質が消える症状が止まり、脳にゆっくりと新しい白質が満たされてきていた。子どもたちの様子からも、効果ははっきりしていた。最初の患者では、認知技能が向上した。ただし集中力が長続きしないため、まだ特殊教育を受けている。二番目の患者は安定していて、通常の学校に通っている。二八か月のときに治療を受けた三番目の患者の場合は、神経症状はまったくなく、認知能力も正常だ。三人はともに、生まれたときには作れなかった酵素を作れるようになった。しかも、修正されたミクログリアは約一五％だけだった。チームがそれまでに行なっていた多くの幹細胞移植では、多くの場合、八〇%の修正が必要だった。

副腎白質ジストロフィーの遺伝子治療は、かつてロレンツォのオイルで主張されていたように、まさに「病気をただちに止める」。サルズマン姉妹と研究チームは、すでに次の目標を考えている。遺伝子治療と新生児検診を組み合わせ、副腎白質ジストロフィーの赤ちゃんを最初から治療するというものだ。そのアイデアは、コーリーの病気にも、他の数多くの病気にも有効だろう。イヴ・レイピンは次のように話す。「オリヴァーの生と死の遺産は、副腎白質ジストロフィーなどの恐ろしい病気を治療するために、遺伝子治療がよりよいものになっていくことです」

遺伝子治療によって副腎白質ジストロフィーと闘っている少年たちは、ジェシー・ゲルシンガーの死の後で、そしてX連鎖SCIDの子どもたちが白血病にかかった後で治療を受けた。だがこの少年たちもまた、遺伝子治療を救う手助けをした。実際には、副腎白質ジストロフィーの治療成功を報告する論文は「サイエンス」二〇〇九年一一月六日号に掲載され、その翌日には「ランセット」誌にコーリーの臨床試験の結果を伝える論文が掲載されたので、まるで一夜のうちにブレークスルーがふたつも続いて、バイオテクノロジーが復活したような印象を与えている。

遺伝子治療は着実に進化し、コーリーに起こった奇跡のような出来事はこれからも続くことになるだろうが、この章で紹介してきた副腎白質ジストロフィーの経緯が物語るのは、親の立場に立った人々が経験することの変化だ。ナンシーとイーサン・ハースは、息子の遺伝性疾患を知って苦しみ、ショックを受け、絶望し、無力さを感じた。それでもふたりはまだ幸運だった。くさいおむつを生化学者のもとに運んで、なぜ自分の子どもたちに知的障害が起きているのかを考える必要はなかった。図書館で何時間も本を読みあさって生化学と栄養学を勉強し、息子の脳の破壊を止めるオイルを考え出す必要はなかった。子どもを救うためにもうひとりの子どもを産むという決断をせずにすんだ。コーリーの両親は、NPOを作ったり世界中を飛びまわったりして、及び腰の研究者たちに稀少疾患の治療に協力するよう説得する必要はなかった。遺伝子治療の成功が続くにつれ、これからはハース夫妻と同様の親がどんどん増えるだろう——臨床試験に簡単に参加できるようになる。

次に登場する、別のふたつの病気のために遺伝子治療を発展させようとしている家族の物語は、コーリーが今たどっている旅のスタートとゴールについての手がかりを与えてくれる。それは、遺伝子治療を開始するための最初の努力（巨大軸索神経障害）と、遺伝子治療の影響を残したままで生きること（カナバン病）だ。

第4部

遺伝子治療の前に

ママ、どうしてママは、科学の勉強にお出かけしなくちゃいけないの？

――ハンナ・セイムス、六歳

7歳のときのハンナ・セイムス。巨大軸索神経障害（GAN）と判明している子どもと若者は世界に51名いて、ハンナはそのひとり。（写真提供　ウェンディー・ジョセフ）

10 ハンナ——稀少疾患に立ち向かう少女

二〇一〇年早春の小雨の降る日、ローリ・セイムスと活発な娘ハンナはニューヨーク州レックスフォードの自宅を車で出発すると、州道五〇号線を北上してボールストンスパに向かった。並行して州間高速道路のアディロンダック・ノースウェイも走っているが、そちらはニューヨーク市から休暇でサラトガスプリングスやレイクジョージに向かう車で混雑するはずだ。わざわざ高速道路を下りて、点在する絵のように美しい町を探検しようとする観光客はほとんどいない。ローリの運転する車はハンナを乗せ、右手に牧場を見ながら走る。その向こうには、雨にけぶるバーモント州のグリーンマウンテンが遠くかすんで見える。ハンナは、ウシが見えるといいなあと思いながら窓の外をじっと眺めていた。

ボールストンスパは、時代を錯覚させる町だ。アンティークショップが立ち並ぶメインストリートの少し南にはマクドナルドの店があるが、この町で見かける現代のブランド名はそれしかない。カレブ・カー、ウィリアム・ケネディ、リチャード・ルッソなどの小説家が、この町に流れる悠久の時間をそれぞれの作品のなかで描いた。ルッソの『ノーバディーズ・フール』の舞台はノース・バスという町で、ニューヨークの都市部に住む人たちはそれがボールストンスパのことだとすぐわかる。一八七八年に書かれた歴史によれば、町の名は「低い沼地から湧き出る冷たくておいしい」天然のミネラルウォーターに由来しているそうだ。インディアンはその泉を無視してサラトガ付近の水を好んでいたのだが、一七七一年に測量士たちがここを見つけ、噂が広まった(今、かすかに硫黄のにおいがたちのぼる湧水を見るにつけ、当時なぜそれほどの評判を呼んだのかと不思議になるばかりだ。泉の近くの森にはトイレのようなにおいが漂っている)。

ボールストンスパのミルトンアベニューという大通りに並行して二ブロック続く脇道に、クリーム色にえび茶色のアクセントが美しいヴィクトリア調の小さな建物がある。道路ぎわの看板には、「リビングウェル」という大きな文字。その下に、「ヒーリングアーツセンター&スパ」の小さな文字が並ぶ。ローリはハンナを連れてここにいる自然療法医を訪問する約束があったので、私にもここに会いに来てほしいと伝えてきたのだった。一般的な医師にはハンナを助けるすべはほとんどなく、たいていはその病名を耳にしたことさえなかったから、ローリは通常医療を補足する補完療法の医師や療法士ならどんなことができるのか知りたがっていた。

短い木の階段を上ってポーチに入ると、掲示板に地元のさまざまな施設の案内やお知らせが並んでいる。この小さな町では、レイキヒーリング、ピラティス、栄養学の専門家ばかりか、「テレパシーによる動物との異種間コミュニケーション」の専門家にまで会えるらしい。いったいどんなことをするのだろうか。私のほうが約束の時間より少し早く着いたので、先になかを覗いてみることにした。人影はなかったが、このあたりではドアに鍵をかけることは少ない。

チリンチリンと音がする正面のドアを開くと、いかにもリラクゼーションスパらしい雰囲気の待合室があった。内装は優雅で、座り心地のよい椅子が並び、ほのかな花の香りが弱すぎもせず強すぎもせずという感じで漂っている。小さいテーブルの上のチラシには、東洋整体の推拿《ついな》、ピーリング、各種フェイシャルサービスが並び、乾いた肌をうるおすコラーゲン、藻類、バラ、植物泥、海藻、ハーブなどの調合物や、無機物を好む人のためのミネラルの名が見える。入口の脇にある急な階段が、診療室と、さまざまなヘルスケア用の治療室に続いているようだ。

またポーチに戻って掲示板を詳しく見ていると、何分かして、ローリの運転するミニバンが斜めに区切られた駐車スペースに滑り込んできた。ローリはハンナが車から降りるのを手伝い、ふたりはポーチにのぼる階段へと歩く。ローリは清潔感のある顔立ちに、疲れた母親の表情をにじませていた。ハンナを見てどこかおかしいと気づくまでには少し時間がかかる。愛くるしい顔にクルクル縮れた髪をもつ少女は、明るい笑顔の持ち主だ。その日はジーンズとデニム生地のジャケットに身を包み、ピンクのシャツに、縮れ毛をちょっとおさえたピンクの髪留めがよく映えていた。両脚がわずかに弓なりに曲がっているために、短い階段でもひとりでのぼるのは難しいが、外見で変わっているのはその歩き方と髪の毛だけだった。それでも、九月に学校が始まるまでには歩行器が必要になり、そのあとにはすぐ車椅子が必要になるだろうと、ローリはささやいた。

ハンナがきょうここに来たのは、頻発する胃の痛みを診てもらうためだった。体重たった一八キロと小柄ながら、食欲は旺盛で、しかも極端な偏食だという。その日の朝食は、アスパラガス、ディルのピクルス、それにコールスローだった。娘が奇妙な食べものばかり好むのは先天性の病気のせいなのか、ただの個性なのか、ローリにはわかっていない。

母娘は自然療法医のサラ・ロビスコに予約をとっていた。ハンナはその他にも、言語療法士、理学療法士、作業療法士、精神分析医、カイロプラクター、神経科医、整形外科医、胃腸科専門医、そしてもちろん小児科医の定期診療を受けている。少女の病気をよくわかっている医師は誰もいないが、それぞれがなんとか、そのときどきの症状への対応を手助けしようとしている。

こげ茶色の髪をした魅力的でエネルギッシュなロビスコ医師が階段を下りてきた。落ち着いたなかにも親しみやすさが感じられて、床に寝そべってパズルをしていたハンナの心を一瞬でとらえたようだ。それからみんなでゆっくり二階に上がり、中央に治療用らしいベッドを置いた部屋をふたつ通りすぎた奥の診療室に入る。ハンナはさっそく床にパズルを広げ、ローリと私は椅子にきちんと座った。ロビスコ医師はデスクに向かい、ノートパソコンを開く。壁にかかげられた卒業証書によれば、自然療法教育委員会が認定している米国で四つの教育機関のひとつで、四年間勉強して学位をとったようだ。私には自然療法がどんなものか見当がつかなかったが、ロビスコ医師は手短に説明してくれた。「自然療法は、からだが自分自身を治癒する力を活用します。薬と外科手術を避け、症状を治そうとするのではなく、病気の根本的な原因をとらえます」

私は遺伝学者として物ごとを考えるので、この説明を聞いてとまどった。遺伝性疾患の根本的な原因は突然変異で、そのＤＮＡの変異を治せるのは遺伝子治療だけではないのか。自然療法がとる手段——加工されていない自然食品を食べる、ビタミン、ミネラル、栄養補助食品をとる、ヨガ、瞑想、運動療法に励む——は、遺伝子の異常によって起きている症状に対処するだけではないのか。その後、国立衛生研究所の国立補完代替医療センターのウェブサイトを読み、ますます混乱した。そこには、「療法士は、症状ではなく、病気の原因を見極めて治療しようとする」とあったからだ。嚢胞性線維症の新しい薬と同じようなものではないだろうか。その薬は病気を根本から治療すると宣伝しているが、実際にはタンパク質を標的として、毎日の治療するわけで、永久に治すわけではない。言葉の意味はさておき、この分野を切り拓いたのはベネディクト・ラストだ。ドイツで自然治癒療法を受けたラストは、二〇世紀はじめにその方法を米国に持ち込み、自然療法（ナチュロパシー）と命名した。この健康を主眼とした、包括的《ホリスティック》で非侵襲的なアプローチは、三〇年にわたって広まっていったが、やがて抗生物質や通常医療の発展に押されて影響力を失っていく。今再び自然療法が脚光を浴びているのは、治療の手段としてではなく、近代医療を補完する手段としてだ。ハンナの場合もそれにあたる。

ローリが専門用語をちりばめて堰を切ったように複雑な経過を訴えているあいだ、ロビスコは熱心に聞き入り、ときおりパソコンに記録を入力したり、登場する分子の名前を検索したりしている。ローリの話は科学的な内容かと思っていると、急に母親らしいおしゃべりに変わり、年齢の水準よりはるかに高い読解力と理解力をもつハンナにわからないよう、長い単語をわざわざスペルで表現することもあって、会話はとりとめなく続く。だが医師はうまく家族の病歴へと話題を誘導して、問題の全体像を浮かびあがらせた。

ハンナは最近、小麦胚芽油、月見草油、クロフサスグリ油、ごま油、魚油と、さまざまな食用油を順番にとっていく食餌療法をはじめたとローリは説明した。それを勧めたカイロプラクターによれば、細胞膜に効くそうだ。また、「ニューロトロフィン」という栄養補助食品を細かくしてハンナの食事に振りかけているとも話した。ブタの脳をすりつぶしたものらしい。販売元のウェブサイトの解説は専門的であると同時に曖昧で、生物学者以外なら誰が読んでも正確で印象的と感じるような、奇妙な言葉をとりまぜている。それは巧妙でもあった。ブタの脳の抽出物の名前を「ニューロトロフィン」としているが、これは神経系に実際にある神経栄養因子の名前だ。頭文字を大文字にして商標記号を添えているせいで薬のように見えるが、薬ではない。「栄養補助食品」は食品医薬品局の承認がなくても販売できる。

ロビスコが検索をし、質問をし、アイデアや提案を伝えるのを聞いているうちに、この医師と私の専門分野は互いに補完し合うものであって、対立するものではないことがわかってきた。彼女はプロバイオティクスと自然食品について話し、私は遺伝子とタンパク質について話した。そうしているあいだにもローリは、タンパク質の欠損でハンナの神経細胞の軸索がどれだけ膨張するのか、娘の最近の便がどんな様子だったのか、その長さ、硬さ、色合い、においを含めた細かい解説まで加えて、途切れることなく話しつづけている。ハンナは部屋の隅に座っておとなしく本を読んでいたが、二時間が経つころになると不機嫌になってきた。物思いに沈んだ目の表情がいくらおとなびているといっても、やっぱり六歳なのだ。ロビスコは病歴について尋ねたいことがまだたくさん残っていたので、パソコンの向きを変えてやると、ハンナはすぐユーチューブでバービーを見つけて機嫌を取り直した。

それでも、子どもが見てはいけないウェブサイトが偶然開き、画面に裸の人物が現れる段に至っては、もう時間切れだ。ロビスコは最後に、自然食品を食べさせるように、胃の痛みを避けるために牛乳を与えるのをやめてみるようにと伝えて、話を切り上げた。ただし、ハンナの病気についてもっと詳しく知り、自然療法が役立つかどうかを判断できるようになるには、まだ時間がかかるだろう。

ロビスコが巨大軸索神経障害（GAN）について何も知らなかったのは無理からぬことだ。一般的な医師もほとんどが知らない。世界中で把握されている患者はたったの四五人、ハンナ・セイムスはそのうちの最年少になる。

＊　＊　＊

巨大軸索神経障害のように意味がはっきりわかる病名は、そうあるものではない。

まず神経生物学の基礎を確認しておこう。軸索というのは、ニューロン（神経細胞）の中心をなす細胞体からオタマジャクシのしっぽのように飛びだしている突起部のことだ。細胞体の反対側からは樹状突起が、その名のとおり木の枝のように広がっている。ニューロンの縦方向のかたちは、ひどくバランスの悪い人間の肘から先のように見える。樹状突起が指、細胞体が掌、軸索が腕というわけだ。細胞体がリンゴの大きさだとすれば、モジャモジャした樹状突起は一メートル以上の長さに広がり、軸索はもっとずっと長いことになる。樹状突起がメッセージを受け取り、軸索がそれを伝える。

健康な脳の白質の断面を正面から見ると、細かい点が一面に散らばっている。点は整列した軸索だ。巨大軸索神経障害の場合、点の一部がひどく膨れあがって大きな円になる。ただし、なかが空っぽというわけではない。ハンナの軸索には、ニューロフィラメントと呼ばれる麦わらのような繊維質がいっぱい詰まっている。軸索がどのようにしてそうした状態になるのかはまだ謎だが、根本に遺伝子異常があることはわかっている。

巨大軸索神経障害と見られる記述が医学文献に少しずつ登場しはじめたのは一九五〇年代で、当時は曖昧に「多発神経障害」と呼ばれていた。一九七一年になると、カリフォルニア大学サンフランシスコ校の研究者たちが巨大な軸索を発見して病名をつけ、興味深い症状に注目した。それは極端に縮れたブロンドの髪の毛だった。このときの患者は六歳で、病歴は不気味なほどハンナに似ている。ごく幼いころは順調に成長したが、三歳になるころには、近所の人たちから歩き方がおかしいのではないかと指摘されるようになっていた。両親は娘のふだんの歩き方を見慣れていたので、そのぎこちなさがもっと大きい問題を示唆しているとは思いもよらなかった。医師は「リウマチ」と診断し、何週間かアスピリンを飲むよう指示した。それが効かなければ、筋ジストロフィーの検査をはじめるつもりだった。

少女はだんだんに衰弱し、その六か月後には両脚がぐらつくようになった。足は不自然に外を向いた。からだを揺らして歩くようになり、ものをつかめなくなった。言葉がわずかに不明瞭になったものの、まだ学校には元気に通っていた。やがて椅子から立ち上がることができなくなった。それは筋ジストロフィーの兆候だったが、五歳のときの筋肉の生体検査では、筋肉の構造に異常はなかった。しかも、家族の病歴に筋肉にかかわるものはひとつもなかった。

その少女がサンフランシスコの医師のもとにやってきたころには、脚がさらに斜めになり、仕方なく足の縁を使って歩いていた。腕も脚も弱り、やせ細っていたが、筋萎縮性側索硬化症（ALS、ルー・ゲーリッグ病とも呼ばれる）のように筋繊維がピクピク動き、皮膚の下でヘビがくねくね動いているように見えることはなかった。足指を動かしたり足を曲げたりすることはもうできなくなっていて、手指も動かしにくくなりはじめていた。すでに感覚は消えていた。縮れ毛を顕微鏡で見ると、メンケス病などの他の遺伝性疾患のようならせん状の縮れとは異なっていた。

患者の病名が何であれ、それまでに記述のないものであることは確かだった。医師たちは、検査のために少女の足首に近い場所から神経組織を少しだけ取って拡大してみたとき、その断面がスイスチーズに似ているのを見て衝撃を受ける。さまざまな大きさの軸索があり、その一部は「巨大な面積」にまで膨れていたのだ。研究者たちは、ニューロフィラメントの「異常に大きい渦巻」と「きつく編み込まれたような……平行した束」が、細胞の他の部分を脇に押しつぶしていると記述した。その結果、その子どもの四肢の筋肉は、収縮する信号を受け取らなくなっていた。

その三年後には、別のグループの研究者によるもうひとつの症例が医学文献に登場し、「両親の髪と似ていない、薄い色の、きつい縮れ毛をもつ患者」には巨大軸索神経障害を疑うようにと医師たちに勧めた。その後、一九八七年までにさらに報告された症例は二〇にすぎない。その年、バーモント大学の研究者たちが、最初の報告例の六歳の少女やハンナよりも重症の一二歳の少女について記述している。ハイハイのときにすでに問題があり、二歳になってやっと歩きはじめると、三歳まではものにぶつかってばかりいた。それと同時に心臓疾患、脊柱側彎、失禁、性早熟症、眼球が左右に動くという問題もあった。一九九八年になって、神経科医がふたりの発症した子どもをもつ家族について報告すると、遺伝性疾患であることがはっきりした。それまでに確認された二四人の患者がすべて子どもだという事実はその前兆だったといえる。ただし医学文献には、遺伝性疾患の巨大軸索神経障害に似た症状を示す成人がいるが、その家族には他に症例がないという報告も混じっていた。その場合、原因は化学物質にあるらしい。これまでにわかっている環境誘発による巨大軸索神経障害は、有機溶剤を吸った「シンナー中毒による神経障害」と製靴業界のアクリルアミドが原因になった「皮革接着剤中毒」の二例だけだ。

二〇〇〇年までには、ヨーロッパの数か国の研究者から成るチームが、巨大軸索神経障害の子どもたちに共通するDNA配列を探せるだけの数の患者家族を見つけだした。研究者たちが利用したのは、最初の遺伝子地図が作られた一九八四年ごろから用いられている遺伝学の標準的な実験方法で、発症している患者のDNA配列を、発症していないきょうだいなどの健康な人のDNA配列と詳細に比較するものだ。それによって、病気の子どもたちだけに見られる変異を探す。次のステップは、特定されたタンパク質の機能が合理的に症状を説明できるかどうかの判断になる。この段階になると、より多くの実験や、幸運あるいは独創的な発想が必要になるだろう。巨大軸索神経障害の場合、こうした遺伝子探しによって一六番染色体のあるDNA配列が突き止められた。そのDNA配列は細胞に対し、ギガキソニンという派手な名前をつけられたタンパク質を作る命令を出している。ハンナの場合、ふたつの一六番染色体のそれぞれで、その遺伝子の一部が欠けている。一方のコピーはローリから、もう一方は父親のマットから受け継いだものだ。正常であれば、ハンナのギガキソニンは運動ニューロンのタンパク質繊維を整然とした状態に保ち、細胞は脊髄から爪先まできちんとメッセージを伝えられたはずだ。だがハンナの運動ニューロンの一部は膨れあがり、混乱していた。

＊　＊　＊

ハンナの両脚に達している三〇センチもの長さの神経繊維には混乱が広がっていた。問題は、あらゆる細胞を独自の形態に保つ骨組にある。細胞骨格は、文字どおり細胞の「骨格」となる繊維状の構造で、建物にたとえれば「梁」にあたる繊維には三つの種類がある。そのうち一番太いものと一番細いものはそれぞれ一種類のタンパク質でできているが、まんなかの大きさの中間径フィラメントと呼ばれるものは、細胞の種類によっていくつかの異なるタンパク質で構成されている。中間径フィラメントはニューロンにも髪にもあって、それぞれ異なる材料を使っており、髪は爪、角、蹄の場合の材料と同じだ。ハンナの中間径フィラメントはひどく乱れている。幼いころはその影響で髪の毛が縮れるだけだった。けれども今ではニューロンだけに存在する中間径フィラメントであるニューロフィラメントが軸索に異常に蓄積し、筋肉と連絡をとる能力をゆっくりと奪いはじめている。

軸索はしっぽのように見えるが、おたまじゃくしのしっぽのようにピクピク振れてニューロンを動かしているわけではない。軸索は電気信号を伝えるほか、神経伝達物質の分子を、それが作られる細胞体から細胞の反対の端にある軸索の先端まで運ぶ役割を果たしている。その分子は軸索末端から、そのニューロンと別のニューロンまたは筋細胞との間にあるわずかな隙間（シナプス）に向けて放出される。神経伝達物質は隙間の向こう側にある「シナプス後細胞」に結合し、電位の変化を起こしてメッセージを伝える。このような神経伝達は非常に複雑なもので、多くの病気でうまくいかなくなる。

神経科学者のアンソニー・ブラウン博士は、オハイオ州立大学の分子神経生物学センターで正常なニューロフィラメントの研究を率い、筋委縮性側索硬化症や巨大軸索神経障害などの病気ではどこが悪いのかを見極めようとしている。博士は健康な軸索について次のように説明する。「軸索のなかでは、あらゆるものが動いています。何千個もの荷物を運ぶ大規模な幹線道路のようなものですが、荷物はそれぞれ違う速さで進み、異なる原動力によって動かされ、異なる方法で調整されています。荷物のなかには宛先が決まっているものがあります。軸索末端に向けて運ばれ、筋細胞や別のニューロンにメッセージを届けるような荷物です。その他の荷物はもっとゆっくり、断続的に動いて、特定の宛先はなく、ただ物質を補充しているだけです。ニューロフィラメントはおそらく、そちらの種類でしょう。この複雑な幹線道路は、とても傷つきやすいものです。荷物を運ぶ勢いに狂いが生じれば、時間の経過とともに渋滞が起こります」

ハンナのニューロフィラメントはひどく混乱していて、数も多すぎるし、大きさも大きすぎる。治療法を見つけるにはまず、異常なギガキソニンタンパク質が運動ニューロンの軸索にどのような影響を与え、症状を引き起こしているかを理解しなければならない。ここで「動物モデル」の出番となり、自然に人間と同じ病気にかかる種や、一定のヒト遺伝子を導入して同じ病気にかかるよう人為的に変えた種が使われる。巨大軸索神経障害（GAN）マウスは、巨大軸索神経障害の子どものどこが悪いのかを究明する研究者を助けている。これらのマウスは子どもたちほど具合が悪くはないが、その軸索は正常とはほど遠い。

GANマウスを作ってきた研究グループは世界に三つあり、スタンフォード大学の医師、ヤンミン・ヤン博士は、そのひとつを率いている。研究者たちは等しい遺伝子をもつマウスを作るところからはじめ、その一部でGAN遺伝子を取り除く、つまり「ノックアウト」する作業を行なった。ヤンが操作したマウスは、ハンナと同じようにギガキソニン遺伝子が不足して、うまく動けなくなる。これらのマウスが六か月から八か月まで育つころには、いっしょに生まれた健康なきょうだいたちのように活発に運動しなくなり、歩き方の変化がかすかにわかる。それから徐々にうしろ脚が斜めになっていくとともに衰弱し、痙攣や発作を起こすこともある。また、GANマウスの毛は赤くて縮れ、毛が曲がって禿げた部分ができ、ひげは生えず、尻を引きずるようになる。一歳になるまでには筋肉の衰えと体重の減少はさらに進み、ケージのなかをよろめくように動きまわる。それでもほとんどは一二か月まで生存し、人間の年齢に換算するとだいたい六〇代まで生きるのに等しい。顕微鏡では、病のマウスのニューロンに巨大な軸索が見える。巨大軸索神経障害にかかっている人間のものより数は少ないが、巨大化した軸索にはニューロフィラメントがぎっしりで、詰まった場所には小さい泡が集まっている。

病気がどのように発症するかを理解するには、原因となっている遺伝子が正常であれば、影響を受ける細胞にふつうは何をしているかを理解する必要がある。そのためにヤン博士は、健康なマウスの脳細胞にある正常なギガキソニンタンパク質を詳しく調べた。すると一方の端がプロペラ状になって、別のタイプのタンパク質に触れることがわかった。触れられたタンパク質はニューロンをコントロールして、タンパク質の残骸の蓄積量が正常になるようにする。健康なギガキソニンは、残骸をコントロールするタンパク質のレベルを調整して、細胞の骨組のしなやかな構造を維持しているわけだ。ギガキソニンがないと細胞内のタンパク質の残骸処理をコントロールできなくなり、骨組が大きくなりすぎて軸索を膨張させてしまう（ローリがこの発見のことを自然療法医のロビスコ医師に話すと、医師は、残骸処理タンパク質に影響を与えるかもしれない栄養補助食品を検索していた。この医師は、「病気の原因」を知ると、たとえそれが遺伝子の欠落であっても、対照集団のあるきちんとした臨床試験の結論ではなく、経験から割りだした推測に従って栄養補助食品を推奨するだけだ）。

GANマウスは、ある理由から、巨大軸索神経障害にかかった人間よりも楽だろう――マウスは四本脚に体重を分散できるが、人間の場合は二本の脚に大きな負担がかかって、症状が重くなる可能性がある。ただしヤンのGANマウスは、ほぼ通常の寿命を生きられたといううれしいニュースを伝えている。子どもたちもそうだろうか？

＊　＊　＊

二〇〇四年三月五日、ローリとマットが生まれたばかりの娘ハンナのクリクリの巻き毛を目にしたとき、喜びのなかにもとまどいを感じた。上の娘たち、五歳のマディソンと二歳のレーガンの髪は、ローリとマットと同じようにまっすぐだったからだ。出産直後のしっとりした水分がすっかり乾くと、ハンナの縮れ毛はますます風変わりで、妙に重苦しく、まるでリンスの広告の「使用前」の写真のようだった。

それから長いこと、ハンナはふつうに成長しているように見えた。にっこり笑い、おすわりをし、ハイハイをはじめ、期待どおりの時期にひとりで立ち上がった。どこかおかしいという最初の兆候は、それほど気がかりなものではなかった。祖母のジュディーが、この孫娘の足取りがたどたどしく、ためらいがちなことに気づいただけだ。それでも、ハイハイから歩きはじめたばかりで不安なのかもしれないと思い直した。ところが、だんだんに自信をもってなめらかに歩くだろうという期待に反し、脚の力が萎えていくにつれ、少しずつ、さらにぎこちなく歩くようになっていった。娘を整形外科医と足治療医に連れていったローリは、医師たちから別条はないと言われて安心していた。だがそのころすでに、ハンナの脚にあるニューロンの長い軸索にはタンパク質の毛羽立った繊維質が埋められて、神経から筋肉に電気信号が伝わるのが阻害されはじめていた。

ハンナは歌とダンスが大好きな愛らしい女の子に成長し、バービー人形の服をあきずに着せ替え、姉たちと戸外で遊んだ。「ほんとうに輝いていました」と、母親は語る。だがハンナが三歳の誕生日を迎えるころになると、ローリとマットは何か深刻な問題があるのではないかと疑いはじめた。ふつうに歩くことができず、いつもふらふらと不安定で、膝から下が外に湾曲していた。かかりつけの小児科医は綿密な健康診断をし、歩き方はたしかにおかしいと同意したが、前に診たふたりの医師と同様、不安がる両親に「ハンナ独特の歩き方なだけですよ」と言った。大きくなれば自然に治るだろうと。納得できないローリが別の整形外科医にハンナを連れていくと、やっぱり「好きなようにさせておくのが一番でしょう」、大丈夫ですよ、と言って返された。無言の診断は「ヘリコプターマザー症候群」、つまり過保護ということだ。

ローリとマットはそれでも、どこかが悪いに違いないと思いつづけていた。一日二四時間、一年三六五日、子どもを見つづけている親だけにわかることだった。やがて転機が訪れる。「ハンナが歩いている姿を撮った携帯電話の動画を、私の妹が同僚の理学療法士に見せたところ、その歩き方は筋ジストロフィーの子どもに似ていると言われました」と、ローリは説明する。筋ジストロフィーは遺伝性の筋疾患なので、かかりつけの小児科はハンナを神経科医と遺伝の専門医に紹介した。それから半年にわたってさまざまな神経疾患と筋疾患の検査が続けられたが、結果はすべて正常だった。

それでも、ハンナはとうてい正常には見えなかった。

ローリは、幼い娘がほんとうはどんな病気かを知った瞬間を、けっして忘れることはないだろう。正解をもたらしたのはDNAの検査でも、医療用スキャナーの画像でもなく、明敏なひとりの小児神経科医だった。「その医師は分厚い教科書を持ってきて、痩せて、縮れ毛で、額の広い小さな男の子の写真を私たちに見せました。その子は膝から下に装具をつけていました――まさに、ハンナそのままの姿で――その子は巨大軸索神経障害でした」

重い病気の子をもつ親は、診断が下された日付を、たいていの人が誕生日や命日を覚えているのと同じように記憶している。ハンナ・セイムスは二〇〇八年三月二四日に診断された。一家はその翌日、診断を確認する三日間の検査と診察を受けるために、ニューヨーク市の小児病院に向かった。歩き方を見るといった内容よりずっと厳密な、生体組織検査や脊椎穿刺を含む検査の結果、分厚い教科書を見せた神経科医が正しいことが証明された。

夫妻は帰宅してから遺伝カウンセラーに会った。ほんとうの絶望に打ちのめされたのは、そのときだった。遺伝カウンセラーは健康管理の専門家で、遺伝性疾患がどのように発生するかについて、細々《こまごま》した分子の話から全体図までを説明する。ローリはどこか遠くを見るような目をしながらそのときの説明を思いだし、はじめて知ったことを重苦しく繰り返した。

「マットも私も巨大軸索神経障害の保因者で、私たちがハンナに病気を渡してしまったのです。上のふたりの娘は、三分の二の確率で保因者です。巨大軸索神経障害は稀にしか見られない『遺伝的な稀少疾患』で、薬も治療法もなければ、臨床試験も、研究さえ行なわれていないというのです」

「それなら、私たちはもう死を待つしかないということでしょうか」と、ローリは遺伝カウンセラーに尋ねたことを反復する。

「そのとおりです」と、カウンセラーは静かに答えた。

病気はゆっくり進行するだろうと、彼女は続けた。ハンナの脚は少しずつ衰弱していく。一年生になるころには足首の装具の他に歩行器も必要になり、まもなく車椅子を使わなければならなくなる。視覚と聴覚も失うかもしれず、最後には寝たきりになる。

マットとローリはそれから数日間、魂が抜けてしまったかのように、ただウロウロと歩きまわるばかりだった。だがそれから、何もかも投げだして「ストップＡＬＤ」を設立したサルズマン姉妹のように、ロレンツォのオイルを生みだしたミケーラとオーグスト・オドーネ夫妻のように、セイムス夫妻もまた活動家に変身し、資金調達を開始するとともにアマチュア科学者になっていく。一家が立ち向かう巨大軸索神経障害という病気には、マイケル・Ｊ・フォックスも、クリストファー・リーヴも、偶然に映画制作者の注目を引いたロレンツォのような存在もいない。患者数わずか数十人の病気の治療に関心を示す製薬会社などあるだろうか？　マットとローリには、サルズマン姉妹のような学者やバイオテクノロジー、製薬会社とのつながりもなかった。コーリーやアシャンティのようにすでに効果を発揮しつつある遺伝子治療もなかった。マットとローリは、謎に包まれた病気に、自分たちだけで、しかもゼロから立ち向かわなければならなかった。

11　ローリ——勇敢な母親

二〇一〇年九月のさわやかな日曜の朝、七〇〇人以上の人々がニューヨーク州オールバニー北部にある郊外の通りに集まっていた。閑静な住宅地のあいだを縫って曲線を描く道路の両側には立派な邸宅が立ち並び、落ち葉ひとつ見えないほど美しく整備された緑地が続く。家々の前の私道に華やかなメッセージボードが置かれて、カラフルなチョークで「ゴー、ハンナ、最高！」の文字が躍る。手入れの行き届いた芝生には二〇メートルほどの間隔を置いてピンクの「ハンナの応援団」の看板が立ち、それぞれに子どもの名前が入っている。

これからはじまる五キロの「慈善ラン」は、「ハンナの希望基金」の募金活動の一環として企画された。ローリとマット・セイムスは娘のハンナが巨大軸索神経障害（GAN）と診断されてからほとんど時間をおくことなく、その名を冠してこのNPOを立ち上げた。レース前の会場は、チームごとのまとまりがありそうに見えても騒々しい。小児歯科医院、地元のサンドイッチショップ、法律事務所と、少人数のグループのランナーはおそろいのTシャツを着てあちこちに集合し、近くの中学校の生徒たちは人数であたりを圧倒する。幼い子どもたちは、大きなハムスターボールなどで遊べる順番を辛抱強く待っている。ブルース・スプリングスティーンの『ボーン・トゥー・ラン』が朝の空気を震わすなか、菊の鉢植えや籠いっぱいに盛られたリンゴが、アディロンダックの山裾の丘陵地帯に広がるこの地域に秋の訪れを伝えていた。

私は周囲を見わたしながら、ハンナとその家族に対するあふれるような愛に心を打たれていた。これまで誰も聞いたことがないような病気の治療法を探るために臨床試験を計画して実現するには、過酷で疲れる資金集めが避けて通れない――コーリーの両親は経験せずにすんだものだ。

受付テントの前の芝生で、縮れた赤毛の小さな女の子がピンクのTシャツに番号1のゼッケンをつけ、いとこが飼っているヨークシャテリアのステラをピンクの乳母車に乗せて押していた。地元テレビ局のカメラマンがしゃがみこんで、少女を撮影している。乳母車が歩行器の代わりになっていることには気づいていないらしい。チャンネル6のWRBGスケネクタディ放送局は、遺伝子治療をはじめ、さまざまな治療を受けるハンナの一部始終を追っている。

スタートの時刻が近づくと、一家はハンナがいる芝生に勢ぞろいし、群衆はそれぞれの走る力に応じて自然にスタートラインに並んだ。マットがハンナを肩車し、ローリは旗を握っている。ハンナの姉のレーガンとマディソンは父親の前に立ち、全員でランナーに向かって手を振る。ポニーテールにジーンズ姿のローリはマイクを手にすると、何度かありがとうの言葉を繰り返してから、いつものようにすぐ用件に移った。「医学的な最新情報をお知らせします。これから八週間以内に治療効果についての評価項目がわかるはずです。ですから来年のこのレースでは、あと二か月か四か月のうちに治療を受ける予定だとお伝えできるでしょう。ここまで来られたのは、みなさんのおかげです！」最後の言葉に、いっそう力がこもる。

マディソンとレーガンが、母親そっくりな表情でアメリカ国歌をやさしく歌い、頭上からハンナも歌に加わろうとがんばった。次に、司会役を買って出たハンナの叔母がマイクを受け取り、「では、リトル・

ミス・ハンナがスタートの合図をします」と言って主賓にマイクを手渡すと、ハンナが「位置について、よーい」と甲高い声で叫び、「ドン！」の声はスタート用ホーンの音でかき消された。ランナーたちはいっせいに走り出した。

夏も終わろうとする週末、あちこちでさまざまな行事が催されていることを考えれば、近隣の短いコースを走るためだけに日曜の早朝から七〇〇人もの人々を集めるのは、まさに離れ業だ。しかし、ちょうど三週間前に起きたことに比べると、それもたいしたこととは思えなくなる。

＊　＊　＊

「巨大軸索神経障害のためのハンナの希望基金」は自宅の地下室で発足した。それにはふたりの仕事上の経験が役立っている。ローリはかつて、医療機関にコンピューターのソフトウェアを導入するプロジェクトでリーダーを務めたことがあった。マットはペットロッジを経営し、ペットホテル、ペットシッティング、イヌのデイケア、ネコのキャンプなどのサービスを扱っている。診断が下されると、ふたりはすぐ仕事に取りかかった。

手始めは、巨大軸索神経障害の手当てや治療の方法を探すことに関心を示す科学者のチームを作ることだった。夫妻はそれを、募金活動のために主催した会議で実現することになる。「地下室は、まるで地下牢でした。使ったのは、古いデスクトップコンピューターと何本ものマーカーペン、それに大型のホワイトボードです。ホワイトボードとは呼ばずに、作戦ボードと呼んでいましたけれど。マットは目で見ることを大切にする人なので、コンピューターでいろいろなものを探しだすと、作戦ボードに名前や数字を並べました」と、ローリは当時を回想する。

まもなく、オンラインの検索からジュード・サマルスキーにたどりつく。ノースカロライナ大学チャペルヒル校の遺伝子治療センター長で、米国遺伝子細胞治療学会の二〇一一年度の会長を務めた人物だ。ローリは次のように話してくれた。「ボイスメールを残しておいたら、すぐ会合に出席しているヨーロッパから折り返し電話がきました。彼は筋ジストロフィーに重点を置いていたのですが、興味を示しそうな若い研究者がいるということでした。それで、巨大軸索神経障害についてもっとよく知るための私たちのシンポジウムにその研究者を派遣して、役に立てそうかどうかを判断してくれることになったのです」。ノースカロライナ大学のグループはベクターとして、コーリーの治療に使われることになるアデノ随伴ウイルスの利用を試みており、サマルスキーの念頭にあった研究者は、博士になりたてのスティーヴ・グレイだった。当時三〇歳を過ぎたばかりのグレイは、今もまだ少年のように見えるので、ローリは一九九〇年代のテレビドラマで人気の主人公だった一六歳の医師の名をとって、ドギー・ハウザーと呼んでいる。ビールを注文すると身分証明書の提示を求められるのが常だ。

科学者のドリームチームを集めているあいだに、ローリとマットは上のふたりの娘にどう話すかを決める必要があった。八歳になっていた長女のマディソンは、何かが起きていると感づいていた。両親が朝から晩まで電話にかじりつき、それ以外の時間はコンピューターに向かっているのはなぜ？　どうして夜になっても寝ないの？　いつも地下室にいて、ホワイトボードに走り書きしながら殺気立っているのは、何かあったから？

夫妻は、ローリの妹の助けを借りて立ち上げたウェブサイトで、ハンナの将来を涙ながらに説明したビデオを公開していた。「マディソンが学校で、ビデオを見た子どもたちから、きみのママは泣いてるよ！と言われたそうです。私は、ハンナがもっとよく歩けるよう助けてもらうために、お医者さまに払うお金が必要なのだと娘に話してきかせました」と、ローリは語る。その数週間後、サラトガでの父娘の募金活動の場に行ってみると、今度は次女のレーガンがベンチにうずくまって泣いていた。「ハンナは死んじゃうの?」と、幼い娘は尋ねた。親友がビデオを見たのだった。

ローリとマットはふたりの娘にどう伝えるかで長々と話し合い、避けられない会話をできるかぎり先延ばしにして、姉たちがそのときどきに妹の不自由な歩き方だけをわかってくれればいいと願っていたのだ。嘘はつきたくなかったけれど、六歳と八歳に、恐ろしい現実のすべてを話してきかせることもできなかった。だが同時に、人々に広く知ってもらい、募金を成功させるには、情報をきちんと伝える必要があった。そして誰でも自由に見られるウェブサイトを利用する以上、もう娘たちに事実を隠しておくのは無理だった。「だからレーガンには、ハンナは死ぬかもしれないけれど、死なないかもしれないと話しました。そのことばかり考えるより、ハンナがもっと上手に歩けるように助けてあげるほうがいいわねと」。思いだすだけでローリの目には涙があふれてくる。夫妻はふたりの娘に、ハンナはみんなが自分に注目しているとは気づいていなくて、わかっているのは自分がうまく歩けないことだけだと話した。

医学書を読みあさり、病気をテーマにした会議を開催し、三人の子どもを育てながらペットを預かる仕事をするだけではまだ物足りないかのように、セイムス夫妻は募金活動にも身を投じた。臨床試験の実施とそこにこぎつけるまでの過程で、どれだけの資金が必要かを試算したふたりの前に、数百万ドルという現実が立ちはだかった。動物をモデルにした前臨床研究への資金提供からはじめ、遺伝子治療にするか幹細胞治療にするかなどの治療方法を決めて、実験をしてくれる研究者を選ぶ。もし政府の助成金などが得られなければその後の研究にも資金を出し、臨床試験の実施計画書の作成を手伝う。こうした道のりを経て、ようやく患者家族に子どもを臨床試験に参加させるよう呼びかけられるとしても、それが役立つ保証などまったくなく、害を及ぼす可能性さえある。目の前に続く道は、遠く、果てしないもののように思えた。そこでハンナの希望基金は、高名な文化人類学者マーガレット・ミードの言葉を借用することにした。

「少数の思慮深く献身的な市民が世界を変えられることを疑ってはいけない。まさに、それは今まで起こってきたことなのだ」

それからは募金のためにありとあらゆることをやった——バーベキュー、ゴルフトーナメント、ダンスパーティー、オークション、ホッケー大会、ダンスマラソン、旅行を賞品にしたくじ。ハンナのイラストをシンボルマークとしてあしらったTシャツ、カード、パーカーも販売した。ローリとマットは聞いてくれる人さえいれば、いつでもどこでもハンナと巨大軸索神経障害についてしゃべった。ニューヨークの首都圏に暮らしていて、ハンナのこと、ハンナの物語を聞かずに過ごせた人は、皆無に等しかっただろう。

私がはじめて知ったのは診断後まもなくのころで、スケネクタディの地元紙「デイリーガゼット」の一面記事で読んだ。その後、ハンナの巨大で詰まってしまった軸索のことを、私の遺伝学の教科書にも載せている。地方新聞でコーリーの件を知ったとき、やはり教科書に書いたのと同じだ。それでもリトル・ミス・ハンナに会ったのは、二〇一〇年一月の穏やかな土曜の午後がはじめてだった。その日、地域の会場でハンナのためのロックコンサートが開かれることになっていて、開演を前に、彼女は私の隣の高いスツールにちょこんと腰かけていた。

前日には有名人が勢ぞろいしたハイチ地震救援コンサートがテレビで放映され、寄付した人も多かったに違いないが、会場は満員だった。ハンナは私にイヌのジンジャーの話をしてくれたので、私はハンナにうちのネコはいびきをかくと話した。「ネコがいびき?」と、ハンナはクスクス笑った。彼女が笑いながら頭を揺らしても、ごわごわした巻き毛は不自然にそのままの形を保つ。それは巨大軸索神経障害のごく些細な特長のひとつで、髪の毛の太さが一様ではないために、突然変異で神経軸索のなめらかさが乱れているのと同じように髪のつややかさも乱れ、カールがこわばっていたのだ。髪の一部をふたつの小さなポニーテールにまとめ、いたずらっぽく笑うハンナは、まるで小さな妖精のようだった。演奏がはじまると両手で耳をふさぎ、しかめ面をしたが、幸運を祈ってかわるがわるやってくる人たちから抱きしめられ、曲のビートに合わせて部屋じゅうを連れてまわられると、笑顔になり、声をたてて笑った。

空席になったスツールにローリがやってきて、鳴り響くロックの音に負けないような声で叫ぶように話しはじめた。私は教科書の準備でローリにインタビューしたことがあったので、その独特の話し方をよく知っている。熱をこめ、早口で、母親らしいおしゃべりからウイルスの細かい説明へとめまぐるしく話題を変えていく。いつかはそのウイルスが、治療用の遺伝子をハンナと八人の子どもたちの脊髄に運び込んでくれるはずだと熱弁をふるう。ただしその前に動物実験が必要だ。その日のローリは、エモリー大学で農場のブタにウイルスを投与する実験が行なわれることと、ハンナの希望基金による募金額がすでに一二〇万ドルを超えたことに、胸を躍らせていた。「私たちは奇跡を起こしているのよ!」それでもローリとマットは、動物を使った試験から臨床試験に進むには、特にジェシー・ゲルシンガーと同じくそれほど重篤ではない子どもを対象に試験を実施するには、まだ何百万ドルもの資金が必要になることを知っていた。

*　*　*

ハンナの希望基金が遺伝子治療の実現へと突き進むことができたのは、ペプシ・リフレッシュプロジェクトという募金キャンペーンのおかげだった。ペプシ社は、資金を提供するに値するプロジェクトに、毎月一三〇万ドルを提供するキャンペーンを実施していた。多数の応募のなかからどのプロジェクトが資金を受け取れるかは一般投票で決定し、誰でも一日三回まで、携帯メールやオンラインで投票することができた。応募者のアイデアはさまざまだったが、病気、特に子どもの病気が大きな関心を集め、その他には貧困と闘うプログラムや自然災害の被災者を救うプログラムが好まれた。ペットを中心にしたプロジェクトも多く、オウムの救護施設の建設、イヌのための食糧配給所の開設、古くなった犬舎の建て替えなどがリストに並んだ。五千ドル、二万五千ドル、五万ドルの資金は毎月それぞれ一〇のプロジェクトに与えられるが、二五万ドルを獲得できるプロジェクトはふたつだけになる。ローリ・セイムスはちまちました考え方はできない性格で、ハンナの希望基金は迷わず最大の助成金獲得を目指すことになった。

投票は八月一日にはじまった。その日、二五万ドルを目指した非営利組織は一二二四にのぼり、一日目が終わった時点でハンナの希望基金は四〇〇番代にとどまった。ところが、ローリ、マット、その娘たちが、それまでに会ったことのある人やまったく知らない大勢の人たちに向かって一日三回の投票を呼びかけだすと、順位が着実に上がりはじめた。米国内に住む他の九つの巨大軸索神経障害患者の家族もこれにならい、投票者はまたたくまに増えていく。八月中旬までに順位は一〇位、九位、八位と伸びていき、ときには一日にふたつか三つ上昇することもあった。地元のメディアもこの経緯を追った。ローリは近くのサラトガ競馬場に日参し、裕福そうな人からゴミ箱のまわりでビールを飲んでいる男たちまで、何百人という見知らぬ人に声をかけてはハンナの希望基金への投票を頼んでまわった。

八月の三週目には、しばらくとどまっていた五位から四位に上昇したものの、また五位に戻ってしまう。これを見たローリはさらに奮起した。

八月最終週の競争はすさまじいものになった。ハンナの希望基金は三位までこぎつけていた。ずっと一位の座を守っていたのは「国際レット症候群基金」だ。ジュリア・ロバーツが映画『食べて、祈って、恋をして』の公開に合わせてスポークスパーソンになっていたから、ハンナに勝ち目はなさそうだった。二位のプロジェクトは「若年性皮膚筋炎の治療」で、これらふたつはいかにも強敵だったが、ローリとマット、その支持者たちはひるまなかった。

残すところ二日となったとき、まるで奇跡が起こったかのように、ハンナは一位に躍り出る。最終日の朝一〇時四五分に、ローリはペプシ・リフレッシュプロジェクトのウェブサイトをチェックした。ハンナはまだ強かったが、ローリが気を緩めることはなかった。気温三五度を超える炎天下、友人たちと原子力発電所近くの路上に立ち、午後三時半に勤務交代を終えて出てくる車を止めては投票を頼んだ。車の数が減ると、四〇〇メートルほど離れたゼネラルエレクトリック社のグローバル研究センターまで歩いた。この研究所の終業時間は五時だった。

五時半、ペプシプロジェクトの少額の助成金獲得を目指していた別の団体の友人が、ローリに電話をかけてきた。その団体は七位から九位に落ちたところで、一瞬で形勢が逆転することもあるから、油断しないようにと注意してくれたのだ。まだ一位だったが、ローリはうろたえ、夢中になって友人や知人にメールを送りつづけた。

八月三一日の午後九時半、ハンナの希望基金は二位から三位に落ちた。もうとっくに一日三回までのルールなど忘れ、みんながひっきりなしに投票しても効果がなかった。その後ローリは、下落したのはその日の終わりになって動きだした西海岸からの他の慈善事業への支援のせいだと気づいた。特に動物虐待防止協会の、老朽化した犬舎を改善するプロジェクトがハンナを追い落とす勢いを得ていた（ペットの世話を家業にしていることを思えば、これはなんとも皮肉な話だった）。

「もうドキドキでした。そこでマットに電話を入れ、知り合いの知り合いというつてでオールバニーの大学で事務長をしている人にお願いし、学生に戸別訪問にまわってもらうよう手配しました。私はいくつものスーパーマーケットを駆けまわり、映画館から出てくる人たちにも話しかけました。保安官の車が停まっているのを見つけ、無線で呼びかけてほしいとお願いしました。地元の警官にも、州の警官にも、同じことを頼みました。ジョージア州の巨大軸索神経障害患者の家族は、トラックの運転手たちの無線連絡網を動員しました」。ローリはその翌日、テレビのインタビューの合間に息せききって電話でそう報告してくれた。

そのあいだ、地元のテレビ局はどこも特別番組で状況を伝え、画面の一番下に視聴者に投票を促す字幕を流しつづける。コーリーとその両親も、近くのハードリーの自宅で何度となく投票を繰り返した。オールバニー、スケネクタディ、トロイ、サラトガの町では、短時間のあいだに携帯メールとオンラインの投票が殺到したために、ペプシのサーバーがついにダウンしてしまった。ただし、そんなことは誰も知らない。私たちがテレビの画面で確認できたのは、二〇一〇年八月三一日が終わりを告げて、その瞬間にリトル・ミス・ハンナは三位にとどまったことだけだ。私は真夜中に涙を流し、ようやく眠りにつくと、夢に登場したのは接戦を繰り広げた二〇〇四年のブッシュとゴアの大統領選だった。ローリとマットがどんな思いでいるのか想像もつかなかった。ところが、あとでわかったことだが、ローリは希望を捨ててなどいなかったらしい。

「最終日の夜、睡眠薬を飲んでベッドに横になったら、胸がちょっとだけキュッと締めつけられる感じがしたんです。それで、目が覚めたらよいニュースがあるに違いないと思いました。携帯メールはリアルタイムではカウントされず、たまっていることは知っていました。朝六時一六分に目が覚めて、コンピューターの画面を見にいき、右隅の『ファイナリスト』に目をやりました」

混乱はまだ数時間続くことになる。ウェブサイトではハンナの希望基金の横に3という数字が居座っていたのに、上院議員のカースティン・ギルブランドのオフィスから、ハンナが勝利したという電話がマットにかかってきたのだ。ギルブランド議員は、元の選挙区がハンナの住む地域だった縁でペプシに確認していた。マットはそのとき、ハンナの名を冠したレースが終わったばかりのサラトガ競馬場で、子どもたちといっしょに勝ち馬表彰式場にいた。ローリのもとにペプシから連絡が届いたのは、それとほぼ同じ、午後三時半だった。

巨大軸索神経障害の遺伝子治療を計画する予定のスティーヴ・グレイにとって、この勝利はほろ苦いものだった。グレイはレット症候群にもかかわってきたからだ。それは自閉症、知的障害、呼吸障害、ときには早期の死亡を引き起こすこともある病気で、男の子の場合は出生前に致命的となるため、女の子だけに発症する。そこでグレイはブログにこう書いた。「国際レット症候群基金の援助による私の研究の一部が、巨大軸索神経障害治療の研究を進めるうえで難しい問題を解決するのに役立ってきました。ハンナの希望基金の勝利を祝福する一方で、レット症候群基金も資金を獲得できなかったことを悲しく思いました。みなさんの熱意があと一か月続くならば、どうかレット症候群への支援をお願いします」。私たちは全員がその言葉に従い、二〇一〇年九月に国際レット症候群基金もペプシ・リフレッシュプロジェクトで二五万ドルの助成金を獲得することができた。

二〇一〇年八月後半の死に物狂いの日々でローリが一瞬だけ歩みをとめたのは、二〇代前半の巨大軸索神経障害患者をもつ家族から、ハンナのまだ試験を行なっていない治療法を二三歳の兄に試してほしいと、動揺した妹が必死で望んでいるという話を聞いたときだった。「こんな重大な話は私ひとりでは背負いきれない」と、ローリは研究チームにEメールで伝えた。ハンナたちの治療にあたることになっているノースカロライナ大学の神経外科医は、この病気で命を落とす人たちにローリが責任を負うことなどできるはずはないと請け合ってくれた。それでもローリの心にはいつも、同じように苦しむ他の親たちへの思いがあった。

＊　＊　＊

ローリとマットは、自分たちの子どもが治療法のない遺伝性疾患にかかっていると知った他の親たちから多くを学んできた。どれだけ有名な人でも遺伝的な運命を免れることはできないが、募金活動から、議員の注目が必要なときまで、病気と個人的なかかわりのある著名人がいればたしかに助けになる。本人の子どもが命を落としたとしても、科学にとって得るものがあり、他の人たちの役に立つ。元ＮＦＬのクォーターバックとして名を馳せたジム・ケリーとその妻ジルの息子、ハンター・ケリーの場合がそうだ。

ハンターは一九九七年に生まれた。いつも泣いてばかりで育てにくい赤ちゃんだったが、やがて手足を動かさなくなった。弓なりに曲がった背中と、ときおりビクッと動く四肢から、重い脳の損傷が疑われた。ハンターが九か月のときに医師たちがようやく突き止めた病名は、クラッベ病（正式名称は球様細胞白質萎縮症）という病気だった。脱髄性の症状を見せるのはロレンツォ・オドーネとオリヴァー・レイピンを襲った病と同じだが、クラッベ病はずっと幼い時期に容赦なく進行していく。新生児スクリーニング（先天性代謝異常等検査）を受けていれば見つかっていただろう。ハンターは、診断を下されてから残っていた運動能力も急速に衰え、精神の発達は止まった。栄養補給のチューブが必要になり、聴覚も視覚も失った。父親の名声によって、祖母が設立したハンターの希望財団に募金が集まったものの、少年は八歳で力尽きた。

ブッシュ大統領は二〇〇八年四月に新生児スクリーニング法案に署名し、検診の標準的な形式は制度化された。しかし資金（四四五〇万ドル）を調達できていないため、新生児のかかとから採取した血液で行なわれる検査の内容は州によって異なっている。現時点では、新生児でクラッベ病の有無を検査するのはニューヨーク州のみだ。それでもハンターの希望財団は意識向上を促し、各州でもっと幅広い新生児スクリーニングを法律制度化する運動を繰り広げるよう、他の患者家族を激励してきた。新生児スクリーニングでこの病気を発見することに価値があるのは、症状が出はじめる前に突然変異した遺伝子や指標となる異常な代謝物が見つかれば、臍帯血幹細胞の移植で症状を防げるからだ。いとこのオリヴァーの命を奪った副腎白質ジストロフィーの治療を受け、今ではごくふつうの少年の暮らしをしているスペンサーのように。いつかは巨大軸索神経障害の新生児スクリーニングを治療と組み合わせ、病気の進行を防げるようになるだろうか。

ローリとマットは、稀少疾患を熱心に調べようとしている何人もの研究者に出会って感動したのと同じように、患者の親たちが設立したさまざまなＮＰＯのことを知って胸を打たれた。だが同時に、稀少疾患は利益を得ようとする個人によって汚されている分野であることもわかった。その状況は気がかりなものだった。検査や治療の方法を確立するために、子どもたちの生前や死後に提供された生体組織を使用するのなら、そうした貴重な資源の保護が必要になる。セイムス一家は、稀少疾患のコミュニティーでは伝説となったシャロン・テリーという女性によって、この問題に引き込まれることになった。シャロンは親として、また活動家として、ほとんど独力で、子どもたちが異常な細胞や組織を提供することで生まれる知的財産の所有権を主張してきた。さらにシャロンが歩んできた道のりは、ローリとマットがこれから登ろうとしている高い山そのものだった。

シャロンとパトリック・テリーは、七歳のエリザベスの首のまわりに発疹ができたとき、悪い病気など疑ってもみなかった。ベージュ色をした小さな粒は泥が少しついただけのように見えたが、こすってもとれなかった。一九九四年のクリスマスの直前には、かかりつけの小児科医がエリザベスの発疹を診て心配はいらないと言ったので、シャロンもパトリックもそのまま心配せずに放っておいた。ところがその奇妙なブツブツが五歳のイアンにも出はじめたために、不安にかられた両親は子どもたちを皮膚科に連れていくことにした。診断は、弾性線維性仮性黄色腫（ＰＸＥ）だった。

コーリーやハンナの場合と同じく、この病も発症していない保因者から受け継がれるもので、通常は不意に症状が現れて人々を驚かす。原因は、皮膚や目、血管の内側、あるいは消化器官などに析出したカルシウムだ。場合によっては、首まわりがザラザラしたり、脇の下や膝のうしろに薄い青白い隆起ができたりするだけで、それ以上悪化しない。しかし、高齢者のアテローム性動脈硬化のように、循環系を詰まらせることもある。動脈が詰まれば命取りにもなるので、シャロンとパトリックは何か手を打たなければならないと考えた。

オドーネ夫妻と同様、シャロンとパトリックも医学書を求めて図書館に通い、ボストン郊外の自宅から車ですぐ行けるマサチューセッツ大学ウースター校の図書館を利用した。弾性線維性仮性黄色腫には治療法がないとはいえ、それほど稀少な病気ではなく、米国内だけで一万一〇〇〇人の患者がいた。テリー夫妻がＤＮＡを採取して研究者に渡し、患者に共通した固有の配列を見つけることができれば、その配列がコードするタンパク質を薬の標的にすることができる。つまり、そのタンパク質に特定の医薬品を結合させて、破壊したり働きを止めたりできるのだ。そこで夫妻は身にふりかかった恐ろしい新たな現実に、自分たちの強みを活かすことにした。シャロンは地質学と神学を専攻し、かつて大学内の礼拝堂で牧師を務めていたこともある。またパトリックはエンジニアで、ボストン周辺に数多く集まっているバイオテクノロジー企業のいくつかで働いた経験があった。ローリとマットと同じように、このふたりもすぐに募金活動の手腕を発揮していく。

テリー夫妻はまず「ＰＸＥインターナショナル」を設立し、研究者たちを結びつけると同時にＤＮＡを提供することで、この病気の背後にある変異した遺伝子を突き止める仕事を手助けすることを目標とした。このＮＰＯは患者サービスの調整役となり、血液・組織バンクおよび充実したデータベースを開設して、現在では世界中の三三の研究所と五二の研究室を監督している。シャロン・テリーは二〇〇二年に弾性線維性仮性黄色腫の遺伝子を明らかにした二本の科学論文の共著者になった。もっと重要なのは、彼女がその遺伝子にかかわる特許の共同発明者になったことで、すべての権利をＰＸＥインターナショナルに譲渡して、この団体が検査に資金を出せるようにしている。診断に必要な検査を確立するために生体組織を提供してきた子どもたちが、その検査を受けるために多額の料金を請求されるのではしゃくに障るからだ。

ある遺伝子の会議でシャロン・テリーに会ったとき、私がハンナの希望基金の目覚ましい前進ぶりを詳しく伝えると、シャロンは次のようなアドバイスをくれた。「ローリとマット、あなたたちはすでにすばらしいことをやってのけました。稀少疾患のために研究者をまとめるのは、半ば戦争のようなものです。ここで勇敢になってください。次は、巨大軸索神経障害となんらかの共通点をもつ、他の病気を見つけだすのです。そしてそれらの病気のプロジェクトで活動している人たちに会ってください。力を合わせましょう。研究があなたの夢に追いつくのを待つあいだに、発症している人たちが臨床試験を受けられる準備を整えてください。臨床情報を集めて記録し、血液と組織をバイオバンクに集めるのです。そうしたデータから、相関関係と傾向を探してください。コミュニティーが必要としているものと、病気の経過を理解してください。そして医薬品の開発で用いる評価項目を探ってください」

＊　＊　＊

ローリはシャロン・テリーのアドバイスをすぐに聞き入れて、他の病気から学ぶようになった。それは巨大軸索神経障害をもっとよく理解するためだけでなく、「そんなに稀にしか見られない病気を、なぜ気にかける必要があるのか？」と問うかもしれない研究者や財政支援機関に、即答できるようにするためでもある。ローリは脊髄性筋萎縮症（ＳＭＡ）を手本に選んだ。この病気は、巨大軸索神経障害と同様に常染色体劣性遺伝の疾患で、男女ともに発症し、保因者の両親から受け継がれる。脊髄性筋萎縮症対策活動の最近の動きを知れば、無名の病気をどのようにして遺伝子治療の一歩手前までもっていけるかがよくわかる。

巨大軸索神経障害も脊髄性筋萎縮症も、筋肉に対して動くよう指示する運動ニューロンに影響を及ぼす病気だ（それに対して、デュシェンヌ型やベッカー型の筋ジストロフィーでは、筋細胞膜からタンパク質が奪われて、細胞が収縮力に耐えられなくなってしまう)。巨大軸索神経障害の場合、軸索が膨らむために運動ニューロンが機能しなくなる。脊髄性筋萎縮症の場合は、脊髄の運動ニューロンの病変によって筋肉が萎縮してしまう。その様子は実に痛ましいものだ。おすわりができるようになり、ハイハイをはじめ、立ち、歩きだした赤ちゃんが、この病気によって運動能力を奪われていくと、やがてまったく動けなくなる。脊髄性筋萎縮症は「赤ちゃんの筋萎縮性側索硬化症」とも呼ばれ、それと同じように、体がだんだん動かなくなるあいだも頭ははっきり働く。重症度によって、三つの型に分けられている。

脊髄性筋萎縮症にも、巨大軸索神経障害と同様、マイケル・J・フォックスやジュリア・ロバーツや有名スポーツ選手はいないから、国会への助成金の嘆願は期待できない。それでも巨大軸索神経障害とは異なり、数の多さがあった。米国内の患者数は約二万五〇〇〇人で、そのおよそ四〇%は成人だ。新生児六〇〇〇人にひとりはこの病気になり、人口三五人につきひとりは保因者だから、パートナーも保因者であれば、ざっと七〇〇万人ほどの人が子に病気を受け渡すことになる。「脊髄性筋萎縮症は、他のどの遺伝性疾患より多くの赤ちゃんの命を奪っています」と、この病気のNPO「ファイトSMA」のウェブサイトは訴えている。患者数は嚢胞性線維症と同程度で、鎌状赤血球病、筋ジストロフィー、筋委縮性側索硬化症よりも多い。それでも、この病気について聞いたことのある人はほとんどいないし、助成金もほとんどない。一方、この病気については十分な情報(遺伝子、タンパク質、突然変異)が知られているので、遺伝子治療やその他の治療法にとって理想的な候補となる。また、運動ニューロンに遺伝子を導入する方法がわかれば、これらの細胞が傷つくはるかに一般的な症状である脊椎損傷にも、治療の道が開けるだろう。

二〇〇三年、五〇人の著名科学者が国立衛生研究所の所長に書簡を送り、資金があれば五年以内に脊髄性筋萎縮症の治療法を確立できると訴えると、ようやく助成金が認められた。そしてその年が終わりに近づくころ、国立神経疾患・脳卒中研究所が新しいトランスレーショナル・リサーチ（「ベンチからベッドサイドへ」を合言葉に、基礎研究を臨床治療へ直結させようとする橋渡し研究）のイニシアチブを発表し、その最初の目標が脊髄性筋萎縮症に決まっている。法律もこの病気を選んだ。アメリカ合衆国第一一一議会で下院に提出された法案（H・R・二二四九）は、「保健福祉省長官に、脊髄性筋萎縮症、神経筋疾患、他の小児科疾患の治療、またその他の目的の治療を迅速に前進させるための活動を行なう権限を与える」ことを求めている。さまざまな権限が認められているが、この法案の詳細は脊髄性筋萎縮症のために書かれたものだった。

二〇一〇年には、脊髄性筋萎縮症の遺伝子治療の効果が現れる——ただし、マウスでの話だ。ふたつの独立した研究グループが、健康な人の脊髄性筋萎縮症遺伝子をアデノ随伴ウイルスに組み込んで、この病気にかかったマウスの顔面静脈に導入した。生後一日目から一五日目までのマウスにこのウイルスを投与して比較したところ、生後一日目のマウスは一回の投与で動けるようになり、二五〇日以上生きた。だが五日目の投与では効き目が薄れ、一〇日目ではまったく効かなくなった。時間とともに効果が低下していく事実は、治療が有効な期間が限られることを示していた。病気が治ったマウスの朗報を受けて、脊髄性筋萎縮症のコミュニティーは喜びに沸いた。

心強いこのSMAマウスの研究を発表したニュースリリースを、私はローリ宛てに送っておいた。するとローリは、「脊髄性筋萎縮症は子どもたちがかかる恐ろしい運動ニューロンの病気です」という一節を読んだだけで、コミュニティーのリーダーと話す必要があると考えた。そのリーダーたちはワシントンDCでまもなく開催される米国遺伝子細胞治療学会の年次総会に出席する予定だった。ハンナの希望基金が脊髄性筋萎縮症に取り組むいずれかの団体に加われるなら、巨大軸索神経障害のコミュニティーも、はるか先を進んでいる脊髄性筋萎縮症の公の場での活動や強い影響力の成果に少しはあやかれるかもしれない。

そこで二〇一〇年五月の総会の折に、ローリとスティーヴ・グレイはワシントンDCのホテルのバーで、ファイトSMAでサイエンスディレクターをしているミズーリ大学教授クリスチャン・ローソンと、SMA基金のリサーチディレクターを務めるカレン・チェンに会った。ローリは進行中の実験について息せきって説明し、思いつくままに専門用語を次々と繰りだしていったが、クリスとカレンにはなんとか伝わったようだ。

「エモリー大学のニック・ボーリスが九頭の農場のブタを治療しています。AAV9を使ってGFPを運んでいますが、使用した緩衝液のせいでそのうち何頭かが死んでしまい、私たちは最後の五頭の知らせを待っているところです。次はギガキソニン遺伝子をつなげるのですが、ああ、でも、大きな動物の研究には費用がたくさんかかってしまい、ブタはそれほどではないとしても、霊長類となると……」ローリはひと息ついて、首を横に振った。「サルの研究を、仲間になって共同でできないものでしょうか」

解説してみよう。AAV9は遺伝子治療に用いているウイルスの名だ。GFPは、クラゲに由来するタンパク質で緑色の蛍光を発する。GFP遺伝子を他の遺伝子と隣り合わせでベクターに組み込んでおけば、標的細胞にこれらの遺伝子が入って、対応するタンパク質が作られているのが、顕微鏡を覗いた研究者には緑色の光として確認することができる。ブタの実験では、ギガキソニンではなくGFPを使用して、ウイルスが遺伝子を安全に脊髄まで運べるかどうかを確認しているのだが、ウイルスとともに投与された液体のせいで数頭のブタが死んでしまった。子どもに治療を試みる前に、まずブタとサルで投与の方法を細かく練り上げる必要がある。

クリスとカレンが意見をさしはさむ暇も与えずに、ローリは言葉を続ける。「脊髄性筋萎縮症は嚢胞性線維症の次に多い病気です。でも私たちのほうは、患者がほんの少ししかいません。そちらには何百万ドルもあります。私たちもいっしょにやらせてもらえるなら……」ローリは、今にも泣きだしそうな様子で訴えた。

カレンはあごの下に両手をあてたまま、しばらく無言で考えていた。それから背筋を伸ばすと、にっこり笑った。「私たちの科学諮問委員会が七月末に会合を開きます。遺伝子治療について何をするかは、まだ決まっていません。あなたがたと同じように、私たちもほんとうは先頭に立ちたいわけではないのです」。カレンが言葉を切ると、ローリとスティーヴが身を乗りだす。「でも会合は七月二三日から二五日まででですから、みなさんも来てくださいね」。ローリはほっと息をつくと、満面の笑みを浮かべてスティーヴを抱きしめた。

巨大軸索神経障害はきわめて稀な病気であるため、ローリとマットが直面する困難は脊髄性筋萎縮症コミュニティーの場合よりも大きいと言える。そこで、超稀少疾患に人々の関心を集めるという苦しい闘いに備える方法は、トリシアとフィル・ミルトから学んだ。ミルト夫妻には三人の男の子がいて、そのうちのふたりがバッテン病（若年性神経セロイドリポフスチン症）にかかっている。これも常染色体劣性遺伝の病気で、やはり超稀少疾患であり、新生児二〇万人についてひとりの割合で見つかる。

「悪夢のはじまり」は、ネイサンが四歳のとき、暗くなった映画館で急に何も見えないと言いだしたときだったと、トリシアは回想する。まもなくいろいろなものにぶつかり、つまずいては転ぶようになった。診察した医師たちは、コーリーの病気であるレーベル先天性黒内障をはじめとしたいくつかの可能性を否定し、さらに何度か誤った病名を示唆したあと、バッテン病の診断を下した。「そのとき医者は、もう家に帰って、残された時間を楽しく過ごしなさいと言ったのです」と話すフィルは、降参してあきらめろというアドバイスを思いだすと、今でもまだ怒りをあらわにする。その後、ミルト夫妻の末っ子ＰＪも同じ症状を見せるようになった。

フィルは起業家としての手腕を活かして学会の常連となり、トリシアは広報と資金集めの仕事の経験を頼りに、組織作りに取り組んだ。ローリが脊髄性筋萎縮症の研究者に会ってマウスの治療について話をする何年も前に、フィル・ミルトもやはり学会の開催時にバッテン病のマウスを治療した実績をもつ研究者にホテルのバーで会い、子どもたちの遺伝子治療に手を貸してほしいと頼みこんだ。その研究者は引き受けてくれ、ミルト夫妻の団体「ネイサンズ・バトル」が募金で六〇〇万ドル以上の資金を作って、バッテン病のはじめての臨床試験にこぎつけた。ニューヨーク市のニューヨーク長老派病院コーネル医療センターで実施された試験には、ネイサンとPJがそろって加わっている。遺伝子治療のおかげで病気の進行は遅れたように思われたが、試験の続行に向けてプロジェクトがさらに何百万ドルも募金しつづけるのは無理な話だった。

それから長い年月が過ぎた今、コーリーが受けたような改良型の新しい遺伝子導入システムが、バッテン病の子どもたちでも試されている。試験を進めているのはやはりコーネル医療センターだ。遺伝子治療の利点のひとつとして、遺伝子の機能を細部にわたって解明できていなくても、それを導入すれば治療に役立てられることがあげられる。バッテン病を例にとるなら、子どもたちにはCLN3（セロイド・リポフスチノーシス、ニューロナル3）と呼ばれるタンパク質が欠けている。このタンパク質の欠損や異常によってどのようにして病気が引き起こされるかは、まだわかっていない。さまざまな種類の細胞のいろいろな部分で見つかっているタンパク質だが、脳神経細胞で欠けていたり活動していなかったりすると、分子の残骸がリソソームに蓄積してしまうのではないかと考えられている。リソソームというのは、細胞内のごみ処理場の役割を果たしている小さな袋だ。研究者たちは、九〇〇〇億個あまりのウイルスベクターに正常な遺伝子を組み込み、子どもの頭蓋骨にあけた六個の穴を通して脳内に送り込む。これまでは順調に進んでいると、コーネル医療センターのベルファー遺伝子治療コア施設の所長、ロナルド・クリスタルは話してくれた。細胞のわずか一〇％でタンパク質を修復できれば効果があるとのことだ。

バッテン病の新しい遺伝子治療は、ミルト兄弟には間に合わなかった。それでも、新しいウイルスベクターの有望な結果は、ハンナや他の巨大軸索神経障害の子どもたちにとっては朗報だろう。

＊　＊　＊

ローリとマットは当初、無我夢中で情報を検索する日々のなかで、あらゆる種類の恐ろしい病気をもつ子どもたちのためのウェブサイトを見つけた。全米稀少疾患患者組織、遺伝子連盟、小児稀少疾患ネットワークなど、多くの団体を束ねる統合組織《アンブレラ》のウェブサイトもあった。さらに、子どもが超稀少疾患と診断された親たちのほとんどがそうであるように、同じ悪夢を経験している家族に話を聞きたいと考えた。ふたりはまもなく米国内に限らず、ドイツ、インド、カナダ、ニュージーランド、オーストラリアの巨大軸索神経障害患者を探し当てている。実際に明るいニュースも手にした。患者は通常の思考力を保ったまま、二〇代まで生きられるという事実だ（子どもに知的障害が生じた家族もいくつかあったが、それは血縁関係にある両親から受け継がれた、別の劣性の突然変異の結果であることを知った）。

だが、他の家族と友情を築きつつも、ハンナの将来に何が待っているかはなかなか見えてこなかった。「フロリダのある女性は、二〇代になったふたりの息子をフルタイムで世話しています。四肢が麻痺し、食事用のチューブと人工呼吸器を使っていますが、ふたりとも動けるし、まばたきもできるんですよ。反応します。認知力は何ともありません」と、その母親と頻繁に話しているローリは言う。慈善ランの会場でいとこのイヌを乗せた乳母車を押すハンナは、ローリの目から見てもごく普通の少女で、将来動けなくなり、何から何まで母親に頼らなければ生きていけなくなることなど、想像もできない。

セイムス夫妻が巨大軸索神経障害の遺伝子治療確立を目指す世界的な活動を組織して、研究者との連絡を絶やさないようにしながら助成金獲得のチャンスを探る一方で、患者の家族は「ハンナの希望」のウェブサイトの呼び掛けに応え、昔ながらの家系図と最新のDNA検査の結果を提供していった。ただし順風満帆というわけにはいかなかった。離婚した親たちは協力を渋り、DNA検査の結果をローリに教えたがらなかったし、いいかげんな自己診断の情報を寄せる者もいた。それでもローリはどうにか実際に巨大軸索神経障害の症状をもつ回答者を判別すると、できるかぎり多くの情報を盛り込んだ症例を蓄積し、特定の家族で変異が見られた特定のDNA塩基まで突き止めていった。やがて、そのようにして確認できた突然変異の数は二〇に達し、それぞれが引き起こす重症度は異なっていた。だがローリとマットの場合、ふたりのギガキソニン遺伝子は、まったく同じDNAの部分が欠けていることがわかった。巨大軸索神経障害がどれだけ数少ない病気かを考えると、これは偶然とするにはあまりにも重大な一致だった。ローリとマットが実は遠い親戚で、何代か前にまったく知らない共通の高祖父か高祖母がいて、そこから同じ突然変異を遺伝で受け継いだとすれば説明がつく。そのためにハンナは、GAN遺伝子の両方のコピーに同じ変異をもって生まれた。コーリーのように、父親と母親から異なる突然変異を受け継ぐほうが一般的だ（遺伝子治療はどのような変異にも効果を上げるが、ある種の変異は医薬品で治療できることがある。細胞が異常を無視して、タンパク質を産生するよう仕向ける薬を使う。ローリとマットをはじめ、どの両親も検査を受けたのは、その可能性を探るためだった）。

小規模な巨大軸索神経障害コミュニティーが力を合わせて情報とDNAを共有するあいだ、ローリは医薬品がどのようにして認可されるかを学んだ。遺伝子治療も医薬品とみなされている。

まず「前臨床試験」がある――実験室で培養されている細胞や、動物を使った試験だ。人間と同じ病気に自然にかかる動物を使うこともあれば、変異した人間の遺伝子をもつように遺伝子を組み換えた動物を使うこともある。たとえば、ヤンミン・ヤン博士のGANマウスは子どもの代役を果たす。この前臨床試験の段階で、医薬品候補のおよそ八〇％から九〇％が脱落することになる。たいていは毒性が原因で、実験対象の命を奪わず、傷つけもしない量では、効き目がない。これほど失敗する率が高いことから、医薬品を開発する人たちはこの前臨床試験を「死の谷《デスバレー》」と呼ぶ。この谷を切り抜けて対岸に這いあがるには、一〇〇〇万ドルの資金と二年から四年という時間が必要だ。研究者が医薬品開発のプレゼンテーションを行なう場合、たいていはこの谷の両側にふたつの断崖絶壁を描き、一方の山には「基礎研究」または「国立衛生研究所」、もう一方の山には「医薬品」または「食品医薬品局」と書き込む。「前臨床試験、別名『死の谷』は、プロジェクトが命を落とす場所です」と、国立衛生研究所所長のフランシス・コリンズは語っている。

それでもローリは、巧みな日程によってこの谷をいっきに飛び越え、一方の山頂からもう一方の山頂へと移る計画を立てている。さまざまな助成金と提出書類の期限を比べた結果、巨大軸索神経障害チームは一八か月で「新薬臨床試験開始届」提出の準備を整えられると判断した。この資料の提出は、前臨床試験が終わり、いよいよ人間を対象にした試験が可能になったことを示す。先を読み、前臨床試験と臨床試験とのあいだに無駄な時間をあけまいとするローリの加速されたスケジュールは、ふたつの政府機関と研究者たちのあいだで起きていた考え方の変化をそっくり反映したものだ。従来のようにひとつずつ順番に段階をこなしていくのではなく、いくつかの異なる段階を並行して進めようという考えに変わってきている。

「一段階ずつ進展していく研究では、各段階で何度も資金を調達しなければならないので時間がかかるし、規制する側の審査も冗長になる。それでは、ハードルを越えて前進するのはほとんど不可能です」と、ロサンゼルスでＸ連鎖重症複合型免疫不全症（ＳＣＩＤ－Ｘ１）の臨床試験を進めるドナルド・コーンは話す。

前臨床試験が進行するあいだ、あるいは終わりに近づくころ、食品医薬品局との事前協議を実施し、計画されている臨床試験の問題点を探して解決しておく。ハンナの希望基金は、この事前協議を数回にわたって行なった。新薬臨床試験開始届の提出後に三〇日の審査期間があり、当局からゴーサインが出れば、第Ⅰ相臨床試験が始まる。この段階では数人の被験者で投与量を徐々に増やし、安全性、副作用、また体内で薬がどのように動き排出されるのかを評価する。第Ⅰ相試験は、メディアによる「臨床試験を治療であるとみなす誤解」を最も多く生んでいる部分だ――その目的は治癒ではなく、治療でさえなく、安全性と生物学的活性を確認することにある。第Ⅱ相試験になると被験者の数が増え、有効性を探るようになり、第Ⅲ相試験ではさらに多くの情報を集める。テレビのリアリティー番組の出場者と同じように、新薬候補も先に進むほど勝つ公算が高くなる。「新薬臨床試験開始届は臨床試験の入口です。第Ⅰ相、第Ⅱ相、第Ⅲ相試験が無事終われば、食品医薬品局は『いいでしょう、市販できますよ』と言ってくれます」と、コリンズは説明する。

それらを通過するのはどの薬にとっても難しいが、非常に稀な病気の治療を目指す者にとっては気が遠くなるほどの現実が控えている。超稀少疾患に関する統計を見ると、これまで医薬品開発の過程で通常より大きい障害に直面してきたことは明らかだ。科学的に解明されていないうえ、とてつもなく多額の費用がかかる。食品医薬品局によれば、稀少疾患は、いつの時点をとっても全米の患者数が二〇万人未満の病気と定義されている。多くの稀少疾患では、患者数はそれよりずっと少ない。それでも稀少疾患の数は全部で六八〇〇以上もあり、患者の合計は数百万人を数える。そのうち治療法が確立されているのはおよそ二〇〇にすぎず、その少なさの理由は経済性にある。新薬を市場に出すには、何億ドルものコストと通常で八年から一二年の歳月を要する。最終的に完成した薬がたった数人の患者しか治療しないのなら、これほどの規模の開発を支えられるはずもない。しかも遺伝子治療にはもうひとつハードルが加わる。遺伝子治療は理論的には一回のみの治療になるので、コレステロール値を下げるスタチンや抗うつ剤のような継続的な収入源とはならないからだ。

稀少疾患の治療はバイオテクノロジー企業や大規模な製薬会社にとって魅力がないことから、食品医薬品局と国立衛生研究所は稀少疾患コミュニティーのために特別措置を講じ、なかでも超がつく稀少疾患を救う配慮をしている。たとえば、どちらの機関も既存薬の適用拡大の基準をゆるめている。ゲノム研究によって異なる病気のあいだの思いがけないつながりが明らかになるにつれ、適用拡大の機会は増えている。稀少疾患の研究者たちは競い合うのをやめて、知見を共有するようになり、患者にとってはすでに他の研究者が毒性を確認した薬をもう一度試験するという時間の無駄がなくなる。さらに被験者がとても少ない臨床試験では、一般的に第Ⅰ相試験と第Ⅱ相試験を組み合わせて（コーリーの場合のように）安全性を確かめながら効果にも望みをかけ、食品医薬品局が治療を承認するまでに確認したい回数を重ねる時間を短縮する。国立衛生研究所と食品医薬品局の合同リーダーシップ協議会が、稀少疾患の治療法を確立するための試験で発生する特殊な状況に対処するのに役立っていると、コリンズは次のように説明してくれた。

「このプログラムによって、食品医薬品局は特殊な臨床試験計画を評価する際の科学的根拠を得られます。たとえば、病気があまりにも稀少で、第Ⅲ相試験を実施する患者の数が足りないことがありますからね」。

食品医薬品局は、稀少疾患の治療承認を迅速に進める五年計画をスタートさせたばかりだ。利害を判断するための第一回公開会議が二〇一一年一〇月に開かれ、医薬品評価研究センターの稀少疾患プログラムの開始が二〇一二年後半に予定されている。このプログラムは、科学者と臨床医を対象に稀少疾患のための薬剤開発の専門的指導をするほか、患者が運営している団体にも手を差しのべる。

食品医薬品局の五年計画は、ようやく稀少疾患に目を向けはじめた製薬業界の動きに応えるものだ。その背景には、一九九〇年代の「新薬黄金期」に生みだされた大型新薬がこぞって特許切れを迎えるという事情がある。たとえばリピトールやプラビックスなど、年商一〇億ドルを超えるブロックバスターと呼ばれる医薬品が該当する。そのため、ファイザー、グラクソ・スミスクライン、ノバルティス、イーライリリーなどの巨大製薬会社が稀少疾患の治療に力を入れはじめた。同時に、新しい組織やプログラムが「死の谷」をはさむ両側の山を動かしている。第Ⅰ相／第Ⅱ相試験が巨大製薬会社の手を離れ、研究機関や小規模なバイオテクノロジー会社によって行なわれるようになっているため、第Ⅲ相試験が近づくころにはリスクが下がって、大会社がプロジェクトを引き受けやすくなっているのだ。米国では新設された国立先進トランスレーショナル科学センターが、またイギリスでは医学研究協議会の開発経路支援計画およびウェルカム・トラストの新薬開発基金提供イニシアチブが臨床試験の過程を加速させる一方で、国立衛生研究所と欧州委員会が国際稀少疾患研究コンソーシアムを設立した。その意欲的な目標は、二〇二〇年までに、六〇〇〇を超える疾患の各々について診断用の検査を、そのうち二〇〇には治療法を確立するというものだ。米国の上院議員ロバート・ケーシーは二〇一一年に「クリエイティング・ホープ法案」を提出し、特に子どもの患者が多い稀少でなおざりにされてきた疾患に、新しい治療法を探る道を切り拓いた。

ローリは、食品医薬品局の指針およびこうした新しい取り組みを念頭に置きながら、巨大軸索神経障害に取り組む科学者ドリームチームをまとめあげていった。肩書きや権力にとらわれることなく、フレッシュなアイデアと重要な提案は、大学院生やポスドク、あるいは若手研究者など、あふれるほどの情熱があって睡眠時間が短くてすむ人たちから生まれると感じていた。何か月ものあいだネットワーク作りに集中したあと、ハンナの希望基金は最初の科学者の会合を二〇〇九年八月にボストンで開いた。スティーヴ・グレイはこう振り返る。「私は、ローリが集めた二〇人の科学者たちの討論に感銘を受けました。遺伝子治療の熱心な支持者も、そうでない人もいましたが、もし妥当な期限内に解決策を見出す希望があるとするなら、それは遺伝子治療に違いないという点では、全員の意見が一致したのです」

ローリは科学をよく理解し、その直感を信じた。若い分子生物学者のスティーヴ・グレイは、ハンナとその他の何人かの子どもたちに送り込むウイルスベクターを操作する研究者になるに違いない。ハンナの希望基金がスティーヴの巨大軸索神経障害研究を支援したいと申し出たとき、スティーヴは心底びっくりしたという。「私は研究者としてはまだ新人の部類でした。この規模のプロジェクトを引き受ける場合……通常の助成機関から支援を受けるなら、私など絶対に主任研究員にはなれません。ローリから依頼されたのは、アイデアがはっきり固まっていないうちでした」。その時点でわかっていたのは最初に手をつけるべきことだけで、それは安全なアデノ随伴ウイルスベクターにギガキソニンの遺伝子を組み込み、その遺伝子をもたないマウスに投与することだった。「ゼロからのスタートでした。ハンナの希望基金は、大きなリスクを負ったことになります」

今ではローリとスティーヴは大の親友だ。ボストンでの会合のあと、はじめて電話で話したときのことを思いだすと、ふたりとも笑顔になる。

「私はちょうど実家にいるときで、一時間も話し込んでしまって。彼にハンナと同い歳の娘さんがいると聞いて、ああ、これは運命だなと感じました。科学的な裏付けと情熱をもっているうえに、個人的なつながりもあるのですから」と、ローリは言った。

スティーヴは低い声でこれに応じた。「巨大軸索神経障害のことを知ったとき、ローリとマットの立場になって考えてみたのです。そして、他に選択肢がないなら、遺伝子治療にかけてみようと思いました。十分な科学的根拠があり、有益性に対して危険度が低ければ、やってみようと」

ハンナの希望基金は会合と募金活動を重ね、ローリが中心となって研究者のあいだでEメールのやりとりが繰り返された。それにつれてチームのメンバーも具体的に決まりはじめる——ベクターを作る人、ベクターに入れるDNA配列を設計する人、育ちにくいヒトの運動ニューロンを実験室で増やす幹細胞の研究者、ミュータントマウスを育てる人、そして最後に、治療を実施する神経外科医。治療の対象ははじめブタで、やがて人に移ることになる。そのあいだにハンナとその他の何人かの子どもたちは、話す力、認識力、微細運動と粗大運動の能力を調べる基準検査《ベースラインテスト》に加え、脊椎穿刺、脳スキャン、神経伝導検査を受けておく。

巨大軸索神経障害の遺伝子治療計画には、効果を評価する方法も必要になる（コーリーが動物園で経験したような目覚ましい反応は珍しい）。一般的には、臨床試験の計画は観察や測定が可能な変化を生じさせ、その変化は臨床効果を伴うものでなければならない。介入によって病気の進行を遅らせたり止めたりできるのか、それとも症状を隠すだけで、病状は進んでいるのか？ ロレンツォ・オドーネの血中の極長鎖脂肪酸はロレンツォのオイルを飲むことによって急激に減ったが、果たしてロレンツォの気分はよくなったのだろうか？ ハリウッド映画のなかではたしかにその効果が映しだされ、劇的に小指を動かす場面がクローズアップされた。実際のロレンツォは予想よりはるかに長生きしたが、それがオイルの効果だったかどうかは、父親にもわからない。遺伝子治療後のハンナは、体内でギガキソニンを産生できるだけでなく、歩くこともできるようになるのだろうか？

ローリは、科学的な研究と規制のロードマップが、臨床試験の実現に向けて活動していくうえで、ある重要な問題に対応していないことに気づいた。それは世間の注目を集めること、つまり資金集めの問題だ。協力が最も難しい相手は、互いに競い合う研究者たちであることもわかった。なかには、データを公式に発表するまで実験結果について話したがらない科学者がいる。まるでイヌが電柱の根元にオシッコをかけるように、「サイエンス」誌や「ネイチャー」誌で自分の縄張りをきちんと宣言するまでは、安全だと思えないのだろう。論文の著者名の並び順に文句をつける科学者もいる。チームの主要メンバーのひとりが、著者名の自分の順番が気に入らなかったという理由で、他の研究者たちがそれを知っていれば何週間も時間を節約できたはずの研究結果を知らせなかったと知ったときには、ローリは心の底からゾッとした。わずか数週間の時間の無駄でも、助成金申請の締め切りが過ぎれば一年の遅れにつながることもある。実際、ブタとサルを対象とした毒性研究を支援するＲＡＩＤ（国立衛生研究所による介入開発への早期アクセス・プログラムで、最近になってＢｒＩＤＧｓと改称された）の締め切りが差し迫っていた。その助成金を受けられなければ、臨床試験が順調にスタートする間際になって、ハンナの希望基金の資金が枯渇するかもしれない。さらに、ＲＡＩＤから、臨床試験の費用を引き受ける企業や財団が見つかるかもしれないのだ（ＲＡＩＤは、一九八三年に制定されたオーファンドラッグ法を補足する意味をもつ。この法律は、稀少疾患のための医薬品を開発するよう製薬業界を奨励するもので、のちにオーファンという語はレアに変更された）。

遺伝性疾患という時限爆弾のカチカチと時を刻む音を聞きながら親たちが臨床試験を計画しているとき、科学者のキャリアを磨くための遅れは容認できるものではない。ハンナの希望基金がその研究を支援していたので、ローリはヨーロッパにいる研究者たちに携帯電話から辛辣なメッセージを送り、米国内の研究者たちには電話で怒りを爆発させると、ようやく相互のコミュニケーションがとれるようになった。マウスとブタで試したあらゆる研究、ＡＡＶ９にたどりつくまでにさまざまな遺伝子治療の臨床試験で使われてきたウイルスベクターのすべてが、ハンナの遺伝子治療の準備を整えてきた。実現は近い。

＊　＊　＊

ローリ・セイムスは科学会議の場で最高の腕前を発揮する。

一般には、科学会議の雰囲気を知る人は稀だろう。科学会議の会場には、たとえば不動産業者や住宅設備販売員の年次総会などより、はるかに強烈な意気込みと緊迫感が漂う。米国遺伝子細胞治療学会の二〇一〇年の年次総会会場にも、そうした空気が張りつめていた。四歳のアシャンティにアデノシンデアミナーゼ（ＡＤＡ）欠損症のはじめての遺伝子治療が施され、その方法が実際に効果を上げたのか、それとも酵素補充療法の効果だったのか、曖昧なまま終わってから二〇年が経った。今ようやくテクノロジーの時代がほんとうにやってきた感がある。

「ドキドキしますね。食品医薬品局が変わり、十分に安全なウイルスが見つかって、もう癌の心配もありません」と、スティーヴ・グレイは展示場で情報交換をしている研究者の集団を見まわしながらつぶやいた。国立動物園から歩いてすぐの広大なホテルが会場になった総会は、食品医薬品局の難関コースの進み方を説明する二日間のワークショップで幕を開けた。その後は四日間にわたる研究成果の報告があり、ほとんどは学術雑誌にまだ載らないほど新しい内容だ。

ローリはそのすべてに出席して耳を傾けた。ただし、実際に席を温めている暇はあまりなかった。数日しかない総会の日程にたくさんの研究成果を詰め込むには、同じ時間に複数のセッションを開催する必要がある。だから参加者たちはホテルの廊下をあわただしく行きかい、あちらの会議室からこちらの会議室へと、まるで迷路に入ったマウスのように走りまわって同じ時間帯にいくつもの会場に顔を出し、すべてを吸収しようとする。大会議場では二面の巨大なスクリーンに、遺伝子を細胞まで運ぶさまざまなウイルスの細かい説明が映しだされている。カラフルな長方形が並んだ図には、*tat*、*env*、*E4*などと遺伝子の名前の省略形がちりばめられ、出席者は熱心に見入っているが、コーヒーを注いでまわるスタッフには何のことだかさっぱりわからないようだ。スクリーンの分割された画面に、不運なマウスの写真がいくつも並んでいる会議室もある。左側には衰えていく段階を示すマウスが、右側には遺伝子治療を受けて外見も運動能力も回復したマウスが見える。脳をサラミソーセージのように薄切りにし、遺伝子が標的に命中した場所に目立つ色の点をつけたスライドも添えられている。

ローリはセッションの最前列に座っているか、セッション後に講演者と話し込んでいるとき以外は、いつもバーかレストランで第一線の科学者たちといっしょにいて、ネットワーク作りに余念がない。そこである分野の草分け的存在の研究者に声をかけ、セッションがすべて終わったあとにロビーで会う約束をとりつけた。

五時きっかり、ローリはその研究者といっしょに腰をかける。そしてハンナの希望基金がそれまでどんなことをしてきたのか、親しみやすく率直に、詳しく説明した。アデノ随伴ウイルスのことも、ノックアウトマウスやカテーテルを挿入されたブタのことも、「投与経路」や「生体内分布試験」などの専門用語をそこここに混じえながら話した。ノースカロライナ、アトランタ、ニューヨーク、パリの研究所から参加しているチームのメンバーについても伝えた。相手はじっと聞き入り、協力すると言ったが、その言葉にはどこか真剣味のない、恩着せがましい雰囲気が感じられた。「ことの複雑さと難しさが、まだおわかりではないようですね。脳脊髄液への投与だと、細胞の表面の層にしか届きません。どなたか臨床経験がある人といっしょに研究していますか？　以前にこれと同じことをした人、食品医薬品局の審査を最初から最後まで経験して薬の認可を受けた人と、協力していますか？」こう問いかけるローリに、複数の研究所に所属している研究者のチームはうまくいかないし、バイオテクノロジー会社には警戒が必要だと研究者は答えた。「私は自分で会社を設立しましたから、よくわかっています」と言い、さらに食品医薬品局の書類を準備するには特別な専門知識が欠かせないとも説明した。

ローリは辛抱強く話を聞いた。どんなことがあっても、たとえ有名な科学者が、当たり前のことをまるで幼稚園児に言ってきかせるように説明したとしても、苛立ったりはしない。するとその研究者は、もったいぶったそぶりで分厚い文書を取りだし、小さいバーテーブルにのせてゆっくりローリのほうに押した。「ご覧ください、私たちはすでに巨大軸索神経障害の研究をしています」。ローリはその文書にちらりと目をやったものの、相手がたしかに期待していたようにそれについてあれこれ質問したりせず、無視したまま自分の話に戻った。

ローリはその論文をとっくに読んでいた。一六か月も前の巨大軸索神経障害臨床試験の提案書だ。それ以降、目立つ進展は何もなかったから、相手は知ったかぶりをして自分の縄張りを主張しているだけで、ローリのほうがよっぽどよく知っていることに気づいていないのは明らかだった。会話は行き詰まって、もう何も話すことはなくなり、ローリはていねいに礼を言って立ち上がった。

次に、何分かで腹ごしらえをしようとホテルのレストランに立ち寄る。そこからは展示場に通じるエスカレーターが見わたせる。すると食事の最中に、自分とマットのDNA配列を調べてくれた研究者の姿が目に入った。ちょうどエスカレーターに乗ったところだ。ローリは食べかけのチキンを皿に残したまま立ち上がり、お目当ての人物がエスカレーターを降りる前には追いついて、腕をとって展示場へと案内した。広々とした展示会場には実験器具の業者が設置したテーブルがいくつも並び、バイオテクノロジー会社や政府機関から派遣された担当者の姿もあった。DNA配列決定の技術者との会話を手短に切り上げたローリは、国立心臓・肺・血液研究所の遺伝子治療資源プログラム代表の親しみやすそうな医師に近づいていく。その女性医師が振り向いてくれたので、ローリはさっそく最も差し迫った懸念を訴える。稀少疾患の子をもつ親にとって、いつも変わることなく、最も差し迫った懸念——それは「時間」だ。

苦境に立たされているローリの口からは、懇願の言葉が矢継ぎ早に繰りだされた。「第I相臨床試験に参加できる子どもたちは九人しかいません。巨大軸索神経障害の患者はとても少ないからです。私たちは毒性検査にもベクター開発にも資金を提供しなければなりません。一年の遅れをただ待っている余裕はありません。データが手に入っても資金が提供される間隔があまりにも長いと、研究全体で七年もかかってしまいます。国立衛生研究所のRAIDプログラムが毒性検査の助成金を払ってくれるまで、子どもたちは待てません。私たちは国立衛生研究所のスケジュールには合わないのです。子どもたちには治療が要ります。みんな死にかけているんです」

その医師は親身になってくれ、誠実な口調で次のように答えた。「そうですね、時間の問題はいつでも

「米国遺伝子細胞治療学会の場で話をする、これまでで最年少の人物をご紹介します。コーリー・ハースです」。ワシントンＤＣで開催された2010年年次総会で、ジーン・ベネット医師のこの言葉は、会場を埋めた大勢の遺伝子研究者たちを驚かせた。コーリーは両親のナンシーとイーサンの横に座っている。（写真提供　米国遺伝子細胞治療学会）

取り上げられています。補助試験の速度は上がっていますが、あなたのおっしゃる病気はあまりにも数が少ないようです。でも、試験を進めながらデータを提出していくことはできますよ」。このときの会話が非常に貴重なものだったことが、あとでわかる。九月になってハンナの希望基金がＲＡＩＤプログラムの期限に遅れたとき、ローリは延長を申請できることを聞いていたので、無事、間に合わせることができたからだ。

遺伝子細胞治療学会のクライマックスは、ローリにとっても、その他の一〇〇〇人を超える参加者にとっても、金曜の夜のプレジデンシャル・シンポジウムになった。まず九歳の少年が、緊張した面持ちの両親と手をつないで壇上に登場した。そのあとに、赤毛をピンクの髪留めでまとめ、丈の短いジャンパースカートと真っ赤なタイツに身を包んだ女性が続く――ジーン・ベネット医師だ。聴衆が驚いて見守るなか、親子が席につくと、ジーン先生はニコニコ笑いながら口を開いた。

「米国遺伝子細胞治療学会の場で話をする、これまでで最年少の人物をご紹介します。コーリー・ハースです」

こんなにも簡単な言葉で、いつもは落ち着き払った科学者たちが、なかでも年長者たちの多くが、涙を浮かべた。コーリーの姿を見ること、コーリーの声を聞くことによって、アシャンティとシンシアにまつわる疑念も、ジェシーとジョリー、そして白血病になった少年たちにまつわる苦悩も、和らぐ思いがしたのだ。遺伝子治療はようやく、はっきりした成功にたどりつくことができた。

ジーン・ベネット医師はコーリーの遺伝子治療の経緯を説明すると、今ではすっかり有名になった映像もあらためて見せた。少年が障害物のあるコースを、最初は治療した目だけを使って（数秒で）、次に治療していない目だけで（何分もの長い長い時間をかけて）通過する場面だ。そのあとでコーリー本人が会場からの質問に落ち着いて答えた。イーサンは顔を輝かせながら、ナンシーは目頭をおさえながら、息子の姿を見ていた。

「コーリー、もう片方の目も治療したい？」と、ジーン先生が尋ねる。

「もちろん！」

「いつにする？」

「今夜はどう？」

会場がどっと沸いた。ニュースやトークショーで鍛えられたコーリーは、聴衆の心をつかむプロになっていたようだ。

質疑応答を終えて一家が最前列の席に戻ると、コーリーはもみくちゃにされた。ひとりの女性科学者がかがみこんでコーリーを抱きしめ、柔らかい胸に包みながら、「大きくなったら科学者になるんでしょう？」と話しかける。コーリーは身をよじり、なんとか礼儀正しく苦しい状態から抜けだす。向きを変えて自由の身になったのもつかのま、今度は高名な年長の科学者から手を差しだされた。その学者はコーリーの手を握りながら、「きみは私が知っているなかで一番勇敢な人だよ」と言い、コーリーはにっこり笑った。

大勢の人で膨れあがった輪の外側で、いつも明るい笑顔を絶やさないローリが柄になく静かに立ちつくし、涙で頬を濡らしていた。遺伝子治療がコーリーを救えるなら、ハンナも救える。

翌日の午後、オールバニー国際空港で荷物を受け取って歩道に出たローリが、迎えの車から降りておぼつかない足取りで近づいてきたハンナを抱き上げると、小さなハンナはつまらなそうに言った。

「ママ、どうしてママは、科学の勉強にお出かけしなくちゃいけないの?」

第5部　遺伝子治療のあとで

遺伝子治療のおかげで、ジェイコブが植物状態にならずにすんだと思っています。あの子はいつも私たちといっしょにいて家族にとけこみ、おもしろいときにはちゃんと笑うし、話しかければ内容に応じた反応をします。

――ジョーダナ・ホロヴァス

マックス・ランデル（右）。生後11か月と4歳のときにカナバン病の遺伝子治療を受けたマックスは、弟のアレックスのことが大好きだ。

2010年7月18日に、ふたりとも同じ日の誕生日を祝うリンジー・カーリンと父親のロジャー。リンジーは2歳の誕生日を迎える少し前の1996年3月に、世界ではじめてカナバン病の遺伝子治療を受けた。

12　驚くべき女性たち

どこから見ても、リンジー・カーリンは申し分のない赤ちゃんだった。なんともいえずかわいらしいので、乳母車に寝ているリンジーを見かけた通りすがりの人々はいつも、その優美な顔立ちと人形のような美しさに感嘆の声をあげた。「あら、眠っているのね」と、人々は小さい声でささやく。ところがある日、いつものように幸せを祈る言葉をかけた人に、赤ちゃんの母親のヘレンは微笑み返して静かにこう言った。「この子は眠っているのではありません。死にかけているのです」

ただし、リンジー・カーリンは命を落とさずにすんだ。おそらく、遺伝子治療のおかげで。

善意で声をかけた見知らぬ人に返した母親のドキッとするような言葉の記憶は、当時一二歳だったモリー・カーリンにはあまりにも強烈で、エレベーターのなかだったこともよく覚えている。そのときは恥ずかしいと思ったが、今では母親の気持ちがよくわかると言う。「母にとっては、みんながリンジーのことを見て、リンジーがふつうの子だと思うのがつらかったのです」

生まれてから何週間かはすべて順調のように思えた。一九九四年七月一八日にリンジーが誕生すると、産科の医師は、「長いあいだこの仕事をしていますが、こんなに元気な赤ちゃんはめったにいませんよ」

と大声を出したほどだ。だが七週目になったとき、心理学の博士号をもち、すでにふたりの娘の母親でもあったヘレンは、何かがおかしいと不安を抱きはじめた。リンジーの目はものを追わなかった。姉のモリーがぬいぐるみを目の前に差しだしても、目をキョロキョロ動かすばかりで、鮮やかな色をした動物に焦点を合わせない。内科医をしている父親のロジャーは、かわいらしい末っ子は目が見えないのではないかと疑った。

三か月になり、リンジーが姉のサマンサとモリーの顔を見ても笑顔を浮かべないことがわかると、ヘレンとロジャーの心配はさらに深まった。ハロウィーンのころに診察した眼科医は分厚い眼鏡を処方し、それをかけたリンジーはまるで王宮の道化師のように見えたとモリーは話す。眼科医はからだの一か所だけに注意を向けて、問題は視力にあると思ったのだ。けれども不安を抱く両親にはもっと多くのことが見えていたので、小児神経科に紹介してほしいと頼んだ。

それからいろいろな検査が続き、およそ一か月後に電話がかかってきた。モリーはそれが人生で最悪の瞬間だったと、次のように話してくれた。

「月曜の夜の八時ごろで、雨が降っていました。私が電話に出ると、誰かが父に代わってほしいと言いました。父は家にいなかったので、電話を母に渡しました。ところが母は、電話で話を聞きはじめると、一分で泣きだしてしまったのです。私も涙があふれてきましたが、母に紙とペンを手渡し、母は聞きながらメモをとりはじめました。遺伝子研究所の誰かが尿検査の結果を知らせてきて、カナバン病だと伝えたそうです。『リンジーは死んでしまうの?』と母に聞くと、母はそうだと答えました。翌日、私は学校の図書室で病気の名前を調べてみました。医学事典には四行だけ説明があって、『脳の海綿状変性』と呼び、脱髄という言葉が使われていました」

数日後、一家は専門家に会うために、コネティカット州ニューフェアフィールドの自宅から車で一時間ほどのイェール大学に向かった。「神経科の医師から、『お子さんは恐ろしい変性疾患にかかっていて、三歳までは生きられないでしょう。施設に預けることを考えてください。それから、このお子さんとごきょうだいの遺伝子の突然変異を検査してください』と言われました」と、ヘレンは当時を思いだす。まだ子どもだったモリーにも、その医師の無神経さがわかったそうだ。「両親はそんな言葉には従いませんでした」

　診断後、ロジャーはオドーネ夫妻やサルズマン姉妹と同じ道を歩み、研究に身を投じた。ロジャーは開業医として一五年の経験があったにもかかわらず、全米で二〇〇人ほどしか患者がいないというカナバン病については聞いたことがなかった。そしてすぐ、カナバン病の患者の細胞にはアスパルトアシラーゼ（ＡＳＰＡ）という酵素が足りないことを学んだ。一部の脳細胞では、ＡＳＰＡの働きによってＮＡＡ（Ｎ－アセチルアスパラギン酸）という物質が分解され、分解後の物質がニューロンの軸索を覆うミエリンの脂質合成に使われる。分解されずに蓄積されたＮＡＡは尿にあふれだすので、便利な生体指標《バイオマーカー》となってこの病気の診断に役立つ。このような生化学的な異常が、リンジーの脳の白質を、液体がつまった泡でできた海綿状のかたまりに変えていった。行く末は「ロレンツォのオイル」の副腎白質ジストロフィーと同じだが、原因は異なり、ずっと早くから発症する。副腎白質ジストロフィーなら、ロレンツォ・オドーネやオリヴァー・レイピンのように、少なくとも数年間はふつうの子ども時代を過ごせる。

　カナバン病の子どもたちは能力レベルが幼児期を超えることはほとんどなく、まったく無力な状態のまま、からだは成長していく。ほとんどは話すことも歩くことも、眠っているあいだに寝返りを打つこともできない。けれどもカナバン病の子どもの親たちは、その子のなかに誰かがいるという不可思議な感覚を抱くようになり、それは内なる確信となる。笑顔、笑い声、ときどき発せられるアーーという声は、いつも不気味なほどその場の状況にピッタリ合っているので、その誰かが姿を見せ、声をあげているように感じられるのだ。まるで容赦ない病変が、愛情を一身に受けて愛されつづけるという、人間であることの大切な要素だけ、見逃しているかのようだ。小さな男の子は父親がおならのような音を出すとクスクス笑う。小さな女の子は友だちがそばでギターを弾きながら歌うと、泣くのをやめて笑顔になり、キーボードをたたくように指を動かす。リンジー・カーリンは、たしかにスノーフレークという名前のマルチーズが大好きだ。「あの子の手をとって、『イヌをかわいがりたい？』と尋ねると、オーーーーという声を出すので、イヌをなでさせてやります」と、ロジャーは話す。カナバン病の子どもの多くは話し言葉を理解し、わかっていることを伝えようとする。たとえばリンジーがまだ幼稚園児ほどの年齢のころ、何か食べたいかと尋ねるときに、両親が英語で話しかけても家政婦がスペイン語で話しかけても同じように食べさせてもらうよう口をあけたという。少女は学習していた。

コーリーやハンナの場合と同様、カナバン病も診断が遅れることがある。ほとんどの医師はその症状を診た経験がないからだ。カナバン病はおもに東欧出身のアシュケナージ系ユダヤ人のあいだに多く、四〇人にひとりが保因者となっている（ヘレンとロジャー・カーリンはともに保因者だ）。頭部が大きく、だらりと垂れ、筋緊張の低下が見られるという兆候に医師が気づけば、診断は早いだろう。リンジーはぬいぐるみの人形のようにふにゃふにゃしていたと、母のヘレンは回想する。それでも同じ症状を見せる疾患は他にもあり、脳スキャンや生体組織検査で判明する海綿状変性さえ、カナバン病だけのものではない。尿中のNAA濃度が極端に上昇していれば、カナバン病の可能性が非常に高い。ASPAの欠損でカナバン病を確定できるが、酵素は通常は血液に現れないから、診断にはDNAの検査が必要になる。

ロジャーの医学界とのつながりは、幼いリンジーのどこが悪いかを知るうえで役に立った。だがロジャーが出会った遺伝専門医は誰もが口をそろえ、あきらめるように、まもなく魅力的な娘を失うことになるのだから心の準備をしておくようにと忠告した。施設に預けたほうが家族は楽になるだろうと親切に声をかける者もいた。ひどいことに、この病気の子どもが家で発作を起こしたとき、救急治療室に運び込まずにそのまま息を引き取るのをよしとする親もいると聞いた。診断を聞いて取り乱したり、長い年月の看病に疲れはてたり、子どもの苦しみを終わらせたいと願ったりするためだ。「父は逃げだすような人ではありません。すぐに治療できる場所を探しはじめました。病院の責任者、医師、遺伝医など、ありとあらゆる人に電話をかけまくっていました」と、モリーは当時を思い起こして話してくれた。

それから六週間ほど経ったころ、ロジャーにとって運命的な出会いがあった。「国立衛生研究所に電話をして、ロスコー・ブレイディーという紳士と話をしました。ゴーシェ病という別の単一遺伝子疾患に、酵素補充療法を考えだした人です。彼はある科学者と知り合いで、一匹オオカミと呼んでいましたが、それが遺伝子治療を手がけているマット・デューリングでした」。都合のよいことに、博士号をもつデューリング医師はイェール大学分子薬理学神経遺伝学研究所の所長をしていた。地理的な偶然の一致はまだ続き、近くに住むムシン夫妻がリンジーの新聞記事を読んだと言ってカーリン夫妻に連絡をくれた。彼らには、リンジーより数か月だけ年上で同じカナバン病の娘、アリッサがいた。アリッサとリンジーは、カナバン病の遺伝子治療を最初に受けることになる。

ロジャーとヘレンは、有名な「ネイチャージェネティクス」誌でパーキンソン病のラットに対する遺伝子治療の報告を読んだ。マット・デューリングとその同僚でポスドクのパオラ・レオーネが発表したものだ。著者は三七歳と三二歳と若かったが、ともに経験も知識も豊富で、科学的発見を臨床治療に応用することに熱心だった。何度も電話で話をしたあと、カーリン夫妻はデューリング博士とレオーネ博士がカナバン病に取り組む適切なチームだと感じた。そしてすぐに、ふたりをマットとパオラと呼ぶ間柄になった。一九九五年五月には一家そろってイェール大学のデューリング研究室をはじめて訪問している。そのときの様子は、ひとめぼれと言うにふさわしいようだ。「ロジャーはマットと話し込み、私はパオラとふたりで長々とおしゃべりしたのです。意気投合しました。パオラは私たちをとても気の毒がっていました。ふたりは、カナバン病の遺伝子治療を手がけるのはとても難しいけれど、それだけにとてもやりがいがあると言ってくれました。イースト菌を相手にするのでも、マウスやサルを相手にするのでもなく、生身の人間を相手にすることになったのですから。まもなく、リンジーとアリッサの写真が研究室の至るところに飾られました」と、ヘレンは話す。

ふたりの研究者は興味をかきたてられた。カナバン病は遺伝子治療の対象として適しているようだったし、パーキンソン病やアルツハイマー病など、一般的な神経変性疾患の治療への道を切り拓くかもしれない。最大の障害となる点はどちらも同じで、脳の必要な場所に遺伝子を投入すること、そして他の場所には入れないようにすることだった。たとえば、治療薬レボドパの服用によってパーキンソン病を治療すると、遅発性ジスキネシアという別の症状が起きる。レボドパが、治療したい脳の部位とは別の、制御できない動きを引き起こす部位にも作用してしまうためだ。パオラはカナバン病に立ち向かう理由をいくつかあげた。「これは単一の遺伝子が原因となっている病気で、単一の器官に影響を及ぼします。残念ながら、それは脳という最も複雑な器官ではありますが。それに、まだ治療法がまったくありません」。また、ヘレンやロジャーのような保因者は正常の半分の量のＡＳＰＡで健康を保っているのだから、その働きを一部分でも取り戻せば、病気の子どもたちを助けられる可能性がある。

世界にはカナバン病に取り組んでいる研究者が他にもいるが、年を追うごとに、この病気はパオラ・レオーネの最大の関心事になってきた。研究室に飾られた幼い患者たちの写真や絵は、子どもたちがパオラの人生そのものになっている事実を物語る。自分に子どもはいないが、たくさんのペットが幸せな気持ちにしてくれるそうだ——イヌやネコだけでなく、話したり歌も歌ったりするオウムに、ウマ、ロバもいる。もしも自分に子どもがいたなら、うっとりして、ただじっと眺めてしまい、仕事などしていられないだろ

神経科学者のパオラ・レオーネ博士。カナバン病の家族を救うことに人生を捧げてきた。（写真提供　クリス・ハーダー・フォトグラフィー）

うと話す。だからカーリン夫妻の苦しい立場が身にしみた。「小さなリンジーに胸を締めつけられました。私の心の声は、『手を染めてはだめ。それは超稀少な疾患で、資金援助もないし、遺伝子治療を試す動物モデルさえいないのよ』と叫んでいました。でもその一方で、リンジーやアリッサのような子どもたちには、他にチャンスはないのだという思いもありました。だから私は難しいほうの道を選び、やがては科学を前進させ、効果を上げようと考えたのです」。パオラはその道に人生を捧げてきた。

人間の脳、なかでも個性、知性、人格の宿る大脳皮質が、サルデーニャで育った子どものころからパオラ・レオーネの関心の的だった。「医学よりも科学に興味がありました。もし医者になったら、脳の複雑さを研究できないことはわかっていました。イタリアのパドヴァ大学で一九八七年に神経科学の博士号をとったときには、大脳皮質はまだあまり解明されていませんでした。今でもですが」。パオラが医大を避けたのは、自分は死や死にそうな人には対応できないだろうと思ったからで、獣医科大学も、大きい動物の解剖に耐えられそうもなくて無理だった。そんなわけで患者を診療する教育は受けなかったが、医学の学位がないことがカナバン病に取り組まない理由にはならなかった。パオラは、病気がどのように人間の脳をめちゃくちゃにするかを解き明かす知性、家族を絶えず支援する思いやりと愛情、そして高度に専門化された医師たちと協力できる教育と経験を備えている。

リンジー・カーリンに出会ってから一五年経った今でも、パオラはまだその経験の大きさに圧倒されたままだ。「運命が私を選んだのです。こんなことをするようになるとは、想像もしていませんでした。私には宗教的なしがらみはありませんが、精神的なものをとても大切にしています。カナバン病の子どもをもつ家族と出会い、この道を歩むよう、導かれたのだと感じています」

＊　＊　＊

カナバン病の物語に登場する先見の明をもつ女性は、パオラ・レオーネひとりではない。この病気の名前は、生物医学の「忘れ去られた女性たち」のひとり、マーテル・カナバンに由来している。

マーテル・カナバンは一八七九年にミシガン州で生まれ、一九〇五年にペンシルバニア女子医科大学で医学博士になった。その後いくつかのマサチューセッツ州立病院で病理学関係の仕事をしている。当時、米国全体を見ても五〇人ほどしかいなかった病理学者は、解剖学的異常の専門家になることが多く、現代のように組織学、細胞生物学、生化学のエキスパートではなかった。一九二四年になると、カナバン博士はボストン大学とバーモント大学医学部で教鞭をとるかたわら、ハーバード大学医学部のウォレン解剖学博物館でも職を得ている。最初は副館長だった。実際には館長の仕事をすべてこなしていたのだが、博物館の委員会から女性が館長の名にふさわしいかどうかを疑われたからだった。だが、やがて館長となった。

マーテル・カナバンは、解剖された脳と切り開かれた脊髄の標本の前に座り、じっと見つめては、そこに見てとれる異常な点と、それが標本の提供者にもたらした症状との関係を考えるのが好きだった。そのころの神経系疾患の患者は、具体的な病名や症候群を示されず、「精神薄弱」や「痴愚」という曖昧な診断を受けることが多かった。カナバン博士はもっとはっきりした説明を追究した。それと同時に、感染症が脳に与える影響や、多発性硬化症の患者の脳に現れる不可解な白い沈着物についても研究した。一九三一年には、やがて自分の名が冠される病気を発見し、新生児のように何もできないまま一六か月で命を落とした子どもの奇妙な「海綿状」の脳について、「神経学・精神医学アーカイブ」誌に記載した。

ハーバード大学医学部は、マーテル・カナバンに常勤教員の地位を与えることはついになかった。彼女は博物館のために一五〇〇以上の標本を作成し、講義と指導を続け、この国の神経外科医の大半を指導することになる男性を育て、驚異的な数の論文を発表した。一九四五年に博物館長を退任し、脳疾患のパーキンソン病で一九五三年に世を去っている。

一九四九年、ベルギーの医学雑誌に掲載された論文が、カナバンが研究した症例と同じ症状を呈した三人の赤ん坊について報告し、さらにその子どもたちに別の共通点があったことに触れた。三人はいずれも、東欧出身のアシュケナージ系ユダヤ人家族の子どもだったのだ。その後の別の研究は、新たに診断された四八人の患者のうち二八人がユダヤ人家族の子どもだったばかりか、それらの家族の出身地がすべて、とても狭い地域に限られていることを突き止めた。その地域とはリトアニアのヴィリニュスで、そこには第二次世界大戦勃発から二年間の悲惨な時期に、一時はおよそ六万人ものユダヤ人が暮らしたゲットー（ユダヤ人隔離居住区）があった。

13 ユダヤ人特有の遺伝病

ヴィリニュス・ゲットーが作られた経緯は、計画的かつ組織的なものだった。一九四一年八月三一日、ナチスは街の貧しい地区にあるユダヤ人家族が暮らす集合住宅の窓から、ふたりのドイツ人兵士に向かって発砲するという演出を実行したのだ。兵士はその集合住宅からふたりのユダヤ人男性を路上に引きずりだし、集まってきた人々の目の前で射殺した。さらに暴れまわって建物から住民たちを追いだすと、逃げまどう相手を次々に殺した。その翌日、ドイツ兵は町じゅうのユダヤ人の女性と子どもたちを家から強制的に追いたて、貧民区を立ち退かせて新しく設けたゲットーに押し込めてしまった。それぞれの職場にいたユダヤ人男性たちもかきあつめて、やはりゲットーに入れた。この九月一日から九月三日に至るたった二日間で、ナチスは一万人ものユダヤ人を集めて刑務所に送り、そこで殺害している。市内で生き残ったユダヤ人と、ユダヤ人と結婚していたユダヤ人以外の人も、やはりゲットーに入れられた。

ナチスはヴィリニュス・ゲットーをふたつの部分に分け、そのあいだの通路から人々の暮らしを簡単に監視できるようにしていた。一一月までには小さいほうのゲットーがだんだんに縮小され、やがてなくなった。住人が組織的に殺されていったからだった。大きいほうのゲットーでは、強制労働に従事する人たちだけが生き残りを許され、ナチスは老人や子ども、病人や飢えに苦しむ人たちを殺していった。一九四三年九月の時点で、ヴィリニュス・ゲットーで生き残った人々の大半は別の強制収容所に送られ、残されていたのはおよそ二五〇人だけだった。その一部が周辺の森に逃げ込み、またその一部がのちに米国に渡った。正確な数はわかっていないが、この少数の移民グループとともに二種類の突然変異も海を渡り、現在、アシュケナージ系ユダヤ人に発症しているカナバン病の九七%を引き起こしている。

最初の移住者が少人数の移住集団に持ち込んだ突然変異によって、通常なら稀にしか起こらない単一遺伝子疾患がその集団内で頻発するようになる傾向を、遺伝子学者は「創始者効果」と呼んでいる。これは、あえて言うなら、サンプリングエラーだ。ヴィリニュス・ゲットーから逃げた生存者に、カナバン病の突然変異をもつ個人が含まれていなかったなら、この病気は現在わかっている一八の「ユダヤ人特有の遺伝病」のひとつに加わっていなかっただろう。その集団の内輪どうしで結婚した人たちが、創始者効果を拡大する。集団内に存在する病因遺伝子の変異が、世代から世代へと受け継がれていくからだ。両親から受け継いだ遺伝子ふたつともに病気を引き起こす変異があると、劣性遺伝疾患が発症する。突然変異は宗教とは無関係で、すべては人間の行為によるものだ。集団内から結婚相手を選ぶことで遺伝的に隔離された結果、突然変異は長く引き継がれたのであり、そのような行動は迫害によって助長された。

ユダヤ人は故郷を追われ、それも運がよければの話で、運が悪ければ殺害されるという、長い歴史を経て生きてきた。最初にイスラエルを追われたのは紀元前七二三年で、ほとんどが現在のトルコにあたる地域に落ち着いた。しかし紀元前五八六年にはそこも追われ、当時はバビロニアと呼ばれていた現在のエジプトとイラクにあたる地域に移った。ローマ帝国の時代、ユダヤ人の数は八〇〇万人ほどにのぼった。だが一世紀になるとローマ帝国からの退去を命じられて、西方のヨーロッパへと移動していく。その後一一世紀には十字軍による迫害で数が大幅に減り、生存者は東欧への移住を余儀なくされ、そこでトルコを追われていた他のユダヤ人たちと合流した。現在、米国で暮らすユダヤ人の八〇%がアシュケナージ系だ。その祖先は西欧、中欧、東欧の出身者だが、特にポーランド、ルーマニア、ロシア、ドイツ出身が多い。米国にいるそれ以外のユダヤ人はほとんどがセファルディ系で、地中海沿岸、おもにスペイン、リビア、モロッコから移住してきた。他に、ギリシャ、イラク、イランの出身者がいる。現代のユダヤ人の多くのゲノムを分析したところ、ほとんどどのふたりをとってみても、本人の知らないうちに四代または五代前の祖先が共通している。そしてアシュケナージ系ユダヤ人の四人にひとりは、ユダヤ人特有の遺伝病の保因者だ。集団内での結婚が多く、数が激減するなかでゲットーに集められたため、ユダヤ人たちのあいだで劣性遺伝子は消えずに残り、健康な保因者によって静かに受け継がれてきた。

　ユダヤ人の集団は大規模な崩壊と再生を繰り返してきた。生き残った小さい集団が再び大きくなるごとに、結局は同じ劣性の変異が子孫に現れはじめることになった。このようなユダヤ人集団の栄枯盛衰のせいで、特定の変異が隔離されて増幅され、その結果、現代のユダヤ人にカナバン病、ブルーム症候群、嚢胞性線維症、ゴーシェ病、家族性自律神経失調症、メープルシロップ尿症、あるいはその他の一二の疾病が高い割合で発症するようになってしまった。これらの病気はユダヤ人以外にも見られるものの、ユダヤ人に共通している遺伝子の変異とまったく同じものは、他の集団にはほとんど見られない。一方、かつては典型的なユダヤ人特有の遺伝病だったテイ-サックス病は、少なくともユダヤ人にはほとんどなくなり、リストから削除された。

　現代のイスラエルは、ユダヤ人の遺伝的多様性が立て続けに破壊されたことで遺伝子にどのような結果がもたらされたかを研究する生きた実験室の役割を果たしている。この国には生き残ってきた多様な集団の人々が暮らしており、それぞれの共同体は有用な遺伝子情報の宝庫となっているからだ。研究者たちは、イスラエルのある共同体ではよく見られるが、その他では稀少な疾病の登録情報を詳しく調べ、最初の移住集団と、はるかに人数の少ない現代イスラエルの集団の統計値を比較する。たとえば、ヘブライ大学ハダサー医療センターの研究者とその同僚たちは、レーベル先天性黒内障タイプ2（コーリーの病気）を引き起こしている変異が、北アフリカ、特にモロッコ出身のイスラエル人家族に非常に多いことを発見した。研究者は、現代のイスラエル人で見つかる変異は、およそ一五三世代（約三八二五年）前に始まったと計算している。このような情報があれば、一部の地域住民で他より多く見られる稀少疾患を確認できるので、医師が少しでも早く病気を診断するのに役立つ。

幸いなことに、ユダヤ人特有の遺伝病は急速に減少している。その理由のひとつとして、ユダヤ人がユダヤ人以外と結婚して血統が薄まったことがあげられる。だが一方で、病気の減少は共同の努力のたまものでもあり、そこには高度な技術など関与していない。はじまりはブルックリンに住んでいたひとりのラビで、その人物が自分にふりかかった悲劇から、すばらしいアイデアを思いついたのだ。ヒトゲノムの配列が決定され、その結果として遺伝病の保因者かどうかを調べる保因者検査の規模が大幅に拡大された今、このラビの考えだした方法は多くの遺伝性疾患を防いでいる。

＊　＊　＊

一九六五年、ホロコーストを生き抜いたラビのジョセフ・エクスタインとその妻のあいだにテイ－サックス病の第一子が生まれたとき、この病気の名を聞いたことのある人はほとんどいなかった。その男の子は生後六か月まで元気に見えたが、その後は筋緊張が失われ、小さなからだが発作に苦しめられるようになった。免疫系が必死で反撃しても、相次ぐ感染症に途切れることなく襲われた。徐々に動けなくなり、まもなくものを飲み込めなくなった。見ることも聞くこともできなくなった。二歳になってようやく診断がつき、四歳で世を去った。当時、テイ－サックス病が「ユダヤ人特有の遺伝病」であることは一般に知られておらず、幼い犠牲者は感染症で命を落とす多くの子どもたちにまぎれて特に注目されることもなかった。けれどもそのラビと妻は遺伝学に精通していたので、劣性遺伝のパターンをよく理解しており、ふたりとも保因者であることを悟った。つまり、また子どもが生まれても同じ病気になるということだった。

ラビの妻が再び身ごもったとき、生まれてくる子どもがその病気を受け継いでいるかどうかがわかる酵素の検査は受けないことにきめた。唯一の選択肢は妊娠中絶だったが、正統派ユダヤ教では禁じられていた。だからふたりはただひたすら待ち、希望をもちつづけ、赤ちゃんが生まれた。授かった女の子を見守るなか、数か月後には衰えがはじまり、悲しいことにその子もまたテイ゠サックス病であることが明らかになった。

夫妻のあいだには次に健康な子どもが生まれたものの、一九八三年に三人目のテイ゠サックス病の子どもが誕生したとき、ラビは行動をとろうと決意した。まず近隣の人々に話しはじめた。だがすぐに、人々がひどく悪いイメージを抱いていることを思い知らされる――共同体の内部では、この病気はすでに知られていたのだった。人々は病気の子どもがいることをひた隠しにし、ひそかに施設に送っていた。健康な子どもたちの結婚に差し支えないようにと、恐怖を口外することはなかった。そうこうするうちにエクスタイン夫妻には四人目のテイ゠サックス病の子どもが生まれた。

ラビのエクスタインはまだそうした名がないうちから地域社会活動家となり、一軒一軒を訪問して、人々にテイ゠サックス病のことをわかってもらえるよう奔走した。はじめのうちは、ひどく狼狽した様子のラビをまったく理解しない人、自分には関係ないからと興味を示さない人、あるいは自分に関係があるが故に話したがらない人ばかりだった。それでもラビは訴えつづけたので、人々は徐々に耳を傾けるようになっていった。

エクスタインは自分自身が遺伝学を教えていたことから、保因者の検査をすれば保因者どうしの結婚を避けられ、妊娠中絶を考えることなく恐ろしい病気の子どもを誕生させずにすむと気づいていた。けれども他のラビと共同体のリーダーたちは、保因者の検査によって人々が肩身の狭い思いをすることを恐れた。そこでエクスタインは、自分が暮らす地域社会で特定の劣性突然変異の保因者を見分けるための、内密にできる検査プログラムを考えだした。そしてその検査方法を、ヘブライ語で「正しきものの世代」を意味する「ドール・イェショーリーム」と名づけた。

一九八三年、ドール・イェショーリームはブルックリンのボローパーク地区ではじまった。若者たちは、まだ本気で恋愛したり結婚相手を考えたりする前に、学校で検査を受けた。現在もこのプログラムは順調に進み、一〇を超える他の病気もリストに追加されている。検査には公認の医療検査機関を利用し、秘密を守るために血液試料には識別番号を割り振る。ドール・イェショーリームのデータベースには、検査結果、生年月日、電話番号という、最小限の情報しか記録されていない。カップルは電話をかけて、パートナーがともに同じ病気の保因者かどうかを確認できる。一方だけが保因者の場合はそのことは伝えられない。子どもが発症する可能性はないからだ。パートナーがふたりとも同じ遺伝子の変異の保因者で、授かる子どもに毎回四分の一の確率で病気が発症する可能性がある場合は、遺伝的なカウンセリングが行なわれる。

当初、ドール・イェショーリームは激しい反対にあった。開始一年目の一九八三年にテイ-サックス病の検査を受けた人は四五人しかいない。しかもそのほとんどはエクスタインの友人だった。だが翌年は一七五人、さらにその翌年は噂が広まるにつれて七五〇人に増えた。こうして二〇一〇年までにはドール・イェショーリームを通して三〇万人以上の若者が検査を受け、検査の対象となるユダヤ人特有の遺伝病もますます増えた。また、同様のプログラムが世界中で実施されるようになっている。

単一遺伝子疾患は稀だ。一連のユダヤ人特有の遺伝病の検査を受けるカップルでは、一〇〇組あまりにひと組の割合で「相性が悪い」と判明する。そのように伝えられた人たちは、たとえば養子をもらう、提供者の卵子や精子を利用する、胚スクリーニングを受ける、子どもを作らない、あるいは別れるなど、さまざまな方法で対応することになる。ドール・イェショーリームが開始されて以来、ボローパーク地区で暮らす正統派ユダヤ教の人々のあいだに、検査対象になっている病気をもつ子どもはひとりも生まれていない。ユダヤ人の共同体からテイ‐サックス病は事実上なくなった。一九七〇年ごろ、ブルックリンにあるキングスブルックユダヤ医療センターの一六床のテイ‐サックス病用のベッドはいつもいっぱいだったが、一九九六年以降、この病院ではこの病気を診ていない。遺伝子検査プログラムは全体として、治る見込みのない病気をもつはずの何万人もの子どもの誕生を防いできたことになる。

ドール・イェショーリームの前身は、一九七〇年代半ばにユダヤ人が多かった東海岸の大学キャンパスで実施されたテイ‐サックス病保因者検査プログラムだ（私が学んだ大学も必要条件を満たしていたので、私もそのころ検査を受けた）。カリフォルニア大学サンディエゴ校で小児科と生殖医療を専門としていたマイケル・カバック教授は、一九七〇年代の保因者検査プログラムを率い、それからずっと症例を追いつづけている。この悲惨な病気がすっかりなくなったわけではない。「二〇〇二年から二〇〇三年まで、米国とカナダで新規の症例は皆無でしたが、二〇〇五年から二〇〇六年までには年に二例から四例見つかっており、それはロシア系ユダヤ人の流入を反映している可能性があります」と、カバック博士は話している。現在、世界で毎年一〇人から一二人のテイ‐サックス病の赤ちゃんが誕生しているが、それらはユダヤ人以外か、自分がアシュケナージ系ユダヤ人だと知らない人たちの子どもだ。その他に、たとえばペンシルバニア州のオールドオーダーアーミッシュ、ケージャン、フランス系カナダ人、アイルランド人などでも、創始者効果と限られた集団内での結婚によってこの病気の子どもがときおり生まれる。

ドール・イェショーリームは時代を先取りしていた。大勢の人々が遺伝子検査を受けるようになり、もう正統派ユダヤ教などの共同体でも不名誉とはされなくなった。さらにインターネットで本人が直接検査を依頼できるようにもなり、クレジットカードと口内の粘膜や唾液のDNAサンプルだけあればいいので、自分が何かの保因者であると気づく人の数はどんどん増えている。実際のところ、私たちひとりひとりはおよそ一四〇の劣性対立遺伝子をもっていて、もしパートナーの同じ遺伝子にも劣性の変異があり、それらが組み合わされれば、子どもの健康が損なわれることになる。ヒトゲノムの配列が決定される前には、この「遺伝的荷重」については、潜在的に危険な劣性対立遺伝子はひとりにつき七つか八つだけだろうと考えられていた。DNA配列決定のコストが下がり、ヒトゲノムプロジェクトの結果が検査に反映されていくにつれて、もうすぐ五〇〇近くの遺伝子検査を——誰でも——受けられるようになる。

＊　＊　＊

遺伝性疾患を、テイ－サックス病やカナバン病のように「ユダヤ人特有の病気」、あるいは鎌状赤血球貧血症のように「黒人特有の病気」とみなしたせいで、それ以外の背景をもつ患者の診断が妨げられてきた。DNAはただの分子にすぎない。それは宗教や肌の色とはまったく無関係に複製され、精子と卵子に送り込まれる。カナバン病と鎌状赤血球貧血症をもたらす遺伝子はすべての人にあり、誰でも突然変異の可能性がある。DNA配列とは、変化するものだからだ。そうした自然突然変異は、核酸の化学的性質の微妙な差異によって起こる。だから、遺伝性疾患に固定観念を当てはめ、特定の集団の人だけがかかるものだと思ってしまうと、現状を見誤る。

医学文献に記載された最初の五二例のカナバン病のうち、三一例がユダヤ人で発症していた。それは過半数ではあっても、圧倒的多数ではない。それ以来、この病気の原因だとわかっている七〇あまりの突然変異の半数以上がユダヤ人以外の家族で見つかっている。「神経科医は子どもを診察し、その子がユダヤ人でなければカナバン病はあり得ないと言います。おそらく誤診された子どもはたくさんいるでしょう。それに神経科医は稀少な突然変異を検査するスクリーニングを勧めません。費用が高いうえに、可能性が低いから、みんな受けようと思わないのです」と、パオラ・レオーネは話してくれた。検査の費用は病気の稀少性が高いほど高くなる。コーリーが最初に色素欠乏症の検査を受け、次に網膜色素変性症の一般的な変形を検査してから、さらに稀少なレーベル先天性黒内障を調べるよう医師が手配したのは、こうした理由があるからだ。

二〇〇一年四月三〇日に生まれたラナ・スウォンシーは、カナバン病にかかる民族に関する固定観念にふりまわされた。母親ミシェルの妊娠期間は平穏無事なものだった。ダウン症などの一般的な染色体異常の有無を調べる出生前診断では、「遺伝的に正常な女児」という結果が出ている。家族に特定の病歴があって検査を追加する場合を除き、羊水検査ではもっと稀な単一遺伝子疾患について調べることはない。スウォンシー一家にそのような病歴はなかったため、ラナが健康そのもので生まれたように見えたあとの急速な衰えは衝撃的だった。

「生後二週目で耳の感染症がはじまりました。生後四週目で、もう寝返りを打とうとしていたので、ベッドの柵をいつも上げておかなければなりませんでした。でも悪くなったのはそれからあっというまのことです。頭を支えることもできなくなってしまったのですから」と、ミシェルは当時を思いだす。ラナの二か月健診のとき、ミシェルは小児科医に心配を伝えた。すると医師は疑わしげな表情でミシェルの顔を見て言った。「あなたは息子さんと比べているんですね。お娘さんは発達が遅いだけですよ」

「でも、ぜったいにどこかが悪いのです。たしかに寝返りを打つのが早かったのはたまたまかもしれませんが、新しいことをやりはじめていたのが、今では何もしなくなっています」と、ミシェルは懸命に訴えた。

それでも医師は、「二、三か月したら、また連れてきてみてください。でも私はなんともないと思いますがね」と言うだけだった。

ラナは九月になっても、当時五歳の兄コティーの幼いころのようにおすわりすることはできなかった。ミシェルはこう回想する。「居間の床に座り、泣き叫ぶ赤ちゃんを抱いて揺すりながら、ツインタワーが崩れてゆくテレビの画面に釘づけになったのを覚えています。人生は私の手に負えないものだという思いがあふれてきました。心が重く沈み、あまりにも悲しかったので、そのうち私と私の大事な赤ちゃんのどっちのほうが激しく泣いているのかもわからなくなっていました」

ラナの目はものを追わなくなった。首もすわらず、寝返りも打てず、腕と脚が痙攣するようになった。そこでミシェルがもう一度医師のもとを訪れると、今度は医師も症状に目をとめた。

「あなたのおっしゃるとおりかもしれません。娘さんは脳性麻痺だと思います」

「なんですって？　でもそれではおかしいでしょう。それならなぜ生まれたときにわからなかったのでしょうか？　この子は生まれたときには元気で、今はそうではないんですから！」ミシェルは思わず医師に詰め寄った。

小さなラナの状態がさらに急速に悪化しはじめたとき、ようやくスウォンシー一家が暮らすサウスカロライナ州コロンビアのリッチモンドメモリアル病院への入院を認められる。そこではＭＲＩ検査、神経学的検査、目の検査、胃腸の精密検査、専門家の診察、血液検査と、次から次へと検査が続いたので、ミシェルは娘が耐えられないのではないかと心配したほどだった。「小児科部長のコーマン・テイラー先生は、カナバン病に関する文献を読んだことがあり、ラナがその特徴の多くを示していると思ったそうです。でも私たちがユダヤ人ではなかったのであり得ないと考え、その時点では私たちにカナバン病のことはおっしゃいませんでした」。ミシェルの羊水検査の同意書に、一家がユダヤ系ではないことが書かれていた。それでも二週間にわたる入院の半ばにさしかかるころ、医師はとりあえずラナの血液と尿をとってカナバン病の検査にまわした。「私たちがもっと詳しい検査のためにデューク大学に向けて出発する前の日に、NAA（N-アセチルアスパラギン酸）の値が高いことを示す尿の検査結果が戻ってきました。それでカナバン病だとわかったわけですが、確認するためには皮膚の生体組織検査が必要だと言われました」と、ミシェルは当時を思いだして話してくれた。一家が退院する前に、遺伝専門医が病室に立ち寄った。

「いい知らせですよ。やりました！」彼は誇らしげに告げた。ラナの血液試料の遺伝子検査で、ミシェルと夫のゲイリーには、それぞれ異なる異常な突然変異があることがわかったという。ふたりの祖先はアメリカ先住民とドイツ人だ。コーリーの場合と同様、ラナには同じ遺伝子にふたつの異なるエラーが生じていた。

「まあ、よかった。これで治療できるのですね！」ミシェルはほっとした声をあげた。

すると遺伝学者は不思議そうな顔をしながらミシェルを見て言った。「カナバン病について聞いたことがないのですか？」

ミシェルとゲイリーは首を横に振った。

「致命的な病気ですよ。娘さんはたぶん三歳までしか生きられないし、生きていたとしても完全な植物状態です。一年もたないかもしれませんしね」

ミシェルの表情からショックの大きさを感じたテイラー医師は、その遺伝専門医に退室するよう命じた。ジム・ウィルソンが若かりしころ、担当していた患者エドウィンの母親に、その少年のレッシュ-ナイハン症候群の原因になっている突然変異を見つけたことを勢い込んで伝えたときと、まったく同じ状況だった。治療法がなければ、そんな発見はミシェルにとって何の意味もなかった。

打ちひしがれた母親は泣きだしていた。「この子を連れて帰り、もうすぐ死ぬと思いながら愛しつづけろと言うのですか？　どうやればそんなことができるのか、教えてください！」

テイラー医師は幸い、退室させられた医師よりも入院患者への接し方を心得ていた。「ミシェル、治療の見込みはあります。しっかりしてください。デューク大学の意見を聞いてみましょう。娘さんが生きているかぎり、希望がありますよ」

ミシェルの弟を加えた一家は救急車でデューク大学まで移動し、そこで小さなラナはもう一度はじめからやり直しになった数々の検査と、痛々しい筋肉の生体組織検査にも耐えた。デューク大学の遺伝専門医と会うことになったときには、ミシェルはもう無理だと思い、代わりにゲイリーと弟に話を聞いてもらった。

「今度の医師は、パオラ・レオーネ先生が進めているプログラムがあるが、資金不足で中断している、とにかく連絡をとってみる必要があると言ってくれました。ただし、このかすかな希望の光を期待しすぎないように、まだ成果は上がっていないとのことでした。でも私は、希望があるかぎり先に進もうと思ったのです」。ミシェルはそう話す。

デューク大学のチームは一一月の下旬に診断を確定した。ラナを最初に診察した医師に、どこかがおかしいに違いないとミシェルが訴えてから、ほぼ六か月が経っていた。カナバン病の遺伝子治療臨床試験は二〇〇一年の夏には続いていたから、この病気を教科書でしか知らなかった医師たちがユダヤ人ではない子どもに発症するはずがないと思ったために、ラナは貴重な時間を失ったことになる。誤解は親戚にも広がった。「親類たちは口々に、『いや、私たちにそんな病気の者はいない、これまでにかかった家族はひとりもいない』と言いました。夫の家族は、私の家系だけではなく、夫の家系でも病気が誰かから遺伝してきていることをわかっていませんでした」と、ミシェルはそのときの様子を振り返った。友人や親戚の人たちは、彼女が妊娠中にラナの病気の原因になるようなことをしたのではないかと疑いの目を向けた。

「だから私は説明しました。私たちは誰でも悪い遺伝子をもっていて、たまたまもうひとつ悪い遺伝子をもっている誰かと結婚した場合だけ……」そう言いかけて言葉を切り、悲しそうに微笑むと、続けた。

「夫のゲイリーと私は、似合いの夫婦なんです」

ミシェルはまた、自分とゲイリーは特別な娘をいつくしむために、この地に遣わされたのだとも強く感じている。「あの子がカナバン病でなければよかったと思うかって？　ええ、そう思います。でも、今のあの子を変えたいとは思いません」

14　特許が生みだす苦境

リンジー・カーリンの遺伝子治療が可能になったのは、その細胞に送り込むべきＤＮＡの配列を、研究者たちが正確に把握していたからにほかならない。ヒトゲノムの配列全体が明らかになる以前は、病気を引き起こしている遺伝子を特定するまでに何年もかかっていた。それでも一九九〇年代は遺伝子の発見が加速された時期で、デュシェンヌ型筋ジストロフィー、嚢胞性線維症、ハンチントン病などの遺伝子が相次いで明らかになった。そのひとつにカナバン病の遺伝子も含まれるが、残念ながら金銭がからんだ事情によって、その学問的な発見を多くの人が利用できる診断検査に転換させる道がふさがれてしまった。カナバン病の特許の悪夢は負の先例となり、遺伝子治療の発展を手助けしてきた研究者や家族に、「今後すべきでないこと」を教えている。

カナバン病の遺伝子特許にまつわる争いは一九八一年にはじまる。この年、シカゴ郊外のホームウッドに住むダニエルとデビー・グリーンバーグ夫妻にジョナサンが生まれた。この赤ちゃんには生後九か月でカナバン病の診断が下される。その後、ジョナサンの妹のエイミーもその病気をもって生まれ、一家に再び衝撃が走ると、グリーンバーグ夫妻は子どもたちを助けるために米国テイ－サックス病および関連疾患協会のシカゴ支部を設立した。イリノイ大学シカゴ校で先天性代謝異常を研究していた小児科医ルーベン・マタロンと夫妻との出会いは、この協会の会合だった。夫妻はマタロン博士に、自分たちのように重病の子どもをもつカップルがなくなるよう、カナバン病の出生前検査を開発してほしいと頼んだ。

一九八七年にジョナサンとエイミーが相次いで世を去ると、夫妻は遺伝子研究に役立ててもらうために子どもたちの脳をマタロン博士に提供している。さらに、カナバン病の子どもをもつ家族の登録を開始し、マタロンの研究のために生体組織を提供するよう一六〇以上の家族を説得した。しかしグリーンバーグ夫妻について論文を書いた生命倫理学者によれば、インフォームド・コンセントが行なわれていなかった。それらの家族は自分たちの子どもの血液、尿、脳から得られる情報で、どんなことが可能なのか、どんなことが起こるのか、ほとんど何もわからないままに提供していたのだ。カナバン病の家族がもし先のことを見通せていたなら、シャロン・テリーとオーグスト・オドーネがのちに行なったように、科学的なプロセスを共有して、主要な論文と特許に自分たちの名前も入れるようにしていただろう。

家族からの支援を受けながら、マタロンはカナバン病の遺伝子を探しはじめた。最初に代謝の異常を解明する必要があり、それは博士の専門分野だった。一九八八年までに、ふたつの家族が提供した尿と血液を使用して、マタロンはカナバン病の明らかな特徴であるN‐アセチルアスパラギン酸（NAA）の過剰と酵素アスパルトアシラーゼ（ASPA）の不足を発見する。さらに皮膚細胞でのASPAの不足も確認している。博士が考案したNAA値の上昇を検知する尿検査は画期的なものだった。生体組織検査をしなくても、脳の海綿状の変性を検知できるようになったからだ（頭に穴をあけなければならないより、カップを覗くだけですむほうが望ましいのは当然だ）。

酵素の不足は通常は血液に現れないから、血液検査は役に立たないことはわかっていた。そこでマタロンは当初、羊水検査を用いて親が保因者である胎児を調べれば、出生前診断が可能だろうと考えた。羊水にNAAの過剰とASPAの不足が見つかれば、病気を診断できるのではないか。マタロンと三人の同僚は一九九一年の下旬に、羊水検査でカナバン病の有無を調べた結果、生まれてくる子どもは病気ではないと判別された一三組の夫婦についての論文発表を準備していた。だがまさにそのとき、その羊水検査を経て一九九一年六月にバージニア州アーリントンで生まれたモリー・グリーンが、カナバン病の症状を見せはじめたという知らせが飛び込んできた。論文は新年早々、誤診を伝える不穏な追記を加えて掲載された。さらに悪いことに、米国テイ‐サックス病および関連疾患協会が、カナバン病の出生前診断に成功したポスターガールとしてモリーの写真を載せたハガキを、何千枚も配り終えたばかりだった。その後、出生前診断で心配なしと判定された一三組のうち別の三組でも誤診が判明する。あわせて四つの家族のうち二家族が訴訟を起こし、のちに和解した。モリー・グリーンは一歳の誕生日を待たずに世を去った。研究者たちはこの悲劇を通して、酵素の不足またはNAAの過剰を検出するだけではカナバン病の診断には不十分であることを学んだのだった。突然変異を識別すること、異常なDNAを特定することが急務だった。

カナバン病の原因遺伝子を見つけだすまでには五年の歳月がかかり、マタロンはそのあいだにマイアミ小児病院研究所の所長になっていた。発見はほとんど常にマタロンの功績とみなされている。学術論文では共著者の名前が列記され、まんなかあたりには、階級は低いが骨の折れる仕事を引き受けた大学院生やポスドクの名が並ぶのがふつうだ。一九九三年に「ネイチャージェネティクス」誌に掲載されたカナバン病遺伝子を特定した論文の共著者は四人で（最上位にマタロンの名がある）、その二番目に並んだグアンピン・ガオは、発見した日のことを忘れることはできないと話す。「一九九二年八月二四日、日曜日の朝でした。私の指導者だったラジンダー・カウルがいっしょにいて、私たちは遺伝子配列を決定できたことに気づいたのです。外ではハリケーン・アンドリューが荒れ狂っている真っ最中でしたよ。私たちは研究室にいたのですが、すっかり停電してしまい、至るところで木が倒れました」

「ネイチャージェネティクス」誌に論文が載ったことを祝って研究室が主催した祝賀会が、ガオのキャリアにとっての転機となった。「患者さんが何人か来ていて、身なりを整えた少年に出会ったの覚えています。その少年はネクタイをして、特殊な椅子に座っていました。でも頭を上げることができませんでした。私は胸がいっぱいになって、思わず『彼のＤＮＡをこの手につかんだんだ！』と口走って、その言葉が『マイアミヘラルド』紙に引用されてしまいました」。小さなリンジー・カーリンを目にしたパオラ・レオーネが二年後にカナバン病に専念することに決めたように、この少年は若き日のガオ博士にいつまでも消えることのない影響を与えた。「見込みのない状況に置かれた親と子どもたちがとてもたくさんいます。私はそれをなんとかする方法を見つけたいと思いました。あの瞬間、あの少年に会ったとき、遺伝子治療が唯一の解決方法だと確信しました」

カナバン病の原因遺伝子発見で博士号を取得した後、ガオはペンシルバニア大学でジム・ウィルソンとともにポスドク研究を進め、アデノウイルスがジェシー・ゲルシンガーの免疫系を過度に働かせすぎて命を奪った仕組みを詳しく解明した。現在、ガオはアデノ随伴ウイルスの第一人者となり、数十種類のウイルスを研究している。

カナバン病の遺伝子の解明によって正確な保因者検査が可能になったので、そのような検査を続けていけばテイ－サックス病と同じくカナバン病も世界からなくなるだろうと、患者の家族は期待に胸を膨らませた。一九九六年までには、ニューヨーク市を本拠とするカナバン財団が無料の検査を提供するようになった。だが、大きな問題の影が忍びよっていた。一九九七年、マイアミ小児病院とガオを含むその研究者たちが、カナバン病遺伝子の特許権を取得したのだ。つまり、特許権所有者として、遺伝子検査の基本となる遺伝子の利用を規制できるようになった。検査の値段を高く設定することも、利用を制限することもできる。特許が認められたころ、カナバン病の子どもをもつふたりの母親、ジュディス・サイピス博士とオレン・アルパースタイン・ゲルブラムは、カナバン病の保因者検査を普及させようと夢中で活動しているところだった。実際にこの病気の子をもつ家族だけでなく、アシュケナージ系ユダヤ人全体を対象とした標準的な医療対策に、この検査を組み込もうと奔走していたのだ。ふたりには断固として闘う心構えができていた。

ジュディス・サイピスの息子アンドレアスは一九七五年に生まれ、一九九〇年代半ばには最年長のカナバン病患者のひとりになっていた。サイピス博士は現在、ボストンにあるブランダイス大学で遺伝子カウンセリングプログラムを率いている。オレン・ゲルブラムの娘モーガンは一九九〇年に生まれ、カナバン病と診断された。ゲルブラムはマーケティングの学位をもっているが、遺伝子の特許が下りた時点では、重度の障害に陥った娘をフルタイムで看病し、夫のセス、子どもたちとともに、マンハッタンで暮らしていた。一九九六年四月一四日付の「ニューヨークタイムズ」紙に掲載されたモーガンの記事には、マウントサイナイ医療センターで実現間近な無料のカナバン病保因者検査のことが取り上げられている。

アンドレアスとモーガンはともに一九九七年に世を去ったが、その母親たちは、遺伝子特許の与える影響に対する烈しい闘いを終わらせはしなかった――闘いは現在でも他の遺伝子で続いている。サイピスはそのころの戦略をこう振り返っている。「私たちは母親ふたりでしたが、米国テイ‐サックス病および関連疾患協会とカナバン財団がうしろだてになってくれました。私たちは北東地域遺伝学グループを発足させ、一九九七年六月には、すべてのアシュケナージ系ユダヤ人カップルに対して保因者スクリーニングを推奨するという声明の承認を得ることができました。それを米国産婦人科学会に持ち込み、学会は一九九八年一一月はじめに声明を発表しました」。そうした承認を経て、サイピスとゲルブラムは対象となる人々全般への教育プログラムを開始した。「それまで、保因者検査のことを知っていたのは発症した子どものいる家族だけでした。私たちはワクワクしながら開始の準備を整え、保因者スクリーニングのことや、検査をする研究所の数について話し合っていました」と、サイピスは語る。検査を受ける人が増えれば、一家の遺伝子に潜んでいた劣性疾患が突如として子どもに現れるという、悲しい不意打ちを避けることができるはずだ。

検査を広めていくのはすばらしいアイデアだったが、それも特許が下りるまでのことだった。「五週間のうちに、検査を実施する予定だったすべての研究所に宛てて、検査排除命令の書簡がマイアミ小児病院から送られてきました」。サイピスがそのことを思いだすと、長いこと抑えてきた怒りが再び湧きあがってくるのがわかる。「それからは、とても難しい状況になりました。私たちがほんとうに求めていた、自由に手ごろな費用で受けられるカナバン病のスクリーニングに対し、マイアミ小児病院はたくさんのハードルを突きつけてきたのです」

カナバン財団はただちに「マイアミヘラルド」紙の一面全部を使った声明を出し、病院からの書簡に対応する。「マイアミ小児病院は『子どもたちのために』と謳っている。残念なことに、すべての子どもたちのためではない」という見出しの下に、かわいらしく微笑むモーガンの写真を載せた。写真には「一九九〇―一九九七」の小さい文字が添えられた。そして事実を説明し、次のように締めくくった。「どうかこれ以上、子どもたちを無駄に苦しめないでください。これ以上、親たちに悲しい思いをさせないでください」

マイアミ小児病院は、検査一回につき一二五ドルを対象者に負担させるよう医療機関に強制するとともに、検査に加わる研究所の数を制限し、それらの研究所が実施できる検査の回数も制限した。検査を実施していたある診療所には、産婦人科学会が声明を発表した数日後の一九九八年一一月一二日付で、マイアミ小児病院の最高財務責任者から書簡が届いている。そこには、マイアミ小児病院から使用許諾を受けることが義務づけられているとあり、「われわれは保因者、妊娠、患者のＤＮＡ検査に関連するわれわれの知的所有権を強力に執行する意向である」と書かれていた。いったい何のために？　遺伝子の発見にかかった費用を回収するためだとされる――遺伝子は、病気にかかった子どもたちの生体組織を使って、グアンピン・ガオの大学院での研究プロジェクトで発見された。マタロンは「サイエンス」誌のニュース記事で、遺伝子を見つける研究のためにカナバン病の親たちが貢献した額は一〇万ドルに満たないが、マイアミ小児病院では一年間に一〇〇万ドル以上の費用がかかったと指摘している。

遺伝子検査を実施する研究所のなかには、争いを避けるためにカナバン病の検査を中止したところもあった。最初はイリノイ、のちにフロリダに移ったルーベン・マタロンの研究室に、カナバン病の子どもの尿、血液、皮膚、脳を黙って提供してきた親たちは、それを利用して得られた知識から誰かが金銭的利益を手にするとは思ってもいなかったので、だまされたと感じた。こうした親たちの窮状は注目を集め、シカゴ‐ケント法科大学院の二〇〇二年修了予定の学生たちが、ロリ・アンドリューズ教授、エド・クラウス教授、ローリー・リーダー教授とともに二〇〇〇年一〇月三〇日、シカゴにある連邦地方裁判所に無償で訴訟「グリーンバーグ対マイアミ小児病院研究所」を起こした。原告には、ダニエル・グリーンバーグやジュディス・サイピスなどの親たち、カナバン財団、ドール・イェショーリーム、米国テイ‐サックス病および関連疾患協会が名を連ねた。被告はマイアミ小児病院と「ネイチャージェネティクス」誌に掲載された論文の著者で、指導教官のあいだに名前が並んだガオらも含まれていた。法的な異議申し立ての中心になったのは遺伝子の特許取得ではなく、公共の利益のために寄贈された生体組織を金銭的利益のために利用した点だった。原告は被告が得た使用料の七万五〇〇〇ドルの返還と、検査の営利化阻止を求めた。この訴訟は二〇〇三年八月六日に和解している。サイピスによれば、原告の資金が尽きたためだった。

和解は妥協の産物だった。研究所はカナバン病の検査に対して料金を請求できるが、遺伝子治療やマウスの実験などの研究に遺伝子を利用する際にはマイアミ小児病院に使用料を支払わなくてもよいとされている。マタロンは和解の発表で次のように述べた。「この病気では、知識を向上させ、発生を防ぎ、願わくば発病した子どもたちを助けるために、病気の研究者と病気になった子どもの家族とのあいだの協力が欠かせません」。カナバン病にかかわる人々の多くは、この言葉はあまりにも少なすぎるし、あまりにも遅すぎると感じた。

「グリーンバーグ対マイアミ小児病院研究所」の訴訟は、裁判による判決には至らなかったものの、カナバン病が生命倫理の専門誌や教科書に取り上げられるきっかけを作った。カナバン病は、ヘンリエッタ・ラックスとその子宮頸癌の細胞（ＨｅＬａ《ヒーラ》細胞）、ジョン・ムーアとその有名な脾臓と並ぶ、著名な事例になった。これら三つの事例に共通しているのは、人のからだの一部を搾取するという問題だ。

宇宙から原子炉の奥まで、現在至るところで利用され試験されているＨｅＬａ細胞は、一九五一年に貧しく無学だったアフリカ系アメリカ人女性の癌に冒された子宮頸部から切除されたものだ。ヘンリエッタ・ラックスはバルティモアのジョンズホプキンス病院にあった黒人用病棟で治療を受けたが、その癌細胞が採取されて培養され、やがて世界中の研究所に送られて利用されるようになった。本人や家族はそれについて同意していないばかりか、採取のことを知らされてさえいなかった。

ジョン・ムーアの状況は、ヘンリエッタ・ラックスとは大きく異なっている。一九七六年、三一歳のこの男性はアラスカのパイプラインを調査する仕事で毎日長時間働いていた。体調が悪くなったのだが、からだにできた青あざ、歯茎の出血、腹部の腫れはストレスの多い仕事のせいに違いないと思っていた。だが地元の医師が白血病の症状だと気づき、ムーアは実際に稀な種類の血液の癌、有毛細胞白血病に冒されていた。医師はムーアにカリフォルニア大学ロサンゼルス校の専門家であるデヴィッド・ゴールドを紹介し、ゴールド医師がムーアの脾臓を摘出すると、なんと大型のネコほどの重さがあったという。ムーアは、切り取られたからだの一部はもう使えないと思ったので、病院が「切除された組織や器官を焼却処分する」ことに同意した。しかしゴールド医師は、その脾臓が稀少で高い価値を生む可能性のあるタンパク質を作りだしていることに気づいていた。ムーアがある薬に特異な反応を示すのでわかったことだった。医師はこの患者がシアトルに移ったあとでさえ、「追跡調査」のために定期的に大学に来るよう求めていた。

ムーアは一九八三年まで指示に従っていたが、この年、「私から採取された血液や骨髄から開発される可能性のあるあらゆる製品」という記述がある新しいインフォームド・コンセントの書類を手渡される。疑わしく思ったムーアは署名しなかった。するとゴールド医師は彼を追いつづけ、シアトルまで訪ねてきて何度も署名するよう求めたという。ますます疑いを深めたムーアは書類を弁護士に見せ、その調べによって、ゴールド医師がムーアの「寄贈」した臓器を使って貴重なタンパク質を大量に作りだす細胞株を培養していたこと、また製品を開発するためにすでにバイオテクノロジー会社と手を組んでいたことがわかったのだった。その年の一月には、カリフォルニア大学が「特異なTリンパ球細胞株と、それに由来する製品」――ムーアの脾臓細胞――の特許を出願していた。特許は一九八四年に認められた。

自分の脾臓が「Mo」と名づけられた利益を生む細胞株になっていたことを知ったムーアは、自分が「肉片」になったような気がしたと言った。そして一九九〇年にカリフォルニア大学の理事会を相手取り、一三の訴因をあげて訴訟を起こす。訴因には、インフォームド・コンセントの欠如、組織利用の信任義務違反、個人的な利益を開示しなかったことなどが含まれていた。しかしカリフォルニア州最高裁判所はムーアの訴えを退け、からだから切り離された細胞はその人と等価なものでも、その人の生成物でもないという見解を示している。さまざまな異論が繰り広げられたこのジョン・ムーアの裁判以降、長いあいだ生体組織の所有権を主張する者はいなかった。

人はからだの一部に対し、それが自分から離れたあとでも所有権を主張できるかという問題は、ヒトゲノムの配列決定以降に再燃する。今は、インターネットを通して遺伝子検査を引き受けている企業に、人々が日常的に自分のDNAサンプルを送る時代だ。乳癌発症のリスク増加に関連するふたつの遺伝子、

ＢＲＣＡ１遺伝子とＢＲＣＡ２遺伝子に対し、ソルトレイクシティーのミリアドジェネティクス社が所有権を主張したことで、カナバン病の訴訟で明らかになった問題がもう一度クローズアップされることになった。ミリアド社が乳癌遺伝子の所有権を主張しているために、検査の費用が高くなり（遺伝子全体の配列決定では三〇〇〇ドル以上かかる）、研究が制限されてきた。多数の遺伝子関連組織が二〇一〇年にこの会社に集団訴訟を起こして、いったんは勝訴したものの、その判決はくつがえされている。ミリアド社は今もなおふたつの乳癌遺伝子を支配し、検査の規制を続ける。

乳癌の特許に怒りを覚える人々は、その訴訟のルーツをたどっていくと、カナバン病にかかわる人々の小さなコミュニティーに行き着くとは気づかないかもしれない。サイピスは次のように語る。「ミリアド社が先例となっていくでしょう。乳癌は誰にでも起こり得る病気ですから。私たちは時期が早かったし、ささやかな存在でした。でも、とてつもなく大きな声で訴えましたよ」

15　ひとすじの希望の光を追って

カナバン病に取り組んだはじめての遺伝子治療臨床試験は、幸いにも特許の問題が発生する前に実施されたが、メディアから大きく注目されて非難の嵐を巻き起こす結果になった。

リンジー・カーリンとその家族が一九九五年五月にイェール大学の研究者に会ったとき、マット・デューリングはイェール大学だけでなく、国籍をもつニュージーランドのオークランド大学でも教職についていた。リンジーの父親ロジャー・カーリンとマットは毎日のように話をするようになり、ふたりとも遺伝子治療の可能性に心を躍らせた。そうした話し合いが数か月続いたあと、カーリン夫妻と、コネティカット州でやはりカナバン病の子をもつムシン夫妻が、募金活動を開始した。

マット・デューリングとパオラ・レオーネは、カナバン病の原因遺伝子の正常なコピーをリポソームという微小な脂質の泡に入れて、子どもたちの脳に送り込む計画を立てた。全身麻酔で眠る患者の頭蓋骨に神経外科医が穴をあけ、脳室と呼ばれる四つの脳内空間のひとつまで直接届く道を作る。脊椎とつながるこれらの空間内は脳脊髄液で満たされていて、その液は脊椎穿刺によって採取できる。作られた道に細いカテーテルを通して、遺伝子の入ったリポソームを脳室に送れば、健康な遺伝子が少女の脳内の主要な神経細胞に届くだろうとマットとパオラは考えた。神経細胞では、細胞膜がリポソームを抱え込むようにして内部に引き入れ、そこで小さな泡から、欠けている酵素を作る指示を携えた遺伝子が放出される。ある程度の時間が経ったころ、脳スキャンでミエリンがニューロンの軸索を包みはじめているのがわかれば、研究者は大成功を知ることになる。

一九九五年一〇月二九日付の「ニューヨークタイムズ」紙は、イェール大学でまもなく実施されようとしている遺伝子治療の臨床試験を歓迎する記事を掲載した。ニュージーランドという語は、記事には見当たらなかった。

「マットは、研究室をニュージーランドに移して遺伝子治療を進めていくと話してくれました。ニュージーランドでは数か月で承認が得られるけれど、ここでは何年もかかるとのことでした」と、ロジャーは当時を振り返る。ふたつの家族はニュージーランドへの旅を計画した。

一九九六年三月はじめ、リンジー・カーリンとアリッサ・ムシンは遺伝子治療を受けたが、苦労が多かったとヘレン・カーリンは語る。「私たちは食品医薬品局の審査をすりぬけるためにニュージーランドに行ったと、世間から責められました。でも、私たちはそのほうが早く実施できると思っただけで、規制をすりぬけてなどいません」と、ロジャーはそのときの経験談をいくつかあげて、ニュージーランドでの臨床試験は正当なものだったと話す。「医療委員会と倫理委員会の委員たちとの面談が必要でした。倫理委員会のメンバーはあらゆる階層から集まっていて、医師、研究者、看護師、先住民のマオリの人たちもいました。マオリの人たちは人間のＤＮＡに手を加えて使うことは正しいと思っていないので、子どもたちに投与するのは、そのようなものでないかどうかを知りたがりました。でもこの遺伝子治療では合成物を使うので問題ありませんでした」

ただし、ロジャー、ヘレン、三人の娘たちが長旅に出発した時点では、その遺伝子治療はまだ正式に承認されていなかった。ロサンゼルスでの乗り継ぎのあいだにヘレンが何度か電話をして、倫理委員会がゴーサインを出したことを知ったが、別の病院の代表者たちが難色を示していた。一家はニュージーランドに到着したあと、委員会が娘をどうすべきか議論しているあいだ、小旅行をして一週間を費やした。「八日目にようやく承認されたと知らされたので、オークランドに行き、治療を受けたのです」と、ロジャーは語る。承認したのは、ニュージーランド医療研究審議会が集めた識者の委員会だった。

一家は、地球の両側で正反対の反応に直面することになる。当時一三歳だったモリー・カーリンは、林に囲まれたホテルにいるときマット・デューリングから電話があり、ようやく承認されたと伝えられたことを覚えている。「リンジーはニュージーランド滞在の二週目に遺伝子治療を受け、どの新聞でも取り上げられました。私たちはオークランドでは有名人だったんですよ。街では呼びとめられたし、マオリの司祭の人が病院までやってきて、リンジーとアリッサを祝福してくれました」

デューリングは三月六日のニュースリリースで遺伝子治療について発表し、前もって寄せられる期待をできるだけ和らげようとした。「われわれが望める最高のものは、手順の安全性です。それ以上の結果が出れば、おまけのようなものです」。すると数日後に「サイエンス」誌が、「ニュージーランド、遺伝子治療に飛びつく」という柄にもなく不正確なニュース記事でこれに応えた。この記事は、他の科学者が従っている規則をデューリングは意図的に破ったと非難する米国立衛生研究所の組み換えDNA諮問委員会の委員の言葉を引用し、カナバン病を「映画『ロレンツォのオイル』で描かれた」病気だとしている――映画の病気は副腎白質ジストロフィーだ。さらにこの記事はデューリングをイェール大学の客員教授としたが、実際には当時、外科と内科の准教授であり、すでに八年にわたって遺伝子治療研究室長を務めていた。この点についてはデューリング本人が、「サイエンス」四月二六日号に掲載された書簡で指摘している。記事はまた、デューリングが規制当局に連絡した日付を誤って記載し、引用文をいくつも並べて、マット・デューリングが危険な遺伝子治療の実験を大急ぎでできる場所を求めて米国を逃げだしたと暗に伝えようとしている。六月になると「ランセット」誌が、「遺伝子の臨床試験がニュージーランドで倫理的論争を巻き起こす」という新たな記事を発表したが、その主張はカーリン一家が娘の外科手術後何日かで実際に経験したことと、大きく食い違っていた。

「サイエンス」誌と「ランセット」誌が作り上げた筋書きは一般のメディアにも広がっていき、そこから導かれた批判は長年にわたってマット・デューリングにつきまとうことになる。マットとパオラがカナバン病の臨床試験を拡大したければ――実際にそう考え、すでに数十にのぼる家族が順番待ちに登録したいと願いでていたが――裏切り者というイメージに逆らって進まなければならなくなった。

カーリン一家は力を貸そうと考え、国立衛生研究所、組み換えＤＮＡ諮問委員会、施設内審査委員会の会合に出かけていっては、毎回発言した。「どの会合でも、私たちには来てほしくないと言われましたが、一般参加が認められていたので、とにかく顔を出しました」と、ヘレンは思いだしながらクスクス笑った。「私たちが主張しつづけたのは、この子どもたちが必ず死に至る悪化の道を進みつづけていることでした。安全性の調査はすべて前途有望に思え、効果を得られる兆候も見えるのですから、この子どもたちには治療を受ける倫理的権利があります。ところが、病院の理事たちが承認に傾いても、弁護士が割って入ってノーと言うのです。あの人たちは、どんなリスクも負いたくありませんでした。何の治療もせずに、ただお葬式を待つよりはずっといいのに」

マット、パオラ、カーリング一家は、ニュージーランドで行なった遺伝子治療に対する抗議の声を和らげようとする一方で、ふたりの幼い患者を注意深く見守った。そしてそこには、勇気づけられる結果が現れていた。

「以前は、リンジーが人と目を合わせることはありませんでした。壁に向かってニコニコするだけだったんですよ。でも遺伝子治療の翌日、あの子は私のことをしっかり見て、笑ってくれました」と、ヘレンは思い起こす。この最高の瞬間を、ロジャーも目の当たりにした。アリッサも同じことをした。ふたりの女の子はともに、首をいくぶん自由に動かせるようになったように見え、からだが少ししっかりした。

もっと客観的な評価も有望なものだった。その後一年にわたる磁気共鳴スペクトロスコピーの検査結果によれば、リンジーの脳のN-アセチルアスパラギン酸（NAA）レベルは持続的に低下した。一方アリッサの場合、はじめ低下したものの、九か月後には元のレベルに戻った。また、アリッサでは一年後もアスパルトアシラーゼ（ASPA）の根跡があったが、リンジーにはなかった（デューリングは、脊椎穿刺で採取した試料の骨髄液に含まれていなかっただけかもしれないと語っている）。アリッサは長い時間じっとしていられないので視力を検査できないが、リンジーの視力は大幅に向上した。その後の臨床試験でも、他の親たちが子どもの視力向上を伝えている。視神経の場合、脳につながる経路が短いので、最短期間で軸索にミエリンがつくられる。だが最も明らかな違いは、一連のMRI検査結果でわかったリンジーの白質の変化だった――遺伝子が導入された場所に最も近い組織に、ミエリンが現れていたのだ。

たしかに進歩してはいたが、前進はわずかずつだった。それでもゆっくりと、リンジーは発達の段階をのぼりはじめていた。遺伝子治療の一か月後には、誰かが脇の下をもって立たせてやれば両脚で体重を支えられるようになり、横向きに寝た状態から自分であおむきになれた。「リンジーと理学療法士の人といっしょにいたとき、あの子が腹ばいになり、何分間も頭をもちあげたままでいられたのを思いだします。それまでは一度もなかったことです。遺伝子治療を受ける前には、できたことがありませんでした」と、モリーは話す。生後三一か月になるころには、リンジーは何かにさわろうと両手を伸ばせるようになり、一八か月から二四か月の幼児の社会的技能と言語技能を身につけるようになっていた。アリッサにも神経学的な進歩は見られたが、一年後にはその進歩が止まっていた。やがて、リンジーの進歩もある程度のところで止まった。

研究者たちには、もっと多くの子どもたちに遺伝子治療の臨床試験を実施する必要があることがわかっていた。リンジーのほうがアリッサよりよい結果が出たので、できれば年齢を低くしたかった。マットとパオラは遺伝子導入の手法も改善したいと考えていた。次は、おそらくイェールに戻り、二倍量の遺伝子を入れたリポソームを、頭皮の下に埋め込んだオンマヤ・リザーバーと呼ばれるプラスチック製の袋に送り込むことになるだろう。その袋からカテーテルを通して周囲の脳組織にリポソームを行き渡らせる。うまくいけば、ＡＳＰＡを必要とするもっと多くの場所に遺伝子を届けられるはずだ。

カナバン病の子どもをもつ親たちはリンジーとアリッサのその後を、固唾をのんで見守っていた。三番目の夫婦、リチャードとジョーダナ・ソンタグには、状況を先に押し進めるだけの財源があった。ソンタグ夫妻はニュージーランドで臨床試験を続けるための資金を提供したが、「サイエンス」誌と「ランセット」誌の記事が響いた。「ニュージーランドの遺伝子治療委員会が、プロジェクトを進めることをきっぱり断ってきました。最初の試験は『コンパッショネート・ユース（人道的使用）』として例外的に承認したものだから、規制当局による認可を得るには一からやり直さなければならないというのです」と、パオラは回想する。その宣告を受けて、オークランドでの臨床試験は終わった。それでも、子どもたちにはまだパオラがついていた。マット・デューリングはニュージーランドにとどまったが、パオラ・レオーネはイェールに戻った。

＊　＊　＊

イェール大学と患者の親たちは遺伝子治療の臨床試験のために資金を提供し、試験の実施は一九九八年に承認される。タイミングがよかった。マイアミ小児病院はまだカナバン病の原因遺伝子の特許権を行使していなかったし、ジェシー・ゲルシンガーが遺伝子治療のためにフィラデルフィアで命を落とす前でもあった。カナバン病に対するこの二回目の遺伝子治療臨床試験では、ジェイコブ・ソンタグ、リンジー・カーリン、他に一四人の子どもたちが、それぞれに埋め込まれたリザーバーから脳に続く六本のカテーテルを通して、六〇〇〇億から九〇〇〇億個のウイルスの投与を受けた。そのひとりに、真っ青な瞳とかわいらしい赤毛をもつ、当時まだ生後一一か月のマックス・ランデルがいた。

シカゴの近くに住むアイリスとマイク・ランデルは、カナバン病の世界に足を踏み入れてからまだ六か月しか経っていなかった。カーリン夫妻と同じくランデル夫妻も、「お子さんに未練を残さずに、養護施設を探しなさい」と言われていた。カナバン病のように恐ろしい病気の診断は、きょうだいや祖父母にも大きな打撃を与えるもので、マックスの祖母のペギーははじめて聞いたときパニックに陥り、苦しんだことをよく覚えている。「誰に聞いても、その病気は悲惨で、やがて植物状態になると言われました。そこで神経科医をしている妹が医学関係の図書館を三つもまわって、笑顔で感情を表しているカナバン病の子どもの写真を探しまわりました。すると、ニッコリ笑っている男の子の写真が見つかったのです。アイリスはその写真を冷蔵庫に貼り、その写真がみんなに希望を与えてくれたんですよ」。ペギーはそこで言葉を切って気持ちを落ち着かせると、一段と低い声でこう付け加えた。「マックスが、今ではその写真です」。マックスが診断を下されるとすぐに、一家は車で五時間も南下してカナバン病の小さな女の子の家を訪ね、どんな暮らしをしているかを見せてもらっている。まもなく、神経科医の大おばがパオラ・レオーネに電話をかけた。そしてランデル一家もハース一家のように、遺伝子治療の臨床試験がまさに進行中の時期にあたるという、すばらしい幸運に恵まれたのだった。コーリーとマックスはともに、それぞれの臨床試験で最年少の被験者だった。

規制にはお役所仕事がつきものだから、一九九八年のイェール大学の臨床試験は、とにかく実施されただけでも奇跡のようなものだ。食品医薬品局、組み換えDNA諮問委員会、イェール大学の生物学的安全性および人権擁護調査委員会は、一九九六年から一九九八年までのあいだに何度も会合を開いて、提案された臨床試験について話し合った。だが、山積みの問題を乗り越えるのは不可能のように思われはじめ、承認に向けた前進は立ち往生した。何しろ、子どもの頭に穴をあけて脳に遺伝子を導入しなければならなかったし、リザーバーの埋め込みには二〇分の一の感染リスクも見込まれた。二〇〇回以上試験を実施しても、持続的ではっきりした病気の改善が見られないという、遺伝子治療のあまりぱっとしない実績も背景にあった。

さらに実際的な問題も進行を妨げていた。「倫理委員会の会合が開かれるたびに、委員の誰かが休暇で欠席していました。そのときは、『妹の命が風前の灯だというのに、私たちは誰かが避暑地での休暇から戻ってくるのを待っているのね』と歯がゆく思ったのを覚えています」。モリー・カーリンは当時をそう振り返った。

一九九七年の夏は、カナバン病遺伝子治療を待つ小さなコミュニティーにとって悲惨なものになった。モーガン・ゲルブラムが七歳で世を去った。体重はわずか一三キロ半だった。イェール大学の委員会がメンバーの欠席でもたもたしているあいだに、ジェイコブ・ソンタグは少しずつ弱っていた。変化は微妙なものであっても、定期的に診察をして検査結果とスキャン画像に目を通すだけの医師より、親の目にははっきりわかる。母親のジョーダナは、ジェイコブが自分のことを認識してくれるまでの時間が少し長くなったこと、一方の目がわずかに斜視になってきたことに気づいていた——筋肉の張りが、前より急速に衰えだしていたのだ。イェール大学の委員会が九月になってまた決定を持ち越したとき、リチャードとジョーダナは小さなジェイコブの外出の支度を整え、ニューヨーク市郊外からイェール大学まで車を飛ばして、責任者の目の前にジェイコブを突きつけた。その場に居合わせたにぎやかな新人医学生たちも驚いて様子を見守った。作戦は功を奏したらしい。イェール大学は一〇月に開かれた次の生物学的安全性および人権擁護調査委員会で臨床試験にゴーサインを出し、政府も一九九七年一二月に合意したからだ。さまざまな分野から集まった委員会のメンバーが、カナバン病の子どもたちを救えるのは遺伝子治療しかないことにようやく同意したのだった。

リンジーとジェイコブのどちらを先に治療するのか、マットとパオラはコインを投げて決めた。ジェイコブの勝ちだった。一九九八年一月二日金曜日、午前の早い時間に、外科医チャールズ・ダンカンが卵型のリザーバーをジェイコブの頭部に挿入すると、そのせいで額が盛り上がった。遺伝子の注入は三日後の月曜日に予定されたが、呼吸器感染によって発熱し、さらに発作も起こしたために、ジェイコブは集中治療室に入れられてしまう。ようやく回復して遺伝子治療を受けられたのは一月二二日のことで、その日の処置は拍子抜けするほど簡単だった。五分もかからないうちにダンカン医師がジェイコブの額に埋め込まれた卵型の装置に遺伝子を注入した。注射器を何度か押して、それでおしまいだった。

遺伝子治療のあと、ソンタグ夫妻は奇妙な期待の世界に迷い込む。何かが変われば、どんなに些細なことであっても期待が膨らんだ。遺伝子が標的に命中して、むきだしになったニューロンに静かにミエリンを再生しているしるしかもしれなかったからだ。ジェイコブがジョーダナの手に触れただけで、ジョーダナは有頂天になった。回復の可能性を最大限にしたいと願って、理学療法も週五回に増やした。ただしそれは、影響を及ぼす外的要素を加える結果になった。遺伝子治療後の不眠症に対処するため、夜に薬を飲ませはじめると、外的要素はまた増えた。この一家の経験を記事にした「ニューヨークタイムズ」紙の記者は、何か月にもわたって一家の様子を観察したあと、もうひとつの要素が最も重要だったのかもしれないと書いた――それはリチャードとジョーダナが息子に惜しみなく注いだ愛情と細やかな気くばりだった。オーグスト・オドーネも、息子のロレンツォのことで同じように考えていた。懸命の、時間をかけた、最高の看護が、その名を冠したオイルを摂取する効果を曖昧なものにしてしまったのだろうか？

六月までにジェイコブはいくつかの重要な前進を見せ、ＭＲＩスキャンの結果、一部でミエリンが再形成されたことがわかった。そのあいだにマットとパオラはフィラデルフィアに移り、トマス・ジェファーソン大学の遺伝子治療センターを率いることになった。格段に広い研究所のスペースと数百万ドルの立ち上げ資金は、とうてい断れない魅力的な申し出だった。

リンジーは二回目の遺伝子治療を受けてから二年間にわたって症状が改善していったと、両親は主張している。マックスにも明らかに効果が現れた。「最初の治療後、私たちが最初に気づいたのは視力がよくなったことでした。二、三週間のうちに目でものを追いはじめたので、眼鏡を作りました。視力は今でもまだとてもよいので、眼科医の検診は年に一回だけです。眼鏡をかけている他の子どもたちと同じですね。眼科の先生はあの子をミラクル・マックスと呼んでいますよ」と、母親のアイリスは話してくれた。父親のマイクは、身体的にはまだ大きな制約があるのに、マックスの意識がはっきりして意思を通じさせることができるのは、遺伝子治療のおかげに違いないと思っている。「遺伝子治療をしたから植物状態にならずにすんでいると思います」。マックスが他の子どもたちに比べて大幅に改善した――あるいは悪化がゆっくりになった――のは、遺伝子治療を受けた年齢が低かったせいかもしれない。

他の子どもたちにも進歩が見られ、この臨床試験からは最終的に、遺伝子治療には効果があるという結論が得られたものの、試験に参加したすべての患者でうまくいったわけではない。それは侵襲性がある（からだを傷つける方法をとる）治療だったので、リスクを伴ったからだ。ジェイコブ・シュワーツは生後一六か月のとき、フィラデルフィアでリザーバー埋め込み手術と遺伝子治療を受けた。だが数週間後に、二時間も続く発作に襲われた。脳で猛威をふるう感染症の最初の兆候だった。結局、故郷トロントでリザーバーを取りだす手術を受け、何か月にもわたる抗生物質の使用を余儀なくされた。両親は追跡調査を受けに米国には戻らなかったので、もし新しい遺伝子が脳に広がっていたとしても、マットとパオラはその効果を評価できなかった。

パオラ・レオーネは、遺伝子治療の改善を目指す手を休めなかった。一九九六年にリンジーとアリッサで行なった最初のパイロット研究ではリポソームを使用し、このふたりと別の一四人の子どもたちを対象にした一九九八年の臨床試験でも同様だった。だが一九九九年までには新しい臨床試験のためにウイルスベクターの開発を進め、のちにリポソームの代わりにウイルスを用いることになる。ウイルス経由なら、効果をもっと長続きさせられるだろうとパオラは考えていた。新しいベクターは、やがてコーリーの目に送り込まれるアデノ随伴ウイルス（ＡＡＶ２）だった。その後パオラはニュージャージー医科歯科大学の細胞および遺伝子治療センターの所長として、新たな臨床試験に取り組むことにし、現在はこの大学で細胞生物学の准教授を務めている。だがその臨床試験は、一九九九年九月に最大級の障害にぶつかってしまった——川の向こう岸で、ジェシー・ゲルシンガーが命を落としたのだ。

ジェシーの死後、国立衛生研究所は遺伝子治療の臨床試験を数多く停止させ、新しい試験の開始はほとんど認めなかった。カナバン病の子をもつ親たちは行動を起こさなければならなかった。それも素早く。「できるかぎり多くの家族が集まって、子どもたちをワシントンＤＣまで連れていき、カナバン病患者のための遺伝子治療を支援してもらえるよう、ロビー活動を繰り広げました」と、アイリス・ランデルは当時の状況を説明してくれた。

遺伝子治療の再開までにはそれから何年も待たなければならず、一九九八年から二〇〇一年まで、一部の子どもにとっては二〇〇二年までかかった空白の期間は、壊滅的なものだった。前進の速度がだんだん遅くなり、やがて止まった。「何年ものあいだ、朝から晩まで大きなストレスが続きました。募金をして、研究に資金を提供する道を探り、安全性のデータを集め、効果に気をもむ。そうこうしているうちに、あらゆるものが保留になりましたが、食品医薬品局は保留だと認めませんでした。だから私たちは子どもたちを車椅子に乗せて、ワシントンとのあいだを何度も行ったり来たり」と、アイリスは回想する。臨床試験は立ち往生していても、青信号がともる瞬間に備えてすべてを予定どおりに進めておこうと、家族はフィラデルフィアに通ってMRI検査を受けた。一貫性を保つために、いつも同じ機器で撮影する必要があったからだ。スケジュールはあわただしいものだった。「ひとつの臨床試験の術後データを集め終えたころには、次の試験のための術前データをとりはじめました」と話すアイリスは、一家をあげて何年ものあいだ小旅行を繰り返したが、マックスが二回目の遺伝子治療を受けてから数年後、ようやく追跡調査のためのフィラデルフィア行きを終わらせた。

ジェシーの死から二年がすぎると、食品医薬品局は一部の遺伝子治療の臨床試験について、再開または開始の許可を出しはじめた。ジム・ウィルソンのチームなどの努力があって、ベクターをより安全にする研究が着々と進んでいたからだ。三回目となるカナバン病遺伝子治療の臨床試験は、パオラが開発したウイルスベクターを用い、二回に分けて実施された。リンジー、マックス、ジェイコブ・ソンタグが、まず二〇〇一年夏にこの順番で治療を受けた。実施場所はジェファーソン医科大学で、親たちが集めた資金が使われた。そのあとには国立衛生研究所からの助成金一八〇万ドルを使って、さらに一五人の子どもたちをニュージャージー医科歯科大学傘下のクーパー病院で治療している。追跡調査はフィラデルフィア小児病院で行なった。インフォームド・コンセントの書類にはゲルシンガー事件のあとの細かい配慮が反映され、「この処置は一般に『遺伝子治療』と呼ばれていますが、それによってなんらかの治療的効果あるいは有益な結果が得られる保証はありません。この試験は遺伝子導入実験と考えるのが最適です」という記載があった。この試験は、カナバン病の小さなラナ・スウォンシーが追ってはいけないと釘をさされた「希望の光」だった。

この三回目の臨床試験では、神経外科医のアンドリュー・フリーズがカナバン病原因遺伝子の正常なコピーが組み込まれた九〇〇〇億個のウイルスを、六個の穴を通して子どもの脳に届くカテーテルに入れた。今回はリザーバーを使わず、神経外科医がＭＲＩスキャン画像を見てカテーテルの位置を決め、それぞれの脳で白質が溶けてしまった場所を目指して遺伝子を直接導入する方法だった。すべてがうまくいけば、ウイルスは一億八〇〇〇万個ほどの適切な細胞に入り込み、ミエリンを作る命令を安全に植えつけられるはずだ。目標は全脳細胞の一％にも満たなかったが、子どものクオリティ・オブ・ライフに、なんとか意味のある違いをもたらすことができるだろう。

かかった時間は三時間たらず、入院は二日から四日ですんだ。その後は数か月ごとに、脳スキャン、ＮＡＡを測定する尿検査、酵素を調べる脊椎穿刺、神経学的検査による追跡調査があった。このときもまた子どもたちは――わずかではあったが――向上を見せた。子どもが目を合わせてくれる、きょうだいを見て小さな声をあげる、あるいは自分で頭をもちあげるという動作は、カナバン病の子をもつ親にとって、コーリーが遺伝子治療の四日後に動物園で光を見てまぶしいと叫んだことに匹敵したのだ。効果があったと親たちは主張した。ただし実験の対照群はなく、頭に六個の穴をあけただけで脳の活動が目覚めたのかどうかを確認するために、見せかけだけの遺伝子治療を受けたカナバン病の子どもはいなかった。それでも親たちは楽観的に考えずにはいられなかった。茶色くてまっすぐな長い髪が印象的な、かわいらしいラナ・スウォンシーは、ユダヤ人ではないために診断が遅れ、遺伝子治療を受けたのは二歳の誕生日の翌日となる二〇〇三年四月だったが、変化はすぐ、劇的なかたちで現れた。

「ラナは不機嫌な、泣いてばかりいる赤ちゃんでした。いつも甲高い泣き声をあげていたのです。でも遺伝子治療を受けた翌日、あの子はにっこり笑って、まったく違う子どものようでした。とっても機嫌がよかったので、集中治療室から出されてしまったほどです。二年間、笑顔を見せることも、笑い声をあげることもなかったのに」と、母親のミシェルは話す。変化は続いた。「二か月経つまでには片言をしゃべりはじめ、動くものを目で追うようになり、動きが痙攣性のものでなくなってきました。ハイハイの姿勢をとることも、寝返りをうつことも、頭をもちあげることもできました。生まれてすぐに遺伝子治療を受けさせてやりさえすれば……」

カナバン病の子どもたちは地元のテレビ局や地方新聞で取り上げられることが多かったが、全国規模のメディアは短気だった。親が目を細めて喜ぶ些細な変化は、目を引くニュース記事になる画期的な出来事ではなかった。カーリン一家は、『六〇ミニッツ』というテレビ番組での苦々しい経験を今でも忘れていない。

ニュージーランドとオーストラリアで、『六〇ミニッツ』はカナバン病に対する初の臨床試験について希望にあふれた物語を伝え、リンジーとアリッサを主役にした。「とてもよい内容で、科学的で人間味にあふれたストーリーになっていました」と、ヘレン・カーリンは当時を思い起こす。その数年後、この番組は続報を伝えたいとして、ジェファーソン大学での臨床試験に合わせてフィラデルフィアにいるリンジーの様子を撮影した。「でもそのころまでに、リンジーはずいぶん悪化していました」とヘレンが話せば、「かわいらしい小さな赤ちゃんから、障害をもった子どもに変わっていたということです。大きくなり、大病に侵されていました」と、ロジャーが続ける。少女は一日のほとんどの時間とエネルギーを、ただ目をあけていることだけに注いでいた――活気にあふれたテレビ向きとは言えない。「だからあの人たちは、ジェファーソン大学で長々と撮影したあげく、直前になって番組の放送を取りやめたのです。プロデューサーが電話をかけてきて、うろたえた声で、上司が放送しないことに決めた、あまりにも気がめいるからだと言いました」と、ロジャーは話す。

三回の臨床試験を終えると、カナバン病の遺伝子治療はそのまま立ち消えになってしまったようだ。

「ジャーナルオブジーンメディシン」誌に掲載された二〇〇六年の報告は、ウイルスによる遺伝子導入は安全で、投与量と導入方法にも問題がなく、ほとんどの患者でウイルスに対する深刻な免疫反応は起きず、第Ⅱ相／第Ⅲ相臨床試験は効果があると考えるのが妥当だと結論づけている。だが、そのような臨床試験は実施されていない。理由は単純ではないが、カナバン病の重篤さに加えて、遺伝子治療後の改善が、長続きするとしても限られた範囲でしかないことに関係している。

マット・デューリングはその後、バイオテクノロジー企業ニューロロジクスを共同で設立し、パーキンソン病の研究に戻った。この企業が出資している第Ⅱ相試験では、遺伝子導入によって責任医師の意図したとおりに重要な神経伝達物質のレベルが変化し、運動技能が二倍に向上した。

＊　＊　＊

パオラ・レオーネは今も変わらずカナバン病の子どもたちに専念しているが、別の技術に移行した。「遺伝子そのものを導入しても病気が治るわけではありません――生後二四か月までに起こる急激な脳の萎縮と細胞の喪失を治すことはできません」と、パオラは説明する。そこでその代わりに、カリフォルニア州メンロパークにあるジェロン社のヒト胚性幹細胞（ＥＳ細胞）を使用する方法を試している。この細胞は正常な遺伝子をもち、病気によって欠如している酵素を自然に産生する希突起膠細胞に分化するよう誘導できる。「これは最も影響を受けている細胞を標的とするので、すべての細胞で遺伝子を過剰発現させる必要がありません。幹細胞は、失われた細胞を元に戻すことができます」

カナバン病の物語を知ると、こう問わずにはいられない――遺伝子治療のあとには、いったい何が起こるのか？　わずかずつ進む変化は、リスクを正当化するのか？　親たちはそう考えている。遺伝子治療がなければ、リンジー、ジェイコブ、マックス、ラナは、最初に医師から宣告されたように「植物状態」になっていたか、もうこの世にはいなかったかもしれない。典型的なカナバン病をもって生まれた子どもたちの大半は、たいていは誤嚥性肺炎か発作によって一〇歳になる前に命を落とす。だが、カナバン病の遺伝子治療を受け、大事に育てられたこれらの子どもたちは、つききりで世話をしているそれぞれの家族の中心的存在でありつづけている。

リンジー・カーリンは、遺伝子治療が中断された当時の七歳以降、同じままの状態で過ごしてきた。でもロジャーとヘレンにとっては、それで十分だ。「遺伝子治療のおかげで、私たちは時間と闘うローラーコースターから降りることができました。くる日もくる日も『きょうはどんなふうに症状が悪化するのだろう』と、恐怖心を抱きながら過ごさなくてよくなったのですから」と、ヘレンは話す。

生活はリンジーを中心にまわり、リンジーはしっかり家族の一員だ。一三歳の誕生日には、夫妻が養子として迎えた一〇歳の妹ジョリーが会堂で立ち上がり、姉の代わりに聖典トーラーの一節を読みあげてユダヤ教の儀式バトミツワーを行なった。二〇一〇年七月の特別な一六歳の誕生日は、もう少し控え目にして、一家で映画と外食を楽しみ、バースデーケーキも堪能した。リンジーは、カナバン病の患者としては珍しく裏ごしした食品を食べることができ、胃にチューブを通して栄養補給をする必要がないから、その日もなめらかにつぶしたケーキを食べた。

リンジーは学校に通い、頻繁に治療活動に参加し、一日に一時間以上は器具を使って手足の運動をする。映画を見るのとiPodで音楽を聴くのが大好きで、なかでも姉のサマンサが歌ったオペラの独唱会とビートルズが気に入っている。ロジャーはこう話す。「あの子はまわりによく反応するし、かわいいですよ。もっとよくできたり、もっとよく見えたりすればいいとは思いますが、あの子は楽しく過ごしています。楽しいかいと尋ねると、音をたてて、自分が楽しんでいることを知らせてくれます」

カーリン一家と同様、ジョーダナ・ホロヴァスもジェイコブの遺伝子治療を少しも後悔していない。ジョーダナはジェイコブの父親のリチャードとは離婚した。のちに再婚して今ではレミとヘイリーのふたりの娘に恵まれ、妹たちは大きいお兄さんのことが大好きだ。

「遺伝子治療がよかったことのひとつに、ジェイコブの全般的な健康があります。ふつうの風邪にも、インフルエンザにも、ほとんどかかったことがありません。遺伝子治療のおかげで、ジェイコブが植物状態にならずにすんだと思っています。あの子はいつも私たちといっしょにいて家族にとけこみ、おもしろいときにはちゃんと笑うし、話しかければ内容に応じた反応をします」と、ジョーダナは話してくれた。他の子どもたちと比べればジェイコブにはできないことがたくさんあるが――たとえば、動いたり食べたりはできないが――毎日はとても充実している。「ジェイコブは一年に一二か月、欠かすことなく学校に通っています。目でカーソルを動かしてコンピューターを使います。特別支援が必要な他の子どもたちに加わって、ゲームや日常生活や音楽などのプログラムにも出席します。家では作業療法と運動療法、それからマッサージも受けます」。また、リンジーと同じく、iPodで音楽を聴くのが大好きだ。

コティー・スウォンシーは、妹のラナが生まれたとき五歳だった。今ではラナを誰よりも一生懸命に応援している。そして一四歳のとき、ブログに次のように書いた。「ぼくはほとんどいつも妹のそばにいて、歌ったり、本を読んできかせたりしています。病院では手を握ってやります。妹は毎日闘いながら、それでも楽しんで、いつもニコニコしています。ぼくらは妹の検査で一年に一回は必ず、南カリフォルニアからペンシルバニアとニュージャージーに出かけます。病院が気に入っているのは、誰も妹を変わっていると思わないことです。妹はかわいいから、病院ではみんながかわいい子だなという目で見てくれます。今のところ、妹は元気で、毎日治療を受けて、笑っています。ぼくと家族のみんなは、いつも妹のそばにいます」。コティーは将来を不安に思っている――ラナがいなくなるかもしれないからではなく、ラナの面倒を見られなくなるかもしれないからだ。

私はカナバン病の子どもたちの親から話を聞いているうちに、彼らは他の脳疾患にかかっている子どもたちとはたしかに違っていると感じるようになった。アンバー・サルズマンに、甥のオリヴァーに遺伝子治療を受けさせたかったかどうか尋ねたときのことが思いだされる。オリヴァーは一二歳のとき、副腎白質ジストロフィーに命を奪われていた。サルズマンはこの問いを耳にすると、目に涙をいっぱい浮かべてこう答えた。「あの子が陥っていたような状態を、わざわざ長引かせたいなどと思う人がいるでしょうか？」

無理もないアンバーの答えは、副腎白質ジストロフィーの子どもたちには生まれてから数年間、まったく異常なく、とても元気に過ごすという時期がある事実を反映しているのだろう。ところがカナバン病の場合、生まれてすぐから健康に見える時期はまったくないので、どんなに小さな変化であっても、正常に近づいたならそれが勝利なのだ。それでもまだ私には、ほとんど動けない子どもたちの内部に豊かな個性が宿っていると、親たちはどうしてあれほど自信をもって言いきれるのか、よくわかっていなかった――マックスに会うまでは。

＊　＊　＊

私が人類遺伝学の教科書にマックス・ランデルのことを書きはじめたのは二〇〇一年で、マックスはまだ三歳だった。その後、版を重ねるごとにマックスの成長を追いながら、いつかは本人に会ってみたいとずっと思っていた。その願いは、二〇一〇年一〇月九日の土曜日、ランデル夫妻のNPO「カナバンリサーチ・イリノイ」が開催した毎年恒例の募金イベント会場でようやく実現する。マックスの一三歳の誕生日だった。

マックスにはじめて会ったとき、目を覗きこんだだけで「植物状態」などではないことがわかった。それでもまだ心のなかで漠然と感じただけだったが、すぐあとにパオラ・レオーネが登場したとき、それは確信に変わった。パオラはそばにやってくると、マックスの前にかがみこみ、顔を目の前まで近づけて自分の顔をよく見えるようにした。

「マックス、パオラおばさんよ！」と、マックスの祖母のペギーが甲高い声で伝えた。ペギーの短く切った白髪がうれしそうに上下に揺れる。

「こんにちは、マクシー」。パオラはそう言いながら、指先でマックスの頬をなでた。その瞬間、マックスの表情が一変したのだ。眉が高く上がって、目が輝き、顔いっぱいに笑みを浮かべている。あまりにも大きな笑顔に、軸索のせいでさまざまな動きが制約されていることなど忘れてしまいそうだ。歓迎のあいさつで喉をならす声が聞こえた。

笑顔のままで車椅子に座り、青いスーツに赤いピンストライプのネクタイでおしゃれをしているマックスのもとには、ゲストたちが次々にやってきてはキスをする。私は椅子をもっていってマックスの正面に腰をかけ、私の教科書で彼のことを読んだ学生たちから預かったバースデーカードを見せた。次にペギーとマックスがどんなふうに「話す」のかを、実際にやってくれた。マックスは、「イエス」と言いたければゆっくり一回まばたきをし、「ノー」なら両目を大きく開く。二回まばたきするだけの筋力はない。

笑顔の少女がふたり、車椅子で通りすぎる。やはりカナバン病のこのふたりはまだ少し動くことができ、両手を前後に、上下に、いそがしく振っている。まるで空に羽ばたこうとしているように見える。だがその手の動きは「除脳姿勢」と呼ばれるもので、自分から進んでやっているわけではなく、脳の損傷による反射的なものだ。一〇人ほどの小さな子どもたちが、紫色に光る棒を振りながら駆けまわり、私はマックスがそれを見てどんなふうに思うのか心配せずにはいられなかった。でもマックスは子どもたちをじっと見つめて、楽しそうにしていた。

私は、パオラ、マイク、マックス、それからマックスのかわいらしい弟、八歳のアレックスと同じテーブルについた。大人がチキンアルフレードを楽しみ（ベジタリアンのパオラを除いて）、子どもたちがフライドチキンをおいしそうに口にするなか、マイクはマックスのほうに身を乗りだすと、そのシャツをたくしあげ、息子の胃につながる栄養補給チューブに手際よく袋を取りつけた。クリーム色をした食べものが胃のほうに流れるよう、袋を高くかかげている。みんなの前ではキラキラした細身の青いドレスに身を包んだアイリスが、一年に一度のお礼の言葉を述べる準備を整えていた。

マックスの食事が終わるのを遠くから見やりながら、アイリスが挨拶をはじめる。「きょうは、一三歳という記念すべき日になりました。マックスはとても明るい、すてきな少年です。診断されたのは一九九八年三月六日、生後四か月のときでした」。母親が二回の遺伝子治療について語る姿を、マックスはときおり咳きこんだり、小さく喉をならしたりしながら、じっと見つめている。アイリスはだんだんに高ぶる気持ちを抑えられなくなり、「マクシー、あなたは私の宝物よ」と、広いホールの向こうから涙ながらに呼びかけた。するとマックスの表情も見る見る母親そっくりに変わり、とつぜん唾をとばしながら激しくあえぎ、心の底からこみあげる感情でその呼びかけに応えた。マイクがマックスをなだめ、次に立ち上がったアレックスの話を聴くよう促した。兄と同じスーツ姿のアレックスは、マイクを手にして紙に書いたスピーチを読みはじめる。マックスといっしょにするのが好きなことを真剣で話すうちに、いつものニコニコ顔から微笑みが消えていく。最後は、「マックスは、カナバン病ですが、一番すばらしいお兄さんです。ぼくはマックスが大好きです」と締めくくった。

スピーチのあと、マイクはマックスを伴ってホールから出ると、車椅子から抱きあげてペギーの膝に乗せてやった。力なく膝に乗ったマックスの頭をペギーが支えてやり、マックスは笑顔でペギーを見上げながら、「あーーー」と声をあげた。ふたりのあいだに特別な結びつきがあることは明らかだった。

「あなたは私の五人の孫たちの、一番上よね。孫たちはみんな男の子」と、ペギーはマックスに話しかけてから、私のほうを見た。「私たちのゲームのことを、あの人に話してもいい？　〝みんな車椅子に乗ってたらゲーム〟とか、〝色当てゲーム〟はどうかしら」。ペギーは少しだけ考えてから、ゆっくりと色の名を言った。マックスは、ペギーが心のなかで考えたと思った色がペギーの口から出ると、まばたきで「イエス」と応じた。マックスが通りがかりに近づいてきたので、ペギーはアレックスも引き入れてふたりの少年を強く抱きしめる。マックスはまた大きな笑みを浮かべた。弟が近くにいるとき、その表情はいつも明るい。「マックスは、ぼくが『ハリー・ポッター』を読んでやると、すごく喜ぶんだよ」と言ったアレックスは、ポケットにつっこんでいた携帯電話を見ると、大急ぎであたりを走りまわっている他の子どもたちに合流した。

マックスとの出会いは、私の胸の奥に深い印象を刻んだ。パオラ・レオーネとグアンピン・ガオと同じように、私もこれらの子どもたちの認知力が、他の子どもたちと同じくらい完全なものだと感じたのだ。だが同時にその身体的な制約は、テレビシリーズ『スタートレック』のパイロット版エピソードに登場するエンタープライズ号の初代船長、クリストファー・パイクを思わせた。パイク船長は深刻な重傷を負って全身不随になり、脳波を検知する装置のランプを光らせることで意思を伝えた。ランプが一回光れば「イエス」、二回なら「ノー」だ。パイク船長が運び込まれた星の異星人は、テクノロジーを駆使して幻想をつくりだし、そのなかで彼は健康に暮らした。私たちはまだそこまでいっていない。

私はマックスと会うまで、生物学の教科書を書いていたのでなおのこと、カナバン病、副腎白質ジストロフィー、オルニチントランスカルバミラーゼ欠損症をはじめとする難解な名前の恐ろしい病気、いわゆる先天性代謝異常を、生化学反応の経路や回路の流れが阻害された病気として、ひとくくりに考えていた。パオラ・レオーネもときには生物学の話題をもちだす。夕食の席で、脳のなかでグルタミン酸の次に多いアミノ酸誘導体のN－アセチルアスパラギン酸について話したことがあった。頭をもちあげることや親と目を合わせることができない小さなカナバン病の赤ちゃんの尿から、大量に検出される物質だ。

だが、マックス、リンジー、ジェイコブ、ラナたちを、ただ生化学反応がうまくいかない子どもですませることはできない。それぞれがひとりの人間として、愛情にあふれ、家族に喜びと悲しみをもたらしている。ときには神々しささえ感じさせるこうした親たちにとって、彼らを育てることは、自分は特別な子どもを育てるために選ばれた存在なのだと日々感じることにほかならない。私にはそれがときに、突然変異の背後にある生化学や、変異が受け継がれる背景となる遺伝学よりも、意味があることのように思える。

＊　＊　＊

カナバン病に取り組む遺伝子治療の試みが静かに終わりを告げ、以前よりよくはなったものの、まだ障害のある子どもたちがあとに残されたころ、二〇〇八年にコーリー・ハースが受けることになる遺伝子治療の試験はすでに軌道に乗っていた。胸の痛むカナバン病の物語は、一部だけの永久的治癒によって病気の進行を先延ばしにしたりゆるやかにしたりすることが、果たして価値ある成果なのかどうかという問題を提起した。

マックス・ランデルと同様、コーリーはその病気としては最年少で遺伝子治療を受けた。カナバン病とレーベル先天性黒内障タイプ2のどちらの臨床試験を受けもった研究者も、患者が若ければ若いほど、遺伝子の修正によって症状を未然に防げる可能性が高いと考えた。だがカナバン病の子どもたちの回復は、遺伝子治療からの時間が過ぎるにつれて勢いが衰えるか、横ばい状態になっていった。もっと頻繁に治療をすれば、子どもたちのためになるのだろうか。視力を取り戻したコーリーたちに、後押しのための遺伝子治療は必要になるだろうか。その答えはイヌからもたらされる――そしてそこから、コーリーの物語がはじまる。

第6部 コーリーの物語

十分な時間をかけ、努力を続ければ、望んでいるすべてをなしとげられる。

——ヘレン・ケラー

ハースー家——イーサン、コーリー、ナンシー。（写真提供　ウェンディー・ジョセフ）

もし病気が進行していたら、コーリーはこんな動作もできなかっただろう。転んでしまったに違いない。（写真提供　ウェンディー・ジョセフ）

16　クリスティーナのイヌたち

二〇一〇年、夏の盛りの日差しがまぶしい土曜日の朝、赤茶色の長い髪をなびかせた小柄な女性が、フィラデルフィアにあるホテルの会議場入口で悪戦苦闘していた。毛むくじゃらの大きなイヌの首をもって、懸命に引っ張っている。イヌの名はマーキュリー。その首元の長い毛に顔をうずめ、ほっそりしたからだをミニのドレスに包んだジーン・ベネットは、どう見ても学生で、コーリーの遺伝子治療臨床試験を共同で率いた眼科教授とは思えなかった。ホテルはフィラデルフィア小児病院から歩いてすぐの場所にある。

生まれてはじめて研究室の外の世界を見たマーキュリーは、コーリーの病気であるレーベル先天性黒内障タイプ２（ＬＣＡ２）が遺伝するよう交配されて研究室で生まれ、子イヌのとき遺伝子治療を受けた。それまでのマーキュリーの運動といえば、視力を検査するために病院の廊下に設けられた障害物コースを走ることだけだった。何度も同じところを走るうちに障害物の場所を覚えてしまうので、研究者はときどきコースを変更しなければならなかった。

その土曜日の朝、マーキュリーはまず生まれたての子ウシのように伸びをし、ふらっとよろめいたが、すぐにしっかり立ち上がると、あたりを悠然と歩きはじめた。それから座席の下にもぐってところかまわず移動するようになり、ときには出席者のスカートの下から頭を出そうとして、小さな騒ぎを巻き起こした。次に、会場の脇に座ってコーヒーを飲んでいたアル・マグワイアのもとに小走りで近づいていく。マグワイアはコーリーの目を担当した外科医だ。マーキュリーはマグワイアの膝にもたれかかって飲み物のにおいを嗅いだ。そこで、夫であるマグワイアの隣の席でイヌを連れてきた大仕事の疲れを癒していたベネット医師が、再び赤いリードを握ってマーキュリーをコーリーのもとに連れていった。コーリーは、両親のイーサンとナンシーと並んで最前列に腰かけていた。コーリーはイヌを目にすると席から飛びだしてきてリードを受け取り、演壇の向こうで行ったり来たり走って遊びはじめた。

網膜研究財団の二〇一〇年患者家族の会議《ファミリーカンファレンス》がまもなくはじまろうとしている。一日がかりの科学シンポジウムだ。外の廊下にはさまざまな点字製品と特殊な音楽ソフトウェアが並び、たいていは近くに子どもを連れたたくさんの家族がブースを移動しながら品定めしている。杖をもつ子どもたちに混じって、盲導犬を連れた年長の子どもや数人の大人もいる。視覚障害のある子も障害のないきょうだいたちも、みんなまとめて財団が主催する「歴史の街一日探検ツアー」に送り込もうと、大人たちは子どもを呼び集めるのに必死だ。

子どもたちが出発してしまったあと、会議場はますます混雑してきた。あちこちでおしゃべりの花が開いて声が大きくなり、フェイスブックの友だちどうしが実物に会って歓声をあげる場面も増えた。レーベル先天性黒内障（ＬＣＡ）の子どもをもつ家族ばかりが集まっても、この病気には少なくとも一八の異なるタイプがあり、それぞれが異なった遺伝子のエラーによって引き起こされる。そのため、参加者たちは徐々に突然変異の種類ごとに集まりはじめた。寮で暮らす学生たちが、出身高校ごとのグループに分かれていくようなものだ。親たちはみな自分の子どもの病気を知りつくしているので、挨拶もそこそこに、会話はすぐ専門的な話に移っていく。

「あら！　おたくのお子さんもＧＵＣＹ20遺伝子？　ニワトリがかかる？」

「いえいえ、うちはＣＥＰ２９０遺伝子。ネコの病気です」

「あなたのところはＬＲＡＴ遺伝子？　いつわかったの？　私たちのフェイスブックのページに参加しているかしら？」

「私たちのところはＣＥＢ１遺伝子です。あなたも？　私たちはラッキーだと思いますよ。網膜色素上皮はちゃんとしていて、桿体細胞の具合が悪いだけですから。それなら遺伝子治療が効きます。コーリーのように」

「ええ、娘は今、光にとても敏感になっているだけです。眼底はまだ正常ですが、これから萎縮していくでしょう。遺伝子治療を受けなければ」

「ＲＤＨ12遺伝子は簡単に見つかりました。息子の網膜はぼろぼろになっているからです。まるで魚網のようだと医師に言われました。でも網膜色素上皮は無事ですよ。私たちにはチャンスがあります」。その日の午前中に自然発生的に生まれたＲＤＨ12遺伝子のグループはやがて募金活動に取り組み、集まった七万ドルの資金は、二〇一一年の早春に子どもたちからジーン・ベネット医師に贈呈された。

人ごみから少し離れたところに、まだ一〇代の面影が残るトロイとジェニファー・スティーヴンスが立っていた。遠くカリフォルニアからやってきて、他の親たちよりどこか落ち着きのない様子が見てとれた。ふたりはその日、講演の合間をぬって、カーヴァー検査研究所所長のエドウィン・ストーン博士との一〇分間の貴重な面談を予約している。ストーン博士から息子の結果を教えてもらえる約束だ。すでに血液の試料を何度か送っていた。診断結果を受け取るのに、どうしてこんなに長くかかっているのか？　どの遺伝子の、どんな突然変異が、二歳の息子ギャヴィンの視力を奪っているかがわかるまでは、遺伝子治療を考えはじめることさえできない。ジェニファーはあまり期待をもてず、「最初から、カーヴァー研究所は私たちの遺伝子を突き止めることはできない感じがしていました」と、今にも泣きそうな表情で訴えた。

ジェニファーは早い段階で、自分の母性本能は信じるに値するものだと学んでいた。「ギャヴィンが生まれてすぐ、何かがおかしいとわかりました。出産後に抱かせてもらった赤ちゃんの外見は完璧でしたが、私にはわかっていました。それは抑えようのない気持ちで、頭から払いのけることができませんでした」と、涙をぬぐいながら当時を思い起こす。自分は頭がおかしくなったのではないかと思ったという。友人や親戚の人たちは、出産のときに飲んだ薬の影響が消えていないせいで不安なのだと主張し、その後は産後鬱のせいにした。それでもジェニファーの気持ちは変わらず、何人もの医師に、ギャヴィンはきちんと見えていないと訴えつづけた。専門家たちがようやく母親に同意したのは、何か月もあとのことだ。「それはほろ苦い瞬間でした。他の人たちがやっとのことで、何かがおかしいとわかってくれたのですが、同時に悲しいことでもあったのです。眼科の医師はただ、私たちの赤ちゃんは目が見えないとだけ言いました。レーベル先天性黒内障という説明はなくて、ただ『網膜機能不全』だと言われました」。ジェニファーが恐れていたとおり、ストーン博士はその後、彼らの家系に伝わるレーベル先天性黒内障の遺伝子の変異は既知のものではないとジェニファーと夫のトロイに伝えることになる。診断を求めるふたりの旅はまだ終わらなかった（スティーヴンス一家はそれから丸一年後、エクソーム解析――ゲノムのなかでタンパク質をコードする領域だけを解析する方法――によって、ようやく家族の突然変異を突き止める）。

そのとき、小さなグループが全員で急に同じ方向を見たので、トロイとジェニファーもつられて同じほうに目をやった。

「あの人たちよ！　あれがナンシーとイーサン！」ひとりの女性が声を張り上げると、その夫は、最前列に立って息子と大きなイヌを見ているカップルを指差した。

みんながハース一家のほうに移動していく。いくつもの家族が代わる代わるナンシーとイーサンと並んで写真に収まり、ふたりは注目の大きさにただ茫然としていた。この夫婦にとって二〇〇六年から二〇〇八年までは永遠のように感じられる長い時間だったが、実際にはコーリーの診断から臨床試験参加までがとても迅速に進んだため、網膜研究財団の会合に参加するのはこれがはじめてだった。会場には、もう一〇年以上参加しつづけている家族もいた。すでに視力を失ってしまった子どもをもつ家族がうらやましいと思ったとしても、態度には見せなかった。会場はただ喜びと驚嘆に満ちあふれていた。

コーリーとマーキュリーのはしゃぎぶりが激しくなるにつれて少しずつみんなの視線が集まり、あっけにとられた人々の沈黙が、やがて広い会場にさざ波のように広がっていく。その機会をとらえて財団代表のベッツィ・ブリントが、シンポジウムを開始するべく夫のデヴィッドとともに演台に歩みよった。だがこの代表の目も、少年とイヌに釘づけになっている。「これは『盲人が盲人を導く』の例ではなくて」と言ってから言葉を切り、どう表現すればよいか迷うようにこう続けた。「目の見える者が目の見える者を導いているわけですね」

それからベッツィはブリアードシープドッグのマーキュリーを正式に紹介した。マーキュリーとその研究室生まれの仲間たちが、遠い親戚のランスロット――遺伝子治療ではじめて盲目の治癒に成功したイヌ――も含めて里親を探していることを発表し、その日出席している家族が優先的に申し込めることも付け加えた。すると何人かの親が座席で飛びあがるようにして意思を表明し、手を振る人もいた。ベネット医師が通路を忙しく走りまわって申し込み用紙を配ったので、まもなくどのイヌにも、温かい家庭の順番待ちリストができあがった。

レーベル先天性黒内障タイプ2の遺伝子治療が実施されるまでには長い時間がかかり、動物を使った実験がなければ実現は不可能だっただろう。コーリー・ハースが二〇〇〇年に生まれたとき、ランスロットは遺伝子治療を終えて、視力を取り戻しつつあった。だが物語はもっと前の、スウェーデンの聡明な獣医にまでさかのぼる。この人物がコーリーの視力回復に果たした貢献は、一部の人たちが言うように、これまで正しく認められてこなかった。

＊　＊　＊

クリスティーナ・ナーフストロムは、人間と同じ病気をもつイヌとネコの研究を専門としてきた。飼っている盲目のアビシニアンは網膜色素変性症で、やはり盲目で発作にも悩まされているダックスフントはバッテン病だ。バッテン病はインディアナ州のミルト一家が苦しんでいる脳疾患で、子どもたちへの遺伝子治療の臨床試験が進みつつある。ナーフストロム博士のブリアードシープドッグでの研究は、一九八〇年代後半、興味深い新しい患者からはじまった。

ナーフストロムが獣医になろうと決めたのは一四歳のときだ。エンジニアの家庭で育ち、飼っていたのはケリーという名前のイヌ一匹だけ。ネコはいなかった。それでもイヌのケリーをどれだけかわいがったことか！　その年、家族そろって長期旅行から帰国したとき、大好きなイヌをしばらく検疫所に預けなければならないと知って動揺した。「私のイヌをひとりにしたくなくて、検疫所で働きました。動物を好きになったのはそのときです。動物の治療にやってきた獣医さんが、私は獣医の暮らしにとても向いていると言ってくれました」と、ナーフストロムは当時を思いだしながら話してくれた。

一時、「人間の医者」になるか獣医になるかで悩んだことがあるそうだ。このときは四足の動物を選んだのだが、イヌとネコでの自分の発見がいつか人間の遺伝子治療に結びつくとは夢にも思っていなかったので、「コーリーのことを考えると鳥肌が立ちます」と話す。

ナーフストロムは獣医学校を卒業するまでに視覚系に心を引かれるようになり、獣医眼科を専門に選ぶ。

「目はとても大切で興味深いと思いました。それに当時はまだ、ペットの目のことはよくわかっていませんでした」。一九七三年に獣医学の学位を取得し、一九八五年には目の見えないアビシニアンの研究で博士号を得た。

ナーフストロムがコーリーの病気の「イヌモデル」を発見できた経緯には、科学の発展につきものの偶然の力が働いた——と同時に、ルイ・パスツールの名言「チャンスは準備を整えた者を好む」の世界も垣間見える。一九八八年、ナーフストロムはリンショーピン大学獣医学部の准教授として、患畜を診ながら研究をしていた。「ある日、ブリーダーがショックを受けた様子で電話をかけてきました。そのブリーダーのもとには、生後六か月ほどの、いっしょに生まれた九匹の子イヌがいました。そのうちの一匹が奇妙な行動をし、暗い場所でものに頭からぶつかっていくと言うのです。九匹全部に、どこかおかしいと思える別の行動もありました。他の獣医ふたりに尋ねたところ、『たしかにこのイヌたちは目が見えないようだから、安楽死させなさい』と言われたそうです。ブリーダーは安楽死を選ばず、私に電話をくれまし

クリスティーナ・ナーフストロム獣医学博士。博士は1988年にブリアードシープドッグで盲目についての研究を開始した。いっしょにポーズをとっている、少しだけ別の種（曾祖母のビーグル）の血が混じったブリアード犬のプルートは、4歳のときにコーリーと同じ病気の遺伝子治療を受けて成功した。（写真提供 『トゥデイズブリーダー』誌、ネスレピュリナペットケア）

た。そこで、すぐにそのイヌたちを私のところに連れてきてほしいと頼みました」

九匹はブリアードシープドッグだった。ナーフストロムはこの犬種を知っていたものの、夜盲症にかかるという調査報告は記憶に残っていなかった。そこでブリーダーの到着を待つあいだに、この毛むくじゃらのイヌについて文献を調べることにした。

ブリアードシープドッグの血統の起源はよくわかっていない。ベルギーだと指摘する意見がある一方、名前の語源はフランス語の「シャン・ベルジェ・ドゥ・ブリー」で、「ブリーの毛むくじゃらのイヌ」を意味している（ブリーはフランスの地方の名だ。そこで作られてきたチーズを指しているわけではない）。夜当のブリーダーはナーフストロムに、このフランス犬は実際には北米からやってきたものだと話した。夜盲症のブリアードすべてで同じ突然変異が見つかるという事実は、カナバン病がリトアニアのヴィリニュス・ゲットーから米国に伝わった状況と同様の創始者効果があったことを示している。純血種を維持するための近親交配によって、この視覚障害は子から孫へと途絶えることなく伝わってきた。人間が同じ集団内で結婚を続けていくと、特定の疾病が消えずに残るのと同じだ。

ブリアードは人なつこい動物で、このイヌを大好きな人たちは、「毛皮にくるまった愛情」「生きたフェンス」などと表現する。牧畜犬、番犬、追跡犬、猟犬としての能力が卓越しているのは、聴覚と嗅覚が特に鋭いからだ。おそらく夜盲に苦しめられている一部の仲間は、聴覚と嗅覚でそれを補っているのだろう。八世紀のタペストリーをはじめとして、さまざまな時代と場所の記録に、ブリアードの描写や記述が残されている。フランス革命の最前線ではこの犬種が天賦の才を活かし、食糧、補給品、武器や弾薬を運んだり、負傷者と死者を嗅ぎわけたりした。ラファイエット侯爵がトマス・ジェファーソンに最初のブリアードを贈呈し、ジェファーソンはそのイヌを一七八九年に米国に連れていったという歴史上の逸話もある。第一次世界大戦中にはフランス軍が戦闘地でこのイヌを当てにして利用しすぎたため、戦後に血統がほとんど消滅しかけたという。

だが、たくましいブリアードは生き残り、一九二二年にアメリカン・ケネルクラブに公式犬種として認められた。この犬種の際立った特徴としては、うしろ足にそれぞれ二本ずつ狼爪があって、不完全ながら六本指に見えること、あごひげと目の上の毛がふさふさして毛むくじゃらなこと、尾の先端がかぎ針のようにちょっと曲がっていることがあげられる。さまざまな色合いの黄褐色から、グレー、黒まで、幅広い色があり、ダブルコートと呼ばれる二重の被毛をもっている。下毛は細くて密生しているが、上毛は粗く、硬くて乾いた毛が波打っていて、抜けやすいので何にでもすぐくっついてしまうと飼い主たちは話す。

ブリアードはすばらしいペットになる。牧場や戦場で働いてきた歴史的な技能を備えているうえに、大小のスクリーンで主役も演じてきた。テレビドラマや映画で有名なブリアードには、テレビドラマ『パパ大好き』のトランプ、映画『わんぱくデニス』のロージー、テレビドラマ『マリード・ウィズ・チルドレン』のバックなどがいる。さらにブリアードの雑種ともなれば、映画『ゲット・スマート』のファング、テレビドラマ『ダーマ&グレッグ』のスティンキー、映画『アダムス・ファミリー』のゼムと、有名なキャラクターは数多い。

一九八八年、そのブリアードのブリーダーは大柄なきょうだい九匹すべてをバンのうしろに押し込んで、スウェーデン中部から何時間もかけてナーフストロム博士の研究室にやってきた。「私はその日、丸一日かけてみんなの検査をし、五匹が夜盲症だとわかりました」。その様子を説明するとき、ナーフストロムは今でもまだ声を弾ませる。ブリーダーが気づいていたのは、薄暗いところであちこちにぶつかる最も重症の一匹だけだった。子イヌたちの親の視力に問題はない。診断結果は、先天性停止性夜盲症だった。これは、コーリーの病気をはじめとした幅広い症状を説明する古い用語だ。

九匹の子イヌのうち五匹が夜盲症という結果は、ひどく動揺したブリーダーにとっては悪い知らせだったかもしれないが、遺伝学者にとって――あるいは遺伝学に関心をもつ獣医学の研究者にとっては――願ってもないニュースになった。熟練の研究者なら、この子イヌのきょうだいほどの数がいれば、突然変異がどのように伝わったかをすぐ理解できた。どこが悪いにせよ、オスかメスかを問わずに発症し、隔世遺伝していることは重要なヒントになった。

ナーフストロムは子イヌたちに一連の標準的な視力検査を実施した。まず網膜電図をとって網膜の活動を測定し、検眼鏡でよく調べ、迷路検査をする。ナーフストロム博士が強い関心を示してくれたことにブリーダーはとても喜んで子イヌをプレゼントしたので、そのときから獣医はこのかわいらしい動物に夢中になり、今もまだその気持ちは変わらない。

遺伝学者が、傾向をつかんだあとにすることといえば、数を増やして確認する作業だ。そのために最も好都合なのは、きょうだい間のかけあわせで、劣性遺伝がより速やかに表れる近親交配という方法になる。交配に協力してくれたイヌたちに、実験の対象になっていることを気にかけている様子は見えなかった。ナーフストロムが、一番不器用にあちこちぶつかった一匹を、やはり視覚に異常があるきょうだいと交配すると、一一匹の子どもが生まれた。メンデルの法則から、発症している二匹から生まれる子どもがすべて同じように夜盲症になることはわかっていて、実際にそうなった。「もっと多く繁殖させると、それが常染色体劣性遺伝による疾患であることがすぐにわかりました」。つまり、その形質はオスにもメスにも影響を及ぼし、保因者は変異遺伝子をもっているが、正常に働く遺伝子のコピーもひとつもっているため、夜盲症を発症せずにすむ。どちらも夜盲症の両親から夜盲症の子が生まれたのは、両親から受け継いだ原因遺伝子の両方のコピーに突然変異があるからで、子どもも必ず発症する。ただ、イヌの目が見えない理由を正確に理解するには、もっと多くの検査が必要だった。

次に、ナーフストロム博士は数匹の夜盲症のブリアードをビーグルと交配した。ビーグルは小型で被毛が短く、目がとてもよいので、研究しやすい品種が得られる。ビーグルには、ブリアードの病気の遺伝パターンを曖昧にしてしまうような視覚にかかわる病気はない。雑種のイヌでは形質を追跡するのが簡単になるはずだ。生まれてきた雑種のイヌは、ブリアードより小型で被毛も短かったが、その毛はまだもじゃもじゃだった。子イヌはそれぞれ、ブリアードの系統から受け継いだ変異した遺伝子のコピー一個と、ビーグルの系統から受け継いだ正常なコピー一個をもっている。その雑種を、もう一度夜盲症のブリアードと交配してみると、予想したとおり、半々の割合で視力が正常な子と夜盲症の子が生まれた。ナーフストロムは本質的に、グレゴール・メンデルの有名な実験を再現したことになる。メンデルは交雑種のエンドウ豆を元の形質をもつエンドウ豆と交配して、常染色体劣性遺伝を明らかにした。

ナーフストロムは、ブリアードの先天性停止性夜盲症に関する発見を「ブリティッシュジャーナルオブオフサルモロジー」に掲載し、「このため、ブリアード犬は人間の先天性停止性夜盲症の貴重なモデルになる可能性があると思われる」と書いた。それは一九八九年のことで、コーリー・ハースが生まれる一〇年以上も前だった。この目の見えない牧羊犬の発見が、コーリーの遺伝子治療実現に向けた最初の一歩となった。

* * *

医学の歴史では、人間以外の多くの動物が重要な役割を果たしてきた。なかでもマウスは群を抜いて広く利用されているが、マウスで前途有望とされた治療のうち、最終的に人間のからだに行き着くものは一〇分の一にも満たない。ある時点までくると、研究者は人間のからだの各部の大きさにもっと近い、大型の動物モデルに移行するのがふつうだ。ブタが人間の心臓疾患患者の代役を務め、ウマが関節炎の研究に、イヌが筋ジストロフィーの研究に用いられる。レーベル先天性黒内障の遺伝子治療開発に重要な役割を果たした中型の動物モデルは、ガルス・ガルス――ニワトリだった。フロリダ大学にはロードアイランドレッドという種のニワトリがいて、レーベル先天性黒内障タイプ1（LCA1）のモデルになっている。コーリーの病気の一種だが、もっと症状が重い。これらのニワトリは生後八か月で完全に視力を失う。

レーベル先天性黒内障タイプ1は、画面が暗くなって動かなくなり、もうスイッチが入らない携帯電話に似ている。これらのニワトリの目や、同じタイプのレーベル先天性黒内障にかかった子どもの目では、桿体細胞と錐体細胞が脳に向けて電気信号を送り、光だ！光子だ！といくら叫んでも、その信号は伝わらず、細胞は静止状態に戻れない。タイプ1のヒヨコを見つけるのは簡単だ。目の前で手をひらひら振っても、じっと立ったまま動かないからだ。手の動きを空気の振動やにおいなど、何か他の方法で感じたとすれば、そわそわ落ち着かない様子でグルグルまわったり、目を左右に動かしたりするだろう。それに対して目の見える仲間は、食べられるかもしれないものにはなんでも注目し、つついてみる。

レーベル先天性黒内障タイプ1の人間の赤ちゃんの場合は、方向感覚のないフワフワのヒヨコより病気に気づきにくい。「幼児がこの病気にかかっているかもしれない手がかりは、ほんのわずかです」と、ゲインズビルにあるフロリダ大学のマックナイト脳研究所で研究責任者を務めるスーザン・センプル－ローランド博士は話す。「たいていは親が、自分の子が人の顔を見ても笑わないことや、人の顔を見ていないように思えることに気づきます。赤ちゃんが小さな指で自分の目をつついたり、強くこすったりすることもあります。この行動は臨床的には眼指徴候と呼ばれていて、視覚作用を生みだそうとしているのかもしれません」

フロリダ大学の研究者たちはニワトリが盲目になる原因を突き止めた。グアニル酸シクラーゼ（GUCY1＊B）という酵素の欠乏だ。そしてその発見と同じころ、他の研究者がレーベル先天性黒内障タイプ1の子どもたちで同じ酵素が欠乏していることを発見していた。ブリアード犬と同様、ニワトリの場合も偶然のめぐりあわせで、人間にも同等のものがある遺伝子で、自然突然変異が生じたのだ。「ある日、急に、ニワトリが人間の疾病に有効なモデルになったのです」と、センプル - ローランドは当時を回想する。博士は最も大事な点を証明するために「救済」実験を計画した。「遺伝子治療によってその酵素を戻してやれば、ニワトリの視覚系は機能するようになるはずだと考えました。そして、そのとおりになりました」。ただしその実験には「一〇年かかってしまいましたけれどね」。GUCY1*B遺伝子はとても大きくてアデノ随伴ウイルスには収まらず、博士らはレンチウイルス（HIV）を使ってこの遺伝子を導入した。

ニワトリでは網膜色素上皮が網膜に密着しているため、コーリーの遺伝子治療のようにそれらのあいだに遺伝子を潜り込ませようとすると、多層構造を破壊しかねない。幸い、ニワトリには別のルートがあった――卵の殻をとおして卵内に導入する方法だ。前髪をパラリと垂らした赤茶色のショートヘアで、サイクリングに夢中だと豪快に笑うセンプル - ローランドは、その手順を熱い口調で説明する。「とにかくはじめから手探りで、卵の殻に極小の穴をあけ、胚に神経管が発達しているのが見える段階で導入する微量注入法を確立していきました。美しい青の染料がなかに入っていくのがわかります。遺伝子を運ぶレンチウイルスを、たくさんの卵に注入しました」。次は、その卵を育てる番だ。ドクター・スースの絵本でゾウのホートンがなまけ鳥メイジーの卵をかえすように、センプル - ローランド博士と同僚たちは、遺伝性の盲目を治療するための遺伝子を注入したニワトリの卵にていねいに光を当て、温め、揺らしてやった。

一八日目になったとき、研究者たちはその卵をもっと湿度の高い孵卵器に移して、大切なときを待った。予想通りの時期に、フワフワのヒヨコが次々に殻をつついて顔を出す。こうして生まれてきたヒヨコたちは、三日から五日目に「動物飼育ユニット」に入った。家禽類の寮のようなものだ。

いよいよ検査の段階がやってきた。検査方法のなかには、センプル - ローランドが実験を進めながら考えだしたものもある。まず、縞模様の壁が回転するドラム型の装置の中心にヒヨコを置く。その仕掛けは、宇宙飛行士の宇宙酔いを調べる試験にちょっと似ている。ヒヨコはまわりを巡る風景を、目で追ったのだろうか？「ヒヨコが環境に視覚を使って反応している兆候が見えたように思えましたが、信じてはいけないと思いました。科学者はいつも目に見えるものを疑います——科学者が仕事をするときの本質的な姿勢です」。そのため、別の方法でヒヨコの視力を検査する必要があった。「単純な、ちょっとした検査をしました。紙切れに小さい点をたくさん描いただけです。そうしたら台の上に立っていたヒヨコが紙のところにやってきて、点をつつきはじめたのです。胸がドキドキしました！　遺伝子を注入して視力を取り戻すことができるのですから。ほんとうに驚くべきニワトリでした！」

研究者たちは、もっと多くのニワトリを、もっと多くの方法で検査した。金属の粒や色とりどりのスキットルズキャンディーを置いて、つつくかどうかも調べた。遺伝子で治療した生後三日目のヒヨコは、正常なヒヨコと同じように、散らばっているものを期待通りにつついた。治療していない盲目のヒヨコはつつかなかった。生後一三日目になると、検査を担当していた学生が、研究者の予想もしなかった鳥類ならではの行動を発見する。ナンバー2と呼ばれていたヒヨコが、移動する学生のあとを追いはじめたのだ。その学生が検査台の反対側に立ち、かがみこんで手を叩くと、彼女を信じて疑わないナンバー2は翼を動かしながらヨチヨチ歩きで一目散にそこを目指し、待ち受けている手のひらめがけて台からピョンと飛びおりた。有名な動物行動学者コンラート・ローレンツは、親のいないハイイロガンから母親だと思い込まれたことから刷り込みを発見している。それと同じようにニワトリのナンバー2は、発達の重要な時期に、たまたま目に入ったその学生を大好きになってしまったらしい。目の見えない鳥では、このような刷り込みは起こり得ない。

刷り込みされたヒヨコの愉快なビデオのせいで、フロリダ大学のニワトリ研究室の実験は単純なもののように感じられる。しかしそれは研究者たちの四半世紀に及んだ仕事の集大成であり、科学はあるときとつぜん飛躍的進歩をとげるという神話を、あらためて打ち消したものだった。「ベクターを作り、注入の手順を確立し、卵を孵化させる方法を考えだすまでには、とても長い時間がかかりました」と、センプル‐ローランドは話す。そして今後は、ヒヨコを治療して治したように、出生前に診断されるであろうレーベル先天性黒内障タイプ1の赤ちゃんを治療する臨床試験にこぎつけたいと考えている。

　実験に動物を使うやり方は論争の的になっているものの、人間に治療を試みる前に、どれだけの効果が期待できるのか、どんな副作用が生じるかを、動物たちを犠牲にして明らかにできる利点がある。フロリダ大学の研究者たちは六週間後に、一部のヒヨコの犠牲を強いることになった――その眼球を解剖して、このタイプのレーベル先天性黒内障で視覚を取り戻すために必要な、健康な遺伝子をもつ桿体細胞と錐体細胞の最低限の割合を突き止めたのだ。それはおよそ一五％だった。センプル‐ローランドはニワトリが教えてくれたことをもとにして、タイプ1の赤ちゃんを治療する最良の方法は、目の複数の箇所を、わずかずつ治療することだろうと考えている。

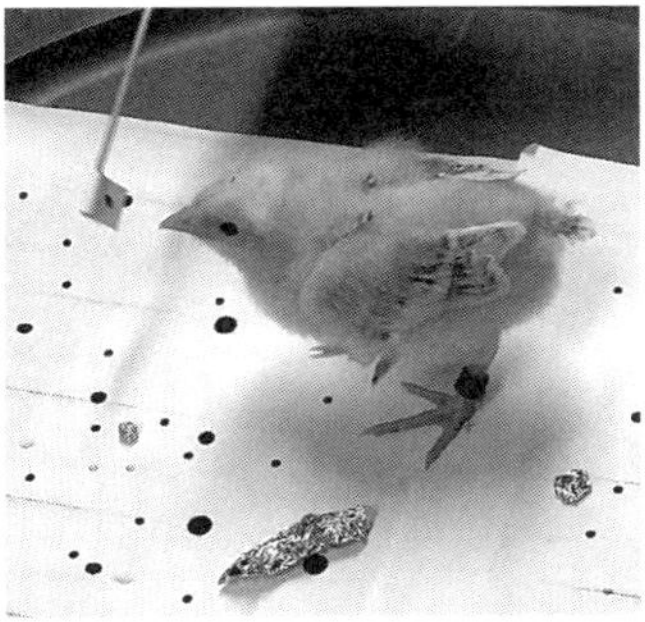

遺伝子治療による視力回復の兆候。人間は視力検査表を読めるようになり、イヌはクルクルまわり、ヒヨコは点やキャンディーをつつく。（写真提供　スーザン・センプル‐ローランド）

　コーリーの結果があれほど華々しかったのは、タイプ2の場合は網膜色素上皮細胞のみが影響を受け、タイプ1のように桿体細胞と錐体細胞には直接影響が及んでいないためだろう。一個の網膜色素上皮細胞はたくさんの桿体細胞と錐体細胞に栄養分を与えているので、限られた数の修正でも効果は大きくなる。「タイプ2は比較的簡単です。アデノ随伴ウイルスを使った人たちは実に短期間で成果をあげました。その結果、今後の遺伝子治療には、これまでより迅速に臨床試験までこぎつける道が開かれるでしょう」と、センプル‐ローランドは言った。

残念ながら、ニワトリたちがまわりを見えていたのはおよそ四か月間だけで、その後は歩きながらつまずくようになった。ニワトリの寿命は三年から四年ほどだから、その四か月を人間に換算すると七、八年ということになり、視力を取り戻す期間としては十分とは言えない。

「誰かの目を見えるようにしておいてから、『一年か二年したらまた見えなくなるでしょう』と伝えるなんて、想像すらできないことです」と、センプル - ローランドは話す。コーリーらで成功している遺伝子治療について考えてみれば、それがどれだけ重大な問題かはすぐわかる。ほんとうに永久に治るのか？これまでのところ、動物による研究が、そうであることを示唆している。

17 ランスロット——光を取り戻したイヌ

さまざまな特色をもった犬種がそろうイエイヌは、遺伝学者の大きな味方だ。数世紀にわたってその繁殖に人間が手を加え、イヌゲノムを選択して方向づけてきたために、自然選択ではまず生まれそうもない、適応力に欠けた無数の変種が出現した。多くの犬種では、人間が望む特徴のほかに健康上の問題が発生し、継続的な近親交配によってそれらが親子代々受け継がれている。ほとんどの血統は、わずか二、三匹のイヌをもとにした近親交配によって維持されているから、これは人間が作りだした創始者効果だと言える。

一〇年前には、イヌの病気の原因となる遺伝子を突き止めるまでに何年もの年月が必要だった。研究者はまず、スプリンガースパニエルの乳癌やニューファンドランドの拡張型心筋症など、特定の病気が頻発することで知られる犬種のイヌだけに共通している染色体の部分を絞り込む。次に、同じ病気が発症するものの頻度が少ない別の犬種を調べ、異常な染色体の部分を見つける。こうして同じ病気をもつ異なる犬種を丹念に調べていくにつれ、少しずつ、発症しているすべてのイヌに共通するゲノムのわずかな部分が浮かびあがってくる。最後には染色体のその部分の近くで、機能が損なわれると症状を引き起こす遺伝子を発見することになる。そうした遺伝子はイヌゲノムプロジェクトによって確認された。二〇〇四年にターシャという名のメスのボクサーではじめて解読されたイヌゲノムの配列は、イヌの遺伝子発見を大幅に加速させてきた。

人間と、そのよき友であるイヌの仲間には、各種の共通した病気がある。ペンシルバニア大学のガス・アグリとその同僚たちは、イングリッシュマスティフとアイリッシュセッターで網膜色素変性症を研究している。ミニチュアシュナウザー、シベリアンハスキー、ウェルシュコーギーも、異なるタイプのこの病気にかかる。ジャーマンシェパードには巨大軸索神経障害が遺伝していることがあり、四肢の筋肉が衰弱するにつれ、生後一五か月くらいから歩いていてよろけるようになる。ハンナ・セイムスがよく転ぶようになったのと、同じくらいの年ごろだ。スタンフォード大学では、ドーベルマンピンシャーとラブラドルレトリバーを使った一〇年もの実験によって、人間の睡眠障害に用いる新しい薬の標的分子を突き止めた（研究にこれほど長くかかったのは、睡眠障害のイヌの繁殖が難しかったからだ。性的刺激による興奮が大きいために、役割を終える前にぐっすり眠り込んでしまう）。

イヌは、精神病的傾向や精神疾患のモデルとして特にすぐれている。およそ四〇％の犬種には奇行が見られる。なかには人間の強迫性障害（ＯＣＤ）のような「イヌ強迫性障害（ＣＣＤ）」にかかるイヌもいる。ＯＣＤではなくＣＣＤと呼ばれるのは、イヌの強迫観念は人間のものとは違うからだ。ブルテリアの場合は自分のしっぽを追いかけまわす行動に現れ、ゴールデンレトリバー、ジャーマンシェパード、グレートデンの場合は毛が抜け落ちるまで足をなめる行動に現れる。一心不乱になめるのは、人間が何度でも手を洗うのに近い。イングリッシュスプリンガースパニエルとコッカースパニエルは、イヌ版の双極性障害にあたる発作的な激怒を示す傾向があり、ラブラドルレトリバーには注意欠如障害がある。残念ながら、こうした問題の一部は私たち人間が作りだしてきたようだ。たとえば、ボーダーコリーの約半数には「音に対する不安」があり、雷の音やドアがバタンと閉まる音がすると、心臓が飛びだすほど驚く。これは、ブリーダーが特に音に対する感覚の鋭い個体ばかりを選択して、屋外ではるか遠くから命令を出しても、それを聞いて反応し、家畜の番をできる犬種にしたてあげてきたからだ。その子孫は、牧場ではなく居間で過ごすようになった現在でもまだ、突然の音に臆病なままでいる。

＊　＊　＊

前臨床試験で使われる動物には特別な役割がある。医療による介入試験を受けることだ。研究者たちは薬に毒性がないか、あるいは外科的治療の与える害が大きすぎないかを、子どもで実施する前にゼブラフィッシュやマウスで試してみる。だが、イヌのようにすばらしい動物モデルを使っても、次に人間で治療したときに何が起きるかを確実に予想できるとは限らない。血友病Ｂの場合がそれにあたる。血友病は、ヴィクトリア女王に生じた突然変異にはじまってヨーロッパ王室に広まったが、これはその稀少なタイプだ。

フィラデルフィア小児病院の細胞分子治療センター長を務めるキャサリン・ハイ医師は、血友病Ｂに対する遺伝子治療を根気よく探りながら研究生活の大半を過ごしてきた。治療に成功すれば、患者は欠乏している血液凝固第Ⅸ因子を、高い費用をかけて頻繁に注射しなくてすむようになる。キャサリン・ハイはコーリーの医療チームにも加わって、ウイルスベクターの設計から臨床試験の計画までのすべてを手がけた。二〇一〇年五月にワシントンＤＣで開催された米国遺伝子細胞治療学会の年次総会で、ハイ医師は講演のために演壇に向かう途中、最前列に座っていたコーリーの前で立ち止まった。コーリーは両親といっしょに、ジーン・ベネットのプレゼンテーションのときステージに立つのを待っているところだった。ハイ医師はコーリーに挨拶したあと、その母親の耳元に顔を近づけ、意味ありげにささやいた。

「ナンシー、ひとこと言っておきたいことがあるの」

ナンシーは狐につままれたような表情を見せてから、ちょっと心配そうな顔になった。

「きょうの私の話は一三歳未満には親の同意が必要なのよ。精液について話さなければならないので」。ハイ医師はそう言って、コーリーに目をやった。「大丈夫かしら?」

ナンシーはうなずいて大丈夫だと伝え、笑いながら息子の頭を軽くたたいた。コーリーはたしかに、科学の話に耳を傾けるより名札につけるリボンをたくさん集めるほうに興味があり、「精液」の下りにさしかかるころには、目をあけているだけでせいいっぱいの状態になっていた。けれどもその他の聴衆は、ハイ医師の話に釘づけになった。

キャサリン・ハイは会場に集まった人々に、血友病Bの遺伝子治療について説明した。まずケアーンテリアとビーグルの雑種で何度も実験を重ねたあと、人間の臨床試験に進んだという。ところが二〇〇一年の終わりになって、フィラデルフィア小児病院での血友病Bに対する臨床試験で興味深い発見があった。ある男性で、血液凝固因子の遺伝子を肝臓に運んだアデノ随伴ウイルスが、精液に迂回していたのだ。ベクターが精子細胞内に迷い込めば、理論的に見て、運ばれた荷物は次世代へと伝えられる。そのような「生殖細胞系列遺伝子治療」は倫理的に禁じられており、米国食品医薬品局から即座に試験の中止を命じられてもおかしくない。ジェシー・ゲルシンガーの死の直後でもあり、同じく肝臓に遺伝子を導入する治療でもあったから、なおさらだった。

ハイ医師は動揺しながらも、興味をそそられた。治療用遺伝子が精液に入るという現象は、イヌの実験では見られなかったものだ。研究者たちは細心の注意を払ってさまざまな組織を調べ、ベクターの行き先を確認していた。「ほんとうに驚きました。精液の成分を分けてみると、ベクターは運動精子のなかには入っていなくて、精漿に入っていました」と、ハイ医師は聴衆に語りかける。それならば遺伝子は次の世代に受け継がれないことになるが、まだ不安はあった。ジェシー・ゲルシンガーの事例でわかったように、遺伝子治療のベクターが標的以外のどこに行くかを知っておくことは、生死にかかわる重要なポイントなのだ。血液凝固因子を運ぶベクターは、いったいどうやって精液に行き着いたのだろうか?

ここでハイ医師はいたずらっぽく笑いながら聴衆を見まわした。医師はどこから見てもプロフェッショナルで、クスクス笑いながら性やわいせつな話をもちだすようなタイプではない。それから冗談めかしてこう言った。「医学部の学生だったとき講義をさぼったせいで、ばちがあたったようです。あるとき親知らずを抜くことになり、泌尿器科医にはならない確信があったので、男性生殖器官の講義があるとわかっている時間に歯を抜く予約を入れてしまいました。だから今になって勉強しなおさなければなりませんでした。大急ぎで」

ハイ医師が事情を解明しようと躍起になっているあいだに、臨床試験に参加した男性の精液から次々にウイルスベクターが検出されはじめた。研究者たちがデータを精査してみると、ベクターとそのなかの遺伝子はだんだんに精液から消えていき、投与量が多いほど消えるまでに長い時間がかかっている。そのとき、ハイ医師は奇妙なことに気づいた。「男性が若いほど、短時間でベクターがなくなっていたのです」。ここで少し言葉を切り、聴衆にじっくり考える時間を与えたものの、こらえきれないように笑みがこぼれる。ひと呼吸おいてから医師はこう続けた。「そこから別の仮定が導かれたので、私たちはウサギを使って確認しました。ベクターが消えていく速度は、射精の頻度に応じて決まります」

ウイルスがときどき生殖器官に迂回することがあっても、血友病Bに対する遺伝子治療臨床試験の計画は狂わずにすみ、これからまた一五年にわたって続けられる予定だ。ただし、目指す経路からそれたベクターは、最高の動物モデルであっても人間の症状を完璧には複製していないことを教えてくれる。

* * *

ブリーダーがクリスティーナ・ナーフストロムのもとにブリアードシープドッグを連れてきてから、その目が見えない理由を突き止めるまでには何年もの歳月がかかっている。リンショーピン大学のふたりの大学院生アンダース・リグスタッドとスヴェン・エリク・ニルソンに盲目の原因を調べる役割をまかせる一方、ナーフストロムは引きつづき、アビシニアン、ペルシャ、チベタンテリア、ポーリッシュシープドッグ、ワイヤーヘアードダックスフントの視覚と脳の問題を研究した。

ナーフストロム、リグスタッド、ニルソンのトリオは、第一著者を順に交代しながら、ブリアードの身体構造に関する発見について一連の論文を発表していった。一九九二年に「エクスペリメンタル・アイリサーチ」誌に掲載された一組の論文では、このチームがまだ先天性停止性夜盲症と呼んでいた症状についてわかった異常な目の構造と機能について説明している。研究者たちは、生後七か月から一二か月までの五匹のブリアードの目に光を当て、網膜の層で電気的活動を調べた、コーリーの網膜と同じように、活動はまったくなかった。

最初にやってきた子イヌのきょうだいのあいだに生まれ、症状がとても重かった四匹の網膜を解剖して調べてみると、数多くの異常が見つかった。網膜色素上皮はぼろぼろに見え、脂肪小滴に囲まれた黒い点があばたのように広がっている。研究者たちはその時点では気づかなかったが、これらの脂肪小滴にはある型のビタミンA（トランス－レチニルエステル）が入っていて、桿体細胞が視覚色素のロドプシンを再生するには、これが11－シス－レチノールに変換される必要がある。脂溶性のレチニルエステルがたまってしまうのは、それを使いものになるシス型に変える酵素が欠けているからだ（トランス型とシス型という語は、分子のなかの隣接する原子同士の位置関係を表す。隣接するふたつの原子団が分子の骨格構造をなす軸の同じ側にある場合をシス型、それぞれが反対側にある場合はトランス型という。自転車のペダルにたとえればわかりやすい。一方が上でもう一方は下になるのはトランス型だ。両側のペダルが同時に上または下という状態が可能なら、それはシス型になる。同じ分子でもシス型とトランス型では、反応が異なる場合がある)。

盲目のイヌの目を解剖した結果では、網膜色素上皮にほとんど接するように並んでいる視細胞にも異常があった。錐体細胞はなんともないように見えたが、桿体細胞の歯ブラシのような先端が毛羽立って乱れ、きちんと整列している正常な状態とは言えなかった。だが重要なのは、桿体細胞と錐体細胞がそこにあることだった。それならば、ブリアードの盲目の原因は先天性停止性夜盲症ではない――目に桿体細胞と錐体細胞がまだあるなら、この病気ではないことになる。よい知らせだ。研究者たちが網膜色素上皮内のサポートシステムを復活させることができれば、盲目を治せるではないか。

スウェーデンの研究者たちが盲目のブリアードの目を解剖して詳しく記載していたころ、米国立眼病研究所の網膜細胞分子生物学研究室でも、並行して原因遺伝子とタンパク質の研究が進んでいた。T・マイケル・レッドモンドと同僚たちは一九九三年にRPE65というタンパク質を確認し、命名している。当時のタンパク質データベースにはまだ一致するものはなかったが、その後さまざまな哺乳類、鳥類、カエルで同じものが見つかっている。進化は役に立つものを残す傾向があるから、その謎のタンパク質は大切なものに違いなかった。レッドモンドのグループは別の種の目を調べることによって、RPE65タンパク質が発達のはじめから終わりまで厳密に調整されており、正常な細胞の小胞体の膜上に点在していることを確認した。

徐々に明らかになっていったブリアードの物語の次章は、一九九四年の「ドキュメンタ・オフサルモロジカ」という専門誌に掲載される。リグスタッド、ナーフストロム、ニルソンが生後五週間から七年までの二世代にわたるイヌで眼球を七つ調査した結果、時間の経過に伴う変化が浮かびあがったのだ。生後五週間の目では、桿体細胞の外側にある歯ブラシの毛にあたる部分だけが乱れているが、三か月半になるまでには黒い点が網膜色素上皮いっぱいに広がる。その後、七か月までには桿体細胞がどんどん悪化し、特に網膜の周辺部が重症化する。いよいよ七年目になると、網膜周辺部の桿体細胞はほとんどなくなって、他の部分でもまばらになってしまう。変性は網膜の内部の層にまで広がっていた。そこで研究者たちはその症状の名を遺伝性網膜ジストロフィーに変え、細胞が最初からなかったり、突然失われたりするのではなく、ゆっくりと衰弱して消えていくということを表せるようにした。それは治療法を確立するうえで重要な区別になった。

こうしてブリアードの目で何が起きているかを鮮やかに描きだしたのを手がかりに、研究者が次に目指したのは分子的な証拠を探すことだった。それには分子遺伝学者との協力が必要になる。そこでアンダース・リグスタッドは一九九四年のうちに、ハンブルクのエッペンドルフ大学病院の人類遺伝学研究所に所属するアンドレアス・ガル博士に連絡をとった。そうした経緯から、ガル博士と大学院生アンドレス・ヴェスケがナーフストロムから送られたブリアードの血液試料で盲目の原因となる突然変異を探ることになり、このスウェーデン人とドイツ人のチームは数年をかけていくつかの候補を除外していく。そのころ、リグスタッドはレーベル先天性黒内障（ＬＣＡ）と診断できる可能性を口にしていた。ナーフストロムによれば、ブリアードの病気とコーリーの病気を結びつけたのはリングスタッドがはじめてだった。

一九九七年と一九九八年にはいくつかの研究の成果が不思議にも一点に集まって、リングスタッドのＬＣＡ仮説が正しいことが確認されていく。

最初に、ナーフストロムとガルのチームがようやく突然変異を見つけだした。レッドモンドが確認したＲＰＥ65タンパク質をコードしている遺伝子で、ＤＮＡの連続した四つの塩基が欠落していた。ほぼ同時期にガルとその同僚たちが、ＲＰＥ65遺伝子内の突然変異を子どもの重い網膜疾患と結びつけ、その研究を権威ある「ネイチャージェネティクス」誌で発表するとともに、「ニュース・アンド・ビューズ」ページで言及した。次に、同じく権威ある「米国科学アカデミー紀要」に掲載された論文が、子どものレーベル先天性黒内障とRPE65遺伝子の突然変異との関係を具体的に示した。この論文にはアン・フルトンが共著者として加わっており、フルトンがコーリーの視覚障害を診断するうえで役立っている。

こうした進展はすべてが大ニュースだった。ブリアードが、遺伝子治療を試験する大型動物モデルになることがわかったからだ。このイヌは自然の成り行きで盲目になったので、遺伝子操作も必要なかった。それでもあとから考えると、ガル医師は意気込みを周囲に見せずに、もっと抑えておけばよかったのだろう。

「私たちは研究成果を学術雑誌に掲載する準備を進めていました。ところがそうしているあいだにアンドレアス・ガルが、米国獣医眼科学会の年次総会で結果について講演し、秘密をもらしてしまったのです。その欠陥について人前で大勢に向かって披露するのは、まだ早すぎました」と話すとき、ナーフストロムは自分のキャリアにも変化をもたらしたこの出来事を思いだして、今でも声が上ずってしまう。なぜなら、そのときの聴衆のなかには同じくブリアードの目に蓄積する脂質を研究していたコーネル大学のグループがいて、もう少しで米国生まれのイヌの突然変異を見つけられそうなところまで来ていたからだ。だいぶ前の一九七五年に、ナーフストロムはそのグループのリーダーであるグスタボ・アギレの研究室に六か月間在籍したことがあった。もっと最近には、スウェーデンと米国の突然変異を比較して、どちらも同じ病気を研究していることを確認できるようにと、目の見えないイヌ四匹の血液をそのグループに送ってもいた。

両方の研究グループとも同じ結論に達しようとしていたが、科学の世界で発見者として認められるのは、最初に論文を発表した者だ――聴衆に向かって話した者ではない。ギリギリの差で先を争っている場合には学術雑誌独特の発行スケジュールによって、最初にゴールテープを切ったのが誰なのか曖昧になることもある。アギレはこう説明する。「いくつかの研究室がコツコツと原因遺伝子を探していました。ガルのグループは、この情報を一般に公表することで一番乗りを果たしています。私たちの同じ研究もかなり進んでいたので、さらに先に進めて論文を発表し、実際の論文の日付では一年、ガルに〝先行〟しました。私たちは一九九八年で、向こうは一九九九年です」。その論文は「モレキュラービジョン」誌に掲載され、イヌの血液を提供したナーフストロムの名は共著者として記された。また論文の冒頭で、突然変異を特定したことを獣医学会で発表したガルとその共同研究者の功績を認めている。

一九九八年一〇月のアギレの論文と一九九九年四月のガルとナーフストロムの論文とのあいだには、国立眼病研究所のマイケル・レッドモンドのグループによって、さらに重要と思われる論文が発表されている。このグループはマウスを使い、みんなが長く探し求めていた、使いものにならないトランス型のビタミンAを桿体細胞が必要としているシス型に変える酵素が、実際にRPE65であることを明らかにしていた。

研究は速度を増した。二〇〇〇年にはアギレとそのふたりの同僚、グレゴリー・アクランドとクナル・レイによって、ブリーダーが実施できる保因者検査の特許が申請される。ブリーダーが手塩にかけて繁殖するイヌに、盲目の子イヌが混じるのを避けるための検査だ。同じ年にはガルのグループが、子どもの疾患を眼科専門誌で次のように記述し、レーベル先天性黒内障のひとつのタイプであるとした。「乳幼児が、薄暗い環境では盲目のようで、明るい照明のもとでは対象物によく反応し、網膜電図検査で桿体応答が検出不能、錐体応答が残余している場合は、RPE65遺伝子の突然変異を疑うべきである」。コーリー・ハースの症状を完璧に説明する一文だ。

＊　＊　＊

研究によってブリアードの盲目の原因がRPE65であることがわかるとすぐ、レーベル先天性黒内障タイプ2の遺伝子治療の計画がはじまった。大西洋の両岸の研究グループで、まずはイヌを対象に進められる。この病気は遺伝子治療に完璧な候補だった。発症した患者の網膜では、特に若年の場合、桿体細胞のすべてが失われてはおらず、やがては失われるにしてもその速度は遅い。桿体細胞を救うのは、データが消えてしまったｉＰｏｄを修復するようなものだ。ただ正常に働かないだけで、基本的な構造はまだ残っている。また、レーベル先天性黒内障が遺伝子治療に適しているもうひとつの理由は、目がもともと免疫系から隔離されている点にある。角膜移植では、提供する人と提供を受ける人で免疫の型が一致する必要がないのはそのためだ。したがってジェシー・ゲルシンガーの命を奪ったような危険な反応は、皆無とはいえないまでも、起こりそうもないと考えられる。さらに、目の場合は肝臓や脳より結果がはるかにわかりやすいという利点もある。

クリスティーナ・ナーフストロムにとってイヌのＲＰＥ65遺伝子治療の開発は、有名な野球選手ヨギ・ベラの言葉を借りるなら、「デジャブの繰り返し」にほかならなかった。残念ながら、レーベル先天性黒内障タイプ2を引き起こすＲＰＥ65の突然変異を発見したときと同じように、遺伝子治療でも人に先を越されてしまうことになるからだ。ただ前回はまだ、別のグループの論文で共著者に名を連ねることはできていた。

コーリーの病気の遺伝子治療を「幼少期の盲目のイヌモデル」で最初に成功させたのは、コーネル大学のアクランドとアギレをはじめ、「アデノ随伴ウイルスの第一人者」ウィリアム・ハウスワース博士、まもなくこの病気の人間に対するはじめての遺伝子治療臨床試験を率いることになるフロリダ大学の医師サミュエル・ジェイコブソン博士、そして臨床試験でコーリーらを治療することになるジーン・ベネットおよびアル・マグワイアと、実力者ぞろいのチームだった。「ネイチャージェネティクス」誌の二〇〇一年五月号に掲載された論文で、前年の夏に開始された実験について報告し、著者名の一覧にクリスティーナ・ナーフストロムの名はなかった。

二〇〇〇年七月二五日に三匹のイヌが遺伝子治療を受け、最初の患者はランスロットだった。ランスロットはとてもかわいそうな子イヌだったと、ジーン・ベネットは振り返る。「ドアにぶつかり、水入れを見つけることもできませんでした。それでひどく臆病になり、いつも同じところに座っているだけでした」

遺伝子治療を施すには、イヌに麻酔をかけてから、クッションを敷いて手術台にそっと寝かせる。さらに右目だけを見えるようにして、からだに布をかける。次に外科医が、白目の部分にあたる強膜を通して目の二か所に機器を挿入する。一方の穴からは、状況をモニターするための照明つきの手術用顕微鏡を入れる。もう一方の穴からは、ガラスでできた特製のマイクロピペット（微量注入器）を挿入する。髪の毛ほどの太さの極小のチューブだ。マイクロピペットの先端は網膜をやさしく貫通してその下に潜り込み、ぎっしり詰まった視細胞に網膜色素上皮細胞層が接している「網膜下腔」に達する。顕微鏡下の手術で網膜の一部を引き離して気泡を作り（この気泡は一日以内に消える）、そこに遺伝子が入ったウイルスベクターのしずくを落とす。用いるウイルスベクターでは、事前の実験で確認した希釈係数と量を正確に守る。この手術すべてにかかる時間は、ほんの数分だ。

計画では、手術からおよそ一〇日以内に、病院の廊下に設置した障害物コースを使って結果を評価することになっていた。術後のイヌが通り道に置かれたコーンや箱をよけた回数は、数量化されたデータとして、次の研究費を獲得するためには不可欠だ。だがそんな検査をするまでもなく、当のイヌたちが遺伝子治療に効果があったことを教えてくれたのだった。

「イヌがまわっています！　クルクルまわっています！」手術の数日後、イヌの様子を確認していた研究室の技師がアギレ博士に大声で伝えた。右目で急にまわりが見えてきたため、もっとたくさんのものを見ようと本能的にクルクルまわっていたのだ。イヌはとてもうれしそうだと、技師は報告した。

遺伝子治療のあとのワクワクするような成り行きを、ジーン・ベネットは目を輝かせ、笑顔を浮かべながら思い起こす。「ランスロットが視力を取り戻したのは、生後二か月のときです。私たちはその目覚ましい結果を目の当たりにして、人に実施したいと思わずにはいられませんでした。そして、私たちがランスロットの回復にはじめて気づいたちょうどそのころ、コーリーが生まれました」

クルクルまわったイヌたちは、実施計画書で設定された評価項目ですぐれた結果を出す。四か月のときの網膜電図検査では、電気的活動が正常時の一六％、明るい光に対する瞳孔の収縮は正常時の半分までになった。治療前の反応はゼロだった。また、「定性的視覚評価」――あちこちに障害物を置いた廊下で、ふさふさの赤い髪と白衣の裾をなびかせながら走るジーン先生のあとを、実験対象が軽やかに追いかける様子を観察するだけの評価――からも、イヌたちが自分の目で見て進路をとっていることは明らかだった。治療を受けたイヌは前と右にある障害物をよけ、左にある障害物をよけなかったのに対し、対照群となる治療を受けていないイヌは、まだあらゆるものにぶつかっていた。ベネット医師は専門家が集まった会合のプレゼンテーションで、期待以上の成功を収めたレーベル先天性黒内障タイプ2の遺伝子治療の論文が載った「ネイチャージェネティクス」誌二〇〇一年五月号を、眼鏡をかけたランスロットが開いてもっているスライドを披露した。

ランスロットが公の場に姿を見せるようになったことを受け、「ネイチャージェネティクス」誌、ペンシルバニア大学、コーネル大学はニュースリリースを出して、研究に動物を愛情深く利用したこのすばらしい例を広く人々に知らせている。記者やブロガーはニュースリリースをそのままコピーして引用することが多いので、コーリーへとつながる物語からクリスティーナ・ナーフストロムの貢献が一時的に抜け落ちていた原因は、このあたりにあるのかもしれない。

コーネル大学のニュースリリースは、「これは、動物による研究が、動物――この場合はイヌ――と人間の患者の両方にとってどれだけ役立つかを示す完璧な例だ」というアギレ博士の言葉を引用している。だが、そのあとにこう続ける。「博士の研究室は、一九九八年にブリアード犬でＲＰＥ65遺伝子の異常を発見した」。論文掲載雑誌の発行記録に従うなら、それは真実だった。

研究者は、自分の研究に関するニュースリリースが世界中の記者の目に触れる前に正確かどうかをチェックすることもあるが、忙しすぎる科学者としては言葉遣いの細部にまで十分注意を払っていられないことが多い。締め切りに追われる記者は、とくに日ごろから科学分野を担当していない記者の場合、ニュースリリースの背後にある科学論文で細部をチェックする時間がないだろう。誤りのなかでも、とくに脱落は見つけにくい。一九九八年の「モレキュラービジョン」誌に掲載された論文の二段落目を読まなければ、記者はスウェーデンの研究者たちが重要な突然変異をはじめて正確に確認したことを知りようがなかった。その後も間違いは続いた。数年後に発表された国立眼病研究所の記事も、発見したのはアギレのチームだとし、ナーフストロムのグループについてひと言も触れなかったばかりか、レッドモンドがブリアードでのＲＰＥ65遺伝子の突然変異の発見は「頭を使わずにできる簡単なもの」と言った言葉まで引用している。

「ネイチャージェネティクス」誌の二〇〇一年五月号が発行されたころ、ランスロットは連邦議会の議事堂に登場した。このイヌは昼食会で礼儀正しく「お手」をしたり、見えるようになった側に投げられたおやつをうれしそうにキャッチしたりして、議員たちの心をつかんだ。背景では、目が見えず、つまずきながら歩きまわる治療前のビデオが流されたので、その異様なしぐさは遺伝子治療への補助金増額をアピールするうえで、視覚に訴える強力な材料となった。アギレは議員たちに、ランスロットがいつも目の見える右側を聴衆に向けて立とうとしていることや、演壇で話す人にどれだけ気を配っているかを説明した。そして冗談まじりに、もしここに連れてきたのが遺伝子治療でよくなったマウスだったら、ほとんどの人はこの人なつこいイヌのように家に連れ帰ってペットにしたいと思わないだろうと付け加えた。ただし、研究者たちが一番ほっとしたのは、ペットとして育っていないランスロットが美しいオリエンタル調カーペットをトイレ代わりにしなかったことだった。

＊　＊　＊

連邦議会でのランスロットのしぐさには説得力があり、研究者はすでに遺伝子治療を受ける人間の患者の適性審査を進めていたとはいえ、このイヌの視力の劇的な回復は、この物語の「動物研究の部」の序章にすぎない。もっと多くのイヌの治療と追跡調査を続け、遺伝子導入の最適な方法を求めて細部をつめていく必要があった。同時に注入する回数は？　どこから注入するか？　効果が出る最少の投与量は？　効果が持続する期間は？

遺伝子治療でLCA2が治った最初のイヌ、ランスロット。連邦議会の昼食会で新しく得た視力を披露し——オリエンタル調カーペットに粗相をすることもなかった。（写真提供　失明予防支援基金）

ナーフストロムのグループは、二〇〇一年と二〇〇二年に遺伝子治療を実施したイヌについて一連の論文を発表していたが、有名な雑誌や大学がもつ宣伝力の恩恵を受けることはなかった。最初の論文が掲載されたのは「ジャーナルオブヘレディティ」誌で、定評ある出版物とはいえ、「生物遺伝学」のみを扱う専門誌だった。「ネイチャージェネティクス」誌の論文なら、「ニューヨークタイムズ」紙や「ワシントンポスト」紙の記事に取り上げられる可能性もある。でもその年、二〇〇三年の「ジャーナルオブヘレディティ」誌の各号の表紙を飾ったのは、ブタ、クモ、サボテン、ウマ、カンガルー、トマト、渦鞭毛藻、クジラで、どう見ても主流メディアが心を躍らせる絵とはいえなかった。それでもこの専門誌では、「ネイチャージェネティクス」誌の論文のように詳細を別の論文の参照ですませる必要はなく、ナーフストロムは自分のグループが実際にイヌを対象に行なってきたことを、きちんと説明するだけのページ数を割くことができた。

ナーフストロムとその学生たちは、キャンディー、ボーナス、パーディタ、ミリー、レックスという年齢の異なる五匹のイヌを治療して、結果を追跡した。観察を続けた期間は一一か月で、最初の遺伝子治療試験の四か月の分析期間を大幅に延長したものだった（ボーナスは二〇〇二年にナーフストロムといっしょにミズーリ大学を訪問し、幸いにも米国でのブリアードの遺伝子プールに力を貸すことになる）。それぞれのイヌの右目には、RPE65遺伝子を運ぶアデノ随伴ウイルスベクターが含まれた液を七〇～一〇〇マイクロリットル投与し、左目にはクラゲの緑色蛍光タンパク質の遺伝子を、やはりアデノ随伴ウイルスに乗せて投与した。ベクターが予想どおりの場所まで実際に運ばれるかどうかを確認する対照実験のためだった。ただ、ミリーの左目の瞳孔は不思議なことに手術中ずっと収縮したままだったので、液を注入することはできなかった――これはあとで、好結果につながった。

クルクルまわりはじめた最初の子イヌたちのときと同様、結果はあらゆる点で劇的なものだった。「術後四週間で、それまで盲目だったイヌの視覚行動に大きな変化が見られた」と、研究者たちは書いている。「イヌはより敏捷になり、音やにおいに頼らずに進路を定め、眼球がとりとめもなく動く様子（眼振）は一〇週目までに消えた。この安全に見える治療はすべての年齢のイヌで効果を上げただけでなく、対照実験を行なった目にも役立ったらしく、それはミリーでも同じだった。ミリーは左目にニセの注射を受けていなかったから、手術によって視力が向上したのではないことは明らかだ。

この第二の、治療していないほうの目の予想外の反応は、コーリーの遺伝子治療からまもない一〇月の美しい秋の日に、イーサン・ハースが目の当たりにしたものと同じだった。手術から一か月が経ってアディロンダックの自宅に戻っていたイーサンとコーリーは、否応なしにやってくる半年間の雪の季節に備え、裏庭の落ち葉や小枝を掃き集めては林の近くに山と積みあげる作業を続けていた。コーリーがふと仕事の手を休め、少し息切れしながらも、枯葉のなんともいえない香りにウキウキした様子で空を見上げた。イーサンはそんなときのコーリーを「フクロウの目」と呼ぶのが常だった。屋外にいるときのコーリーの瞳孔は、取り入れられる光線はすべて取り入れようとしているかのように、いつもめいっぱい広がっていたからだ。けれども、そのときは何かが違っていた。イーサンははじめて、真っ青な息子の目を見たのだ。黄金色の秋の光に反応し、瞳孔はすっかり収縮していた。イーサンは少年の目が驚くほど澄んだブルーだと知った――しかもそれは両目ともで、治療したのは片目だけだった。

ナーフストロムは、イヌの治療していないほうの目がよくなっていることに気づいたとき、コーネル大学とペンシルバニア大学のグループが発表した一九九九年の論文を思いだした。このグループからは、緑色蛍光タンパク質の遺伝子をアデノ随伴ウイルスに入れて健康なイヌとマウスの網膜に送り込んだところ、はっきりとわかる緑色が網膜だけでなく、脳につながる視神経と、さらに脳の内部にまで現れたとの報告があった。この結果から興味深い可能性が浮上していた。パーキンソン病やアルツハイマー病などの脳疾患を、目を経由して治療することができるのではないだろうか？　このときナーフストロムは、視力を取り戻しているイヌではＲＰＥタンパク質が――遺伝子ではなく、タンパク質が――治療した目を越え、治療していないほうの目まで広がっていることをじかに知ることができた。

たとえわずかであれ、もう一方の目でも視力が回復したことは、予期せぬプレゼントのように思えた。

だが回復した視力は三か月目をピークに、また衰えはじめてしまう。ナーフストロムは療法を完全なものとするために、研究に戻った。

その後の結果が発表されたのは、二〇〇三年の「インベスティゲイティブ・オフサルモロジー・アンド・ビジュアルサイエンス」誌と二〇〇五年の「ドキュメンタ・オフサルモロジカ」誌で、やはりごくふつうの番記者の目に触れるような刊行物ではなかった。ただし今度は、ナーフストロムは人間でのRPE65遺伝子による眼疾患を研究する米国立眼病研究所のグループと協力している。研究者たちは盲目のビーグルとブリアードの雑種一一匹に遺伝子治療を実施して、三匹の対照群のイヌと比較した。結果はさらに明るいものだった。やはり視力の回復は三か月後がピークだったものの、今回は治療していないほうの目の視力の衰え方が遅くなり、九か月にわたって効果が続いた。これらの論文では、イヌから取りだした一四個の眼球も調査している。

眼球を切り離すと聞くとぞっとするかもしれないが、目のなかで何が起こっているかを、人間の臨床試験では不可能な方法で明らかにできるという利点がある。解剖の結果、治療遺伝子はその目標――網膜色素上皮――に達していること、また注入部分の近くでは、微小な脂質の泡が消えていることがわかった。ダミーとして緑色蛍光タンパク質遺伝子を運ぶベクターを受け取った対照実験の目では、このようなことは起こっていなかった。遺伝子治療は効果を上げており、研究者は細胞と分子のレベルで、どのようにして効果が上がっているかを見ることができた。さらに、網膜の中間層で軽い炎症が、注入部で破壊が見られたものの、目は癒え、イヌたちは実際に視力を取り戻していた。なかには治療から三年が過ぎたイヌもいた。

二〇〇五年には、ペンシルバニア大学とコーネル大学のグループなどから画期的な論文が発表される。タイトルがそのすべてを物語っていた。「RPE65遺伝子の突然変異によって視覚を失った目のなかに視細胞を確認すること——人の遺伝子治療を成功させるための前提条件」。基本的に、網膜色素上皮を修復して視力を回復させるには、コーリーのような子どもたちに桿体細胞と錐体細胞がいくぶんか残っていなければならない。イヌやマウスの場合と同様だ。この論文は、超一流の「米国科学アカデミー紀要」で発表された。研究者たちはレーベル先天性黒内障タイプ2の患者ひとりひとりの目を、光波コヒーレンス断層映像法で綿密に検査した。コーリーがどうしても好きになれないこの検査は、網膜の層を、桿体細胞と錐体細胞の細かい配置も含めて鮮やかな色で描きだすことができる。眼球を取りだして薄切りにするやり方に代わる、すぐれた方法だ。

イヌとマウスの場合と同じく、患者たちの目にはまだ視細胞の一部が残されていた。ただし網膜の中心部では広範囲にわたって錐体細胞が劣化し、周辺部に向かって桿体細胞が徐々に減っていた。当然のことながら、患者の年齢が高いほど、検査で映しだされた画像に空白部分が多くなっていた。動かなくなったiPodにたとえるなら、桿体細胞と錐体細胞に必要なのは充電であり、遺伝子治療が充電の機能を果たせるはずだ。さらに重要な点として、この検査を利用すれば外科医が遺伝子を導入する場所を調整でき、個々の患者で視細胞の層が最も厚く見えるところを、正確に選ぶことが可能になるだろう。この論文は、人の遺伝子治療を「論理上必然的な次の段階」と呼んだ。

実際、臨床試験の計画はすでに本格化しており、複数の施設で話が進んでいた。そうしているあいだにも、コーネル－フロリダ－ペンシルバニア大学チームはパラメーターを変え、治療効果の一覧を作成しながら、イヌの治療と評価を続けた。このチームはわずかずつ異なるウイルスを試し、ヒトとイヌのRPE65遺伝子を比べ、どの組織で遺伝子が発現するかに影響を与える制御領域を何種類かDNAに組み込んで試した。そして修正の程度と反応の持続期間を測定した。同じ二〇〇五年の末に発表された次の一連の実験では、二六匹の犬を治療し、そのうち二三匹の視力を回復させている。ある盲目のイヌの片目は、微かではあるが有力な手がかりを示していた――その目は生化学的には修正されていたにもかかわらず、視力が向上しなかったのだ。よく見えるようになるために必要な修正の閾値があるのだろうか？　注入場所の数によって違いが生じるのだろうか？　治療によって顕著で持続する効果を上げるには、ひとりにどれだけの遺伝子注入が必要で、どの位置に注入すべきか、正確に把握することが重要だった。

二〇〇七年、コーネル‐フロリダ‐ペンシルバニア大学チームはまた別の切実な疑問の解決に取り組んだ――急に光を感じられるようになったとき、脳はどう反応するのだろうか？　イヌの場合は、視覚野が新しい視覚情報を処理して意味のある像を結べることが、ｆＭＲＩ（機能的核磁気共鳴画像法）のスキャンでわかった。コーリーの病気をもつ人間では、特別に明るい光が薄暗い光より強く脳を刺激する。だからコーリーは赤ちゃんのとき、光る電球をじっと見つめるのが大好きだった。つまりレーベル先天性黒内障タイプ2では、イヌでも人間でも同じように、視覚に必要な道具はまだ十分にそろっていてうまく反応するということだ。この研究は、やはり権威ある「ＰＬｏＳメディシン」誌で発表された。

二〇〇八年にナーフストロムは別の重要な観察と見解を発表しているが、それは書籍の一章として収録されていた。ナーフストロムは、黄斑の真下に注入すると損傷が生じることに気づくとともに、注入部から遠い場所では視細胞が引きつづき衰退していくことを発見した。あるイヌでは、手術の四年後に、網膜の縁にある視細胞が完全に消失した。「このことは、遺伝子治療によって長期間にわたり網膜の機能を取り戻す効果を得られるものの、最終的には網膜の変性が進行し、そうした治療的介入の効果を失わせるであろうことを示している」と、ナーフストロムは書いている。

人に「追加」遺伝子治療は必要なのだろうか？

18　成功！

人間での臨床試験がはじまったからといって、動物実験が終わるわけではない――同じ疾病に対する前臨床研究と臨床研究とは、時期が重なることが多い。イヌでの目の遺伝子治療を完成させる研究が続くかたわら、二〇〇七年の秋と二〇〇八年のはじめにロンドンで若者が最初の臨床試験を受けている。イーサンとナンシーが二〇〇六年七月にフルトン医師から、コーリーの病気の遺伝子治療の話をはじめて聞いたとき、医師は第一回の臨床試験がイギリスで計画されていると言った。「ロンドンでの研究のことを聞きました。パスポートをとってロンドンに行こうかとも考えたのですが、研究にはまだ何年もかかりそうだと考えのです」と、イーサンは当時を思いだしながら話す。二〇〇七年六月末になって、フルトン医師がもう一度遺伝子治療について興奮気味に語ると、イーサンとナンシーは前回よりも強い関心を抱いた。それは別の臨床試験で、遺伝子導入はフィラデルフィアで実施されると医師は伝えた。今回は海を越える必要はなく、車で五時間の距離だった。

ほんとうの話とは思えないほど、いいことづくめのように思えた。たいていの人はみな同じだが、ナンシーとイーサンは遺伝子治療というものをまったく知らなかった。そのために、あまりにも急にたくさんの情報を理解しなければならなくなり、次の一歩は二〇〇八年はじめまで先延ばしになる。夫妻がようやくフィラデルフィア小児病院で臨床研究コーディネーターをしていたキャスリーン（キャシー）・マーシャルに電話をかけたときには、すでに最初の三人の患者が、その病院で遺伝子治療を受けていた。三人とも若い成人で、それぞれ悪いほうの片目だけ治療を受けており、最初の患者は二〇〇七年一〇月、三人目の患者はほんの数週間前に手術を終えたところだった。そしてもう、効果があったことがわかっていた――三人の患者の視力は手術後二週間以内に向上し、小刻みに振れる目の動きも止まっていた。

それから数週間後にはハース一家がフィラデルフィア小児病院を訪れ、コーリーは予備的な視覚検査を受けるとともに、研究チームと対面した。四月にはジーン・ベネットが、最初の三人の患者の良好な経過をマスコミに発表している。「病気が進行する前の子どものうちに治療すれば、もっとはっきりした視力の向上を期待できます」と、ベネット医師は記者たちに話した。研究者が臨床試験の対象に子どもを組み入れようと忙しく計画しているあいだ、ハース一家には何の連絡もなかったが、二〇〇八年の夏に一本の電話がかかってきた。

「こんにちは、イーサン。キャシー・マーシャルです。ちょっとお聞きしたいことがあるのですが。コーリーはいつ八歳になりますか？」

「九月二三日です」と、イーサンは答えた。「でも、なぜです？」

「九月二五日の分の予約がまだあいています。この日を希望なさいますか？」

＊　＊　＊

ふたつ以上の研究グループが同じ問題に取り組むのは、科学の世界ではごくふつうのことだ。レーベル先天性黒内障タイプ２（ＬＣＡ２）は遺伝子治療の候補としてうってつけだったので、いくつかのチームがほぼ同時にそれを試みることになった。だが複数の遺伝子治療の試みは、実際に無駄なものではなかった。処置を標準的な治療法として確立するのに役立つ数字を得るには、何度も治療を試みる必要があったからだ。少しずつ条件を変えて治療法をテストする機会にもなった。何十億個のウイルスを送り込むのか？　視細胞が最も密に集まっている網膜の中心窩の領域を治療するほうがよいのか、そうではないのか？　眼球はどれだけの液を蓄えられるのか？　どれくらい若い患者を治療できるのか？　成功かどうかを評価する一番いい方法は？　臨床試験を重ねるごとに、研究チームは治療法に磨きをかけていった。

レーベル先天性黒内障タイプ2に対する遺伝子治療の最初の臨床試験は三つのグループによって実施されており、それぞれ三人ずつの成人の患者を治療して、九人のうち七人の視力が処置後まもなく向上した。時期と実施機関は重なりあっている。グループ一はフィラデルフィア小児病院とペンシルバニア大学、グループ二はロンドン大学とムーアフィールド眼科病院とターゲテッドジェネティクス社、グループ三はフロリダ大学とペンシルバニア大学だ。

それぞれのグループが——グループ一と二は「ニューイングランドジャーナルオブメディシン」誌の二〇〇八年五月二二日号で、グループ三は「ヒューマンジーンセラピー」誌の一〇月号で——結果を発表すると、各機関の広報部はすぐに手柄を自分のものにしようとした。英国陣営は「世界初」を主張し、フィラデルフィア小児病院とペンシルバニア陣営は「非致死的小児疾患に対する最初の遺伝子治療」と売り込んでいる。またコーリーを担当した外科医のアル・マグワイアは「USニュース＆ワールドレポート」誌に、「私たちが、ある意味で、遺伝子治療を挽回したと思う」と語った。

誰が何を、いつ、誰に対して行なったかにかかわらず、驚くほどの結果が出ていた。「それぞれの臨床試験で、視力がみごとに回復しました」と、当時ベネネット医師は話している。ロンドンで試験を主導していたのは、遺伝専門医ロビン・アリ、目の外科医ジェームズ・ベインブリッジ、網膜専門医トニー・ムーアで、このロンドングループの患者は一七歳から二三歳までの三人だった。そのうちのひとりで一八歳の

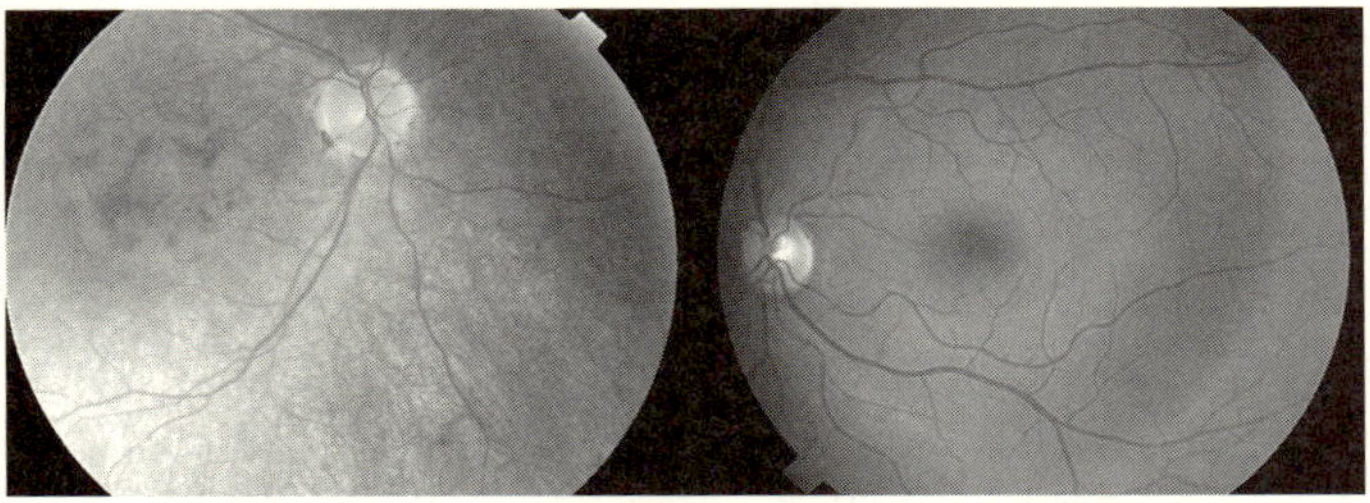

レーベル先天性黒内障の目（左）と健康な目（右）。レーベル先天性黒内障の目は健康な目に比べ、特に光受容細胞が最も密集している中央の暗くなった丸い部分（黄斑部）で、色調がずっと薄くなっている。また、血液もわずかしか届いていない。（写真提供　ジーン・ベネット）

スティーヴン・ハワースはＢＢＣの番組に登場して、ギターのフレットを目で見るという新たに獲得した力を証明し、「僕はこれまでひっこみ思案で無口でした。でも今では自信がついて、ひとりで歩きまわっています」と語った。ベインブリッジ医師は次のように付け加えている。「この技術が、並はずれて繊細な組織の内部でも安全であること、また以前はまったく治療できないとされていた症状でも視力を改善できることがわかって、ほんとうに胸が躍ります」

競争の激しい科学の世界では、一番乗りの論文掲載を目指すことが多いが、ときには待つことに価値がある。待った研究者のほうが、より多くの情報を得られるからだ。フロリダ大学パウエル遺伝子治療センターのウィリアム・ハウスワース博士とペンシルバニア大学シェイエ眼科研究所の医師サミュエル・ジェイコブソン博士が率いたレーベル先天性黒内障タイプ2遺伝子治療グループの場合が、それに該当する。臨床試験はフロリダ州ゲインズビルで実施され、二〇代前半の女性ひとりと男性ふたりが遺伝子治療を受けた。その経緯は、コーリーの場合と同じくらい強い説得力をもっている。

トロントに住むデイル・ターナーは、二二歳だった二〇〇八年に、ハウスワースとジェイコブソンのチームによる治療を受けた。

幼いころ見ていた世界はいつも青白く、何もかもがぼんやりとして、視野も狭かった。八歳でようやく診断が下されたとき、医師からは二年以内に全盲になるだろうと告げられた。まったく見えなくなったその右目に受けた遺伝子治療は、網膜のたった四％にしか達しなかったものの、ウイルスは目的地にたどりついたに違いない。デイルはすばらしい反応を示した。「手術の三日後に建物の外に出ることを許され、サングラスをはずして空を見つめました。前にも空を見たことはありましたが、これとはまったく違ったし、こんなに鮮やかな色ではありませんでした」。そう語るデイルは生まれてはじめて、夜でも何かにぶつからずにガールフレンドと出歩くことができた。今はロースクールで勉強している。デイルが試験後の検査で定期的にフロリダに通ううち、高密度マイクロペリメトリーと呼ばれる技術によって、思いがけない反応が明らかになってきた。網膜に新しく密度の高い領域ができたのだ。治療を受けた網膜は、実際に若返ったのだろうか？

これまでで最も驚くべき反応を示したのは、デイルと同じ臨床試験に参加した別の患者で、その回復ぶりはデイルで起きたのではないかと研究者が感じていたことがほんとうだと証明していた。ただし、気づくまでに何か月もの時間がかかっている。その女性の反応は、クルクルまわったイヌと同じく、実験結果を評価する方法を選ぶにあたって研究者が考慮すべき大事な教訓にもなった――血液検査や脳のスキャン、視力検査や障害物コースで、あらゆるデータを得られるわけではない。「患者はさまざまな話をするから、その言葉に耳を傾ける必要がある」と、ハウスワースは言う。

その患者が伝えたのは、信じられないほど単純なことだった。「一か月前に、車の時計に表示される緑色の数字をはじめて読めるようになりました。でもそのとき、時計の上のほうを見るようにすると、数字がよく読めたのです」。患者がとまどい気味にそう話したのだ。だが本人より、ハウスワースと同僚たちのほうが大喜びした。中心より上のほうの文字を読めるようになったことの意味に気づいたからだ。その女性が治療を受けた目では、最大の視力があるまったく新しい領域、つまり「第二の中心窩」が、実際に発達しつつあったのだ。ハウスワースは治療前のこの患者の網膜を、島がふたつか三つ点在するだけの太平洋の地図になぞらえた。島とは、桿体細胞と錐体細胞が残っている領域だ。今やそこで視細胞の新しい島々が育っている。理論上の仮説としてはじまったもの——遺伝子導入によりRPE65タンパク質の生産を正常化して、視力を回復できる可能性があるという考え——が、今、臨床の現実となっていた。

第二の中心窩の成長は、起こり得る最高の出来事だった。中心窩は眼底にある微小なへこみで、直径一ミリメートルにも満たない範囲で網膜がわずかにくぼんでいる。それでもいくつかの解剖学的理由から、大きさに釣り合わない重要性を担う。中心窩のまんなかにある錐体細胞は、他の場所にあるものとは異なり、極度に密集できるよう直径が小さくなっている。中心窩では個々の視細胞がそれぞれ神経節細胞（視神経に通じるニューロン）につながっているので、中心窩の領域は網膜の一%より小さいが、脳に届く視覚情報の半分はここから送られる。網膜の他の場所では、複数の視細胞が、視神経に続く一個の神経節細胞のルートを共有している。中心窩がくぼんでいるのは、光が来ていることを脳に伝えるために必要な最小限の要素のみに特化され、余分なものがそぎ落とされているからで、血管も、網膜の周辺部で桿体細胞と錐体細胞のクッションの役割を果たしている中間の細胞層の一部もない。文章を読みながら目を動かすことによって、小さな中心窩が次々に文字の像をとらえていく。目を動かさなければ、中心窩が同時にとらえる文字は二センチ半ほどの範囲に限られてしまう。

この若い女性の場合、車の時計に表示された緑色の文字が見えたのは、遺伝子治療が効を奏したことの最初の兆候にすぎなかった。彼女の新しい視覚世界は徐々に、だが確実に、はっきりしていった。目で起こっていたことに、脳が少しずつ追いついていったためだ。ハウスワース博士は二〇一〇年五月に開かれた米国遺伝子細胞治療学会の年次総会で、聴衆に向かって次のように話している。「これについては、完全に解明されているわけではありません。女性の網膜の中心をはずれた場所に役立つ領域があり、しかもそこが中心窩よりすぐれているということに脳が気づくまでに、九か月かかりました。この女性の脳は九か月から一二か月かけて配線しなおされ、光が十分でなければ目のほうを動かすことに決めたのです。脳は画像から、彼女が網膜のどの部分を使っているかを判断します。本人はこうしていることに気づいていませんが、脳はわかっています。他のふたりの患者でも、このようなことが起こっている兆しがあります」

レーベル先天性黒内障タイプ2の遺伝子治療を完全なものにしようとする努力には、その他のグループも加わってきた。コーリーのはじめての遺伝子治療のちょうど二週間前に、マサチューセッツ大学ウースター校の医師シャレシュ・カーシャル博士、MBAで医師のティモシー・スタウト博士、オレゴン健康科学大学ケイシー眼科研究所の医師ピーター・フランシス博士、アプライドジェネティックテクノロジー社が共同で、安全性と有効性を確認する第I相／第II相臨床試験を開始した。イスラエルでは二〇一〇年の初頭に、ハダサー医療センターが一〇人の患者で臨床試験を開始している。そして二〇一〇年九月二二日には、コーリーと他の患者のもう片方の目を治療するために、米国食品医薬品局への申請手続きが行なわれた。その日はコーリーの一〇歳の誕生日で、フィラデルフィア小児病院での手術二年後の追跡検査の初日でもあった。フィラデルフィア小児病院とペンシルバニア大学のチームが臨床試験を手がけた最初の三人の若者は、二〇一一年の春、それぞれもう片方の目にも治療を受け、経過は良好だ。

時の経過とともに、レーベル先天性黒内障タイプ2の遺伝子治療は、かなりの割合を占める数の患者で実際に効果が持続しているらしいことがわかってきた。何年か経ったあとでも、まだ視力と光感受性が向上し、視野も広がっている。そしておそらく最も手ごたえがあるのは、ダッシュボードにある明かりのついたダイヤルや暗闇で光るホタルを自分の目で確かめるなど、ごくふつうの日常生活を送れるようになったことだ。「私たちが治療したなかで最も反応のよかった患者は、治療前より六万倍暗い物体が見えるようになりました。それぞれが可能なかぎりの回復を果たしていますが、一〇〇%回復した例はありません。最初に桿体細胞と錐体細胞のすべてがそろっていないためです」と、ハウスワースは説明する。治療の時期が早ければ早いほど効果が大きい理由はそこにある——若いうちほど、救える視細胞の数は多い。

＊　＊　＊

遺伝子治療の臨床試験を続けていくには、従来薬の臨床試験の場合よりも格段に込み入った状況に対応する必要がある。とりわけ、市場取引が許可された遺伝子治療はまだひとつもないから難しい。「遺伝子治療の場合、リスクは大きくなるし、考慮しなければならないこともずっと多くなります。薬剤の場合と同じことに加えて、どのベクターを使用するか、どれだけの量か、行き先を決められるならどこを目標にするのか、時間の経過、遺伝子発現のレベル、意図した場所以外に到達したらどうなるか、毒性はないかなども判断する必要があります。アスピリンなら副作用として肝臓酵素が増える可能性があるでしょう。ウェでも遺伝子治療では、さらに悪いことが考えられます」と、ジェニファー・ウェルマンは説明する。ウェルマンはすべての規制と監督委員会を乗り切ってコーリーの臨床試験を前進させるという、きわめて困難な役割を担っていた。ストレートの茶色い髪を長く伸ばして生き生きとエネルギッシュに語るその様子は、まるで高校生のようだ。微生物学の修士号をもち、仕事をしながら博士号に匹敵する内容を学んできた。カリフォルニア州アラメダにあるバイオテクノロジー企業アヴィジェン社のベクター開発の中心施設を管理する立場で五年間にわたってアデノ随伴ウイルスを研究したあと、規制関連業務を管理するためにフィラデルフィア小児病院に移った。チームの他のメンバーと同様、子どもとごく自然に打ちとける。

規制プロジェクトマネージャーとレビュアーのチームは、研究者たちが研究を企画して実施計画書を練り上げていく過程を助け、その後は生産と品質保証を監督する。スタート時点から、細部をできるかぎり正確にすることが不可欠だ。ジーン・ベネットは次のように説明している。「ひとつのことを変更したいと思えば、臨床試験の申請をはじめからやり直さなければなりません。とても高額の費用がかかります。たとえば一回のベクターの準備にかかる金額は五〇万ドルです。少しでも効果を高めようと考えて調整しつづけていれば、臨床試験までたどりつけません。だから早い段階で、さまざまに異なるものを検査して、どれがうまくいったかを見極め、その技術が向上することを見越して、やり通しました」

初期の前臨床試験のあと、各種機関の審査を通過しなければならない。三回の臨床試験を実現したカナバン病患者の家族たちにとって、またハンナの遺伝子治療のために臨床試験計画を支援しているローリとマット・セイムスにとっては、すっかり馴染みとなった困難きわまる旅路だ。そこにはお役所用語とも言える短縮形がちりばめられている――FDA（食品医薬品局）のCBER（生物学的製剤評価研究センター）とNIH（国立衛生研究所）のRAC（組み換えDNA諮問委員会）、それから独立したDSMB（データ安全性モニタリング委員会）に地域の倫理委員会、生物学的安全性委員会、さらに別の地元の監視が続く。最後にフィラデルフィア小児病院のIRB（施設内審査委員会）が、コーリーの臨床試験に用いるウイルスベクターの投与量を設定した。「あまりにも複雑になったので、ジーン・ベネットがその過程を示すモノポリーのボードを作ったほどです。日程表の作成は、まるで悪夢ですよ」と、ウェルマンは言う。ただしアメリカで審理中の法律によって、やがて臨床試験実施計画書の承認は簡略化されることになるだろう。たとえば、現状では、チームのメンバーが五つの医療機関出身であれば五つの施設内審査委員会が臨床試験実施計画書にゴーサインを出さなければならない。二〇一一年七月に申請された規則改変の提案では、ひとつの委員会が複数の施設の活動を監督できる。

フィラデルフィア小児病院の臨床試験には追加の監視が必要だった。イギリスとフロリダ大学で実施された他のふたつの試験とは異なり、実施計画書に子どもが含まれていたからだ。研究者たちが、科学的かつ平易な英語で書かれた抜粋、膨大な臨床試験実施計画書、インフォームド・コンセントの書類、全研究者の経歴をはじめとした資料を組み換えＤＮＡ諮問委員会に提出する際、参加者に子どもを含む点が「臨床的に特別な懸案事項」になることはわかっていた。組み換えＤＮＡ諮問委員会の表現によれば「致命的な疾病ではなく、リスクの高い遺伝子治療」にあたるからだ。その臨床試験は、その年最後にあたる次の四半期会議でプレゼンテーションすることになった。二〇〇五年一二月一三日、アル・マグワイアとジーン・ベネット夫妻チーム、ウイルスベクターを設計したフレイザー・ライト、レーベル先天性黒内障タイプ2の幼い子どもをもつ二組の両親が、ベセスダで開かれた委員会で委員たちの前に顔をそろえた。そして、治療の臨床試験に子どもたちが欠かせないこと、それは網膜に残っていて修正が可能な細胞は大人より子どもたちのほうが多いからであることを説明しながら、交代で委員会メンバーの懸念に応えていった。

ジーン先生とアル先生（コーリーはふたりをそう呼んでいる）は情熱的で、説得力があった。組み換えＤＮＡ諮問委員会の提言は満場一致で賛成となり、次に施設内審査委員会と施設内生物学的安全性委員会が続く。そこでは研究者たちが、臨床試験を正当とする根拠、研究計画の特色、正確な手順、被験者の選択について、さらに細かい質問を受ける。ここでも子どもの問題がキーポイントになった。大人でもほとんどの人が聞いたことのない手順を、子どもにどうやって説明するのか？　試験がその子どもを助けられないかもしれないということを、どう伝えるのか？　次に、真のインフォームド・コンセントを得るというハードルがある。ジェシー・ゲルシンガーの事例によって、その過程は恒久的に変化していた。「彼の信じられないほど悲しい経験から、何かしらよいことを見つけられるとするなら、遺伝子治療で臨床試験の被験者の安全性が高まり、保護が強化されたことだと思います」と、ベネットは言う。

国立衛生研究所は、子どもについても大人についても、インフォームド・コンセントに関するコミュニケーションをどのようにして進めるかの充実したガイドラインを用意している。その資料には中学一年生レベルの言葉を使った例が示されていて、たとえば「研究に参加するかどうかは、いつでも考えを変えていいのです」という文があり、ウイルスベクターを「遺伝子を届けるための輸送システム」と呼んでいる。ガイドラインはさらに、研究者が言ってはならないことも指摘している。「あなたの医師はこの実験的な処置を推奨しています」などだ。この種の期待をもたせる言葉が「治療であるという誤解」を招き、痛ましい結果に終わった臨床試験に生命倫理学者やメディアを引きつける要因となる。

　手術の三日前に八歳になったコーリーは、年齢制限をクリアしたばかりだった。「理屈がわかるようになる年齢は七歳で、実験に参加したいかどうかを子ども本人に尋ねられるのは最低でも八歳です。私たちの実施計画書では八歳以上を必要条件としました」と、キャシー・マーシャルは話す。コーリー、ナンシー、イーサンがキャシーをまじえて話し合ったのが臨床試験の過程の第一段階で、「登録」と呼ばれる。

　第二段階はインフォームド・コンセントだ。「一回ですむわけではなく、一連の過程になります。私たちは数週間かけて、臨床試験全体についてコーリーと話し合いました。コーリーにはご両親が書類を読んで聞かせ、家族のあいだでも話し合っていました。質問が行ったり来たりしましたね。コーリーは、的を射た質問をしていたので、よく理解していることがわかりました」と、ベネットが説明してくれた。

　いよいよ署名する段階となり、実際に一対一でコーリーの前に座ったチームメンバーはアル・マグワイアだった。この外科医は一見ぶっきらぼうで、とても背が高いから、小さな子どもにはちょっと怖がられるかもしれないが、実際はとてもおもしろくて、すぐに子どもの心をとらえてしまう。「アル先生」は気長にいろいろなことを説明し、それぞれの検査の手順や危険性もすべて伝えた。たとえば網膜電図検査には角膜剥離の危険がある――でも、コーリーはこの検査のベテランだった。また、麻酔と外科手術、高血圧と体重増加などの副作用、手術前後に飲むプレドニゾンによる危険についてもコーリーに話した。コーリーが一番心を引かれたのは、プレドニゾンの味がサクランボに似ているという点だった。

ナンシーとイーサンが手順について息子と話し合うときには、国立衛生研究所のガイドラインに示されているより希望をこめた言葉を使わずにはいられなかったが、とにかく自分たちの熱意を伝えようとした。「私たちはコーリーに、手術をすればもっとよく見えるようになるだろうと言いました。アル先生はコーリーに、自分ではどう思うのか、怖いかどうか、何か聞きたいことはあるかと尋ねてくれました。全員が懸命に取り組んでいました。コーリーはもちろん怖かったのですが、やったことを喜んでいます」と、イーサンは笑顔で話す。

臨床試験の参加者が一七歳未満の場合には、賛成《アセント》したという意志を示すことができる。これは同意《コンセント》ほど強い意味をもたない肯定で、同意には法的行為能力が必要となる。キャシーは次のように説明してくれた。「賛成は、ただ『いや』ではないというだけではありません。私たちには、親の同意と子どもの賛成が必要でした。それは一枚の書類か口頭で伝えられ、もし子どもが『いや』または『やめて』と言えば、それに従わなければなりません。それにインフォームド・コンセントでは、『あなたのお母さんとお父さんがいいと言っている』というような強制的な表現を使うことはできません」

ナンシーとイーサンが署名した同意書は二一ページに及んだ。「もし感染が起きれば眼球の摘出と義眼の使用が必要になることがあるとか、彼らが責任をもち、生涯にわたるケアを受けられるなどの記述がありました」と、イーサンは当時を振り返る。夫妻は迷わず署名した。「何かがうまくいかなければ盲目になるかもしれないと思いました。でも、どっちにしろ、それがあの子の将来でした。試してみない理由がありますか？　動物ではうまくいったのです」

ハース一家は、臨床試験の過程の第三段階である「基準検査《ベースラインテスト》」に十分な時間をとれるよう、フィラデルフィアに到着した。コーリーは血液検査とスキャンをすませたあと、視力、視野、瞳孔反応、暗順応を検査し、「日常生活動作」についての質問に答える。次に障害物コースを進んだが、行く手に置かれた障害物のぼんやりした輪郭をなんとか見極めようとして、途中でいやになるほど長い時間がかかった。再び網膜電図を撮って、網膜に電気的活動が不足していることも確認された。試験が受けられるようになる魅惑の年齢である八歳になる二日前の九月二〇日に撮影されたビデオには、コーリーがナンシーの手をしっかり握り、杖で床をたたきながら、病院の階段をぎこちなく降りていく様子が写っている。

第四段階が治療の実施となる。それは投与量の漸増試験で、九年前にジェシー・ゲルシンガーが同じ街で参加したものと同じだった。三人一組のグループに、遺伝子の入ったベクターの量をだんだん増やしながら導入していく。被験者には八歳から一一歳までの子ども五人が含まれ、その全員にまだいくらか視力が残っていた。計画が動きだすと、六週間ごとに新たな三人が試験に加わり、そのたびに投与量が増加する。十分な間隔をあけるのは、なんらかの副作用があればわかるようにするためだ。投与量を増やすたびに、データ安全性モニタリング委員会が会合を開いて同意を与える。「戦略は単純でした。低、中、高という投与量を決め、コーリーは中のグループでした。黄斑のどこに注入するかを決めたのはマグワイア医師で、それぞれの患者の網膜で最も完全性の高い場所を基準にして選びました」と、ジーン・ベネット医師は話す。

九月二五日午前の遅い時間に、ハース一家は近くのホテルから数ブロック歩いて病院に行き、しばらく座って待った。カーキ色のズボンと大きくあけたライオンの口がプリントされた緑色のTシャツという、小ざっぱりした身なりのコーリーは、先端が銀色の杖をもち、顔のすぐ前まで近づけたゲーム機にじっと集中している。Tシャツのライオンと共有しているように見えた強がりも、看護師がバイタルサインのチェックにやってくると一瞬で消えうせ、その目には恐怖の色が浮かびはじめた。ナンシーとイーサンの励ましでなんとか笑顔を保ったが、やがて入院のために着がえる時間がやってくる。コーリーのパジャマ

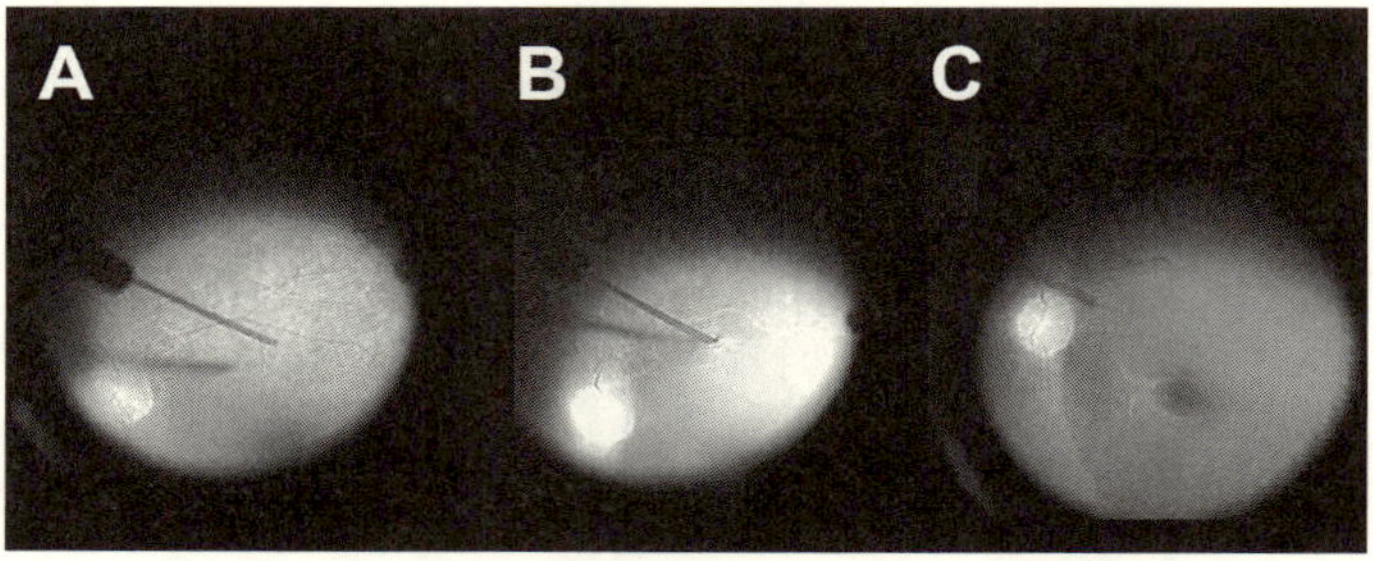

遺伝子治療による視力の回復。A：アルバート・マグワイア医師が治療用ウイルスが入ったカニューレ（細い管）を網膜に近づける。B：カニューレを網膜に触れさせ、その下部にウイルスの注入を開始する。C：カニューレを引き抜く。（写真提供　ジーン・ベネット）

には、フィラデルフィア小児病院のカーペットに描かれている天文模様にぴったりの宇宙飛行士と惑星と宇宙人がちりばめられていた。パジャマの宇宙飛行士たちはおかしなことに、青い手術着とマスクに白いヘアネットを身に着けた医師の姿にそっくりだ。やがて看護師が近づいて左目の上にそっと赤い×印をつけると、コーリーの恐怖は誰の目にも明らかになり、看護師が目薬をさしたとたん、あふれる涙で目薬はすっかり流れてしまった。我慢できなくなったコーリーは勇気をすっかり失ってナンシーの膝のうえで縮こまり、ふたりを慰めようとイーサンが身を乗りだすころには、もう三人とも涙にくれていた。

まもなく鎮静剤を打たれて手術室に運ばれたコーリーは、全身麻酔で深い眠りにつく。看護師がそのからだに太い青色の線が三本入った白い毛布をかけ、中央のあたりにベルトをかけて手術台に固定した。コーリーの口には麻酔用のチューブが差しこまれたままだ。次に右目がテープで閉じられ、左目の手術野がベタジンで消毒され、小さな金属の器具で左目が開いたまま固定される。横の台の上には遺伝子導入用の器具が置かれていて、遺伝子を運ぶウイルスがいっぱい入った二本の注射器もある。いくつもの接眼レンズのついた検眼鏡が天井から吊りさげられ、宙に浮いている。奇妙な機械仕掛けのクモのようだ。まもなく、準備の整ったコーリーの左目の拡大画像が、台の片側に置かれた大型のコンピューター画面に映しだされた。これで、すべての準備が整った。

検眼鏡を自分の前に引き寄せたアル先生が、コーリーの左目を覗き込み、組織に微小な切り込みを入れる。それからそっと、ていねいに、眼球の大半を満たしている透明なゼリー状の硝子体液を抜きとって、代わりに空気を入れる。ゼリーは自然にまた元に戻るはずだ。次に、それぞれにＲＰＥ65遺伝子の健全なコピーが入った四八〇億個のアデノ随伴ウイルスを、網膜色素上皮の近くに送り込む。そこは、目がビタミンＡを利用できるようにするＲＰＥ65タンパク質を作ることのできない細胞の列だ。すべてが順調に進み、あとは網膜に小さな切れ目が残っただけになったので、アル先生はレーザーでそこを治しておいた。

コーリーが一四時間の眠りから覚めると、ベッドの両側には心配そうな両親の顔があった。気分は上々だった。「真上を向いて、ただじっと動かずに寝ていなくちゃならないのがいやだった」と、コーリーはそのときの様子を語る。目薬のせいで鼻水は出るし、大いに期待していたサクランボ風味のプレドニゾンのせいで胃がムカムカした。三日間にわたって頭部膨張が見られ、治療したほうの目の白目が一日だけ真っ赤になったが、手術の影響と思われるものはそれで全部だった。数日後には、まだ杖を使ってはいたものの、「自由の鐘」を訪れることもできた。

ジーン先生とアル先生は、視力を取り戻したいろいろなイヌを家に連れて帰っていたから、遺伝子治療には効果があるという強い自信をもっていた。それでも、動物園で起こった出来事をにわかに信じることはできなかった。遺伝子治療のわずか四日後という早い時期に、赤ちゃんのころ明るい電球をじっと見つめて過ごしていたコーリーが、太陽の光を痛いほどまぶしく感じたのだ。その反応は、それまで各種の臨床試験で遺伝子治療を受けた若者たちと同じだった。ジーン先生は過去を振り返り、さまざまな患者で視覚が戻った最初の兆候について話す。「コーリーはもう夕暮れどきに友だちの家に歩いて行けるし、落としたものを見つけることもできます。『星が見える!』とか、『サッカーするとき、隣で誰かがボールを見つけるのを手伝ってくれなくても大丈夫になった』と言った子どもたちもいます。ほとんど全盲に近かった四四歳の女性は、今では子どもの髪が伸びて切る時期になったことがわかります。すべてが、とても感動的ですよ」

コーリーの前にまったく新しい世界が開け、それに伴ってちょっとした調整が必要になった。「コーリーの読解力は、はじめに少しだけ落ちました。視野が広がり、新しい単語がいっぺんに目に飛び込んできたので、視線がとりとめなく動いてしまったからです」と、イーサンが振り返る。また、コーリーが友だちの顔をはっきり見たのもはじめてだった。「ふたりの女の子がいつ髪をブロンドに染めたのかと、コーリーは私に尋ねました」と話すのはナンシーだ。「まだ七歳の女の子なのに。手術前のコーリーには、女の子たちの髪の色が暗く見えていたのですね。以前は、声で誰なのか判断していました」。今では相手の姿を見ることができるようになった。

コーリー・ハースは、象徴的にも、実際的にも、遺伝子治療を救った。少しずつ視力を失いつつあった少年には、晴れやかな物語を必死で求めていた遺伝子治療の分野にぴったりの条件がそろっていた。コーリーには、ロレンツォやオリヴァーやマックスのような容赦ない脳疾患はなかった。アシャンティや白血病の子どもたちのような免疫不全もないし、ハンナのように麻痺の進行を止めるか元に戻すために一刻を争う必要もなかった。ただ視力がとても悪く、思春期を過ぎると、まったく見えなくなるだろうと考えられていた。さらに、目の病気は免疫系の監視を免れるという性質をもっているため、ジェシー・ゲルシンガーの運命をたどる可能性はありそうになかった。

コーリーはレーベル先天性黒内障タイプ2の遺伝子治療にはじめて成功したわけではなかったが、しばらくのあいだ、とびぬけて若い最年少の成功例だった。遺伝子治療はやがて、症状が現れる前に日常的に行なわれるものになるだろう。この遺伝子治療の物語はまた、互いに協力して補足しあう科学者たち、草分け的な女性研究者たち、自らが救うことになる子どもたちといっしょに家に帰れるようになったイヌたちが登場する動物研究の物語でもあった。

＊　＊　＊

遺伝子治療の追跡調査は、実施した処置そのものと同じくらい重要だ。臨床試験の第五段階では基準検査を繰り返して何が改善されているかを追い、第六段階でその結果を報告する。最終の第七段階では、時間をかけて結果を評価していく（一九九〇年に世界初の遺伝子治療を受けたアシャンティ・デシルバの場合、結局この段階が省かれてしまった。アシャンティは元気で、結婚もして幸せに暮らしているので、そのことが遺伝子治療を成功とみなせるれっきとした証拠のように思えるかもしれない。だがその研究を率いたフレンチ・アンダーソンは、今でもまだ長期間の追跡調査データを探して発表しようとしている）。

コーリーが治療を受けた臨床試験は二〇〇九年の夏に終了した。研究チームはその年の秋が終わるころまでに、第Ⅲ相臨床試験実施計画書の食品医薬品局、組み換えＤＮＡ諮問委員会、データ安全性モニタリング委員会への提出をすませている。この試験ではレーベル先天性黒内障タイプ２を治療する患者の数を増やすと同時に、三歳児も含めることになる。動物園での驚くべき成功と、他の患者たちの良好な結果を受けて、第Ⅲ相試験の実施計画書が年末前にすんなり組み換えＤＮＡ諮問委員会を通過する一方、すでに治療を受けた患者の一部ではもう片方の目の治療についても計画が進んだ。

治療の四日後に太陽がまばゆく輝く動物園を訪れたことで、コーリーとその両親は遺伝子治療の効果を確信したが、研究者たちは論文の発表を遅らせて、効果が持続するかどうかを確かめる必要があった。ようやく二〇〇九年一一月七日付でイギリスの権威ある「ランセット」誌に発表された論文は、「八歳の子どもが、同年齢の正常な視力をもつ子どもと、ほぼ同じレベルの光感受性を得た」と結論づけている。遺伝子治療は、ほとんど目の見えなかった子どもを、ほとんど正常に変えたのだ。

ペンシルバニア大学とフィラデルフィア小児病院の広報担当者らはそのニュースを声高らかに発表した。「ウォールストリートジャーナル」紙、「ニューヨークタイムズ」紙、「ロサンゼルスタイムズ」紙、ロイター通信、さらにABC、CBS、CNN、NBCなどのテレビがこぞってこれを報じ、一〇年前にジェシー・ゲルシンガーの死を受けて遺伝子治療を非難した「フィラデルフィアインクワイアラー」紙も、もちろん記事を載せた。

イーサンとナンシーが署名したインフォームド・コンセントの書類には有名になった場合に備えての説明はなかったが、「ランセット」誌の発刊後にニューヨーク市に招待された一家は、まさに時の人となった。ニューヨークとアディロンダックの丘陵地帯の環境は、これ以上ないというほどかけ離れていた。シャツにネクタイ、きちんとしたズボンを買いに行かなければならなかったと、コーリーは顔をしかめる。「やあ、きみはテレビに出ていた子じゃないか?」と、エンパイアステートビルでは知らない男性がコーリーに声をかけた。たしかに家族そろって『グッドモーニング・アメリカ』に出演したばかりだった。そのときのインタビュアーは、他の番組と同様、コーリーの目がそれまでまったく見えなかったものとして話を進めた。そのせいで遺伝子治療の成功は大げさに語られたが、コーリーは機転がきくから反論などはしなかった。一家はABCとCBSに登場した(ただし、ニューヨークジェッツの試合に駆けつけたので、自分たちが出演したCBSの番組は見られなかった)。

州の北部へと戻る列車のなかでは、イーサンが記者からの電話にてきぱきと答えた。「テレビのニュース番組『トゥデイ』とブルームバーグのニュース、それから『マリ・クレール』誌に話をしました。日本とロシアからも問い合わせがあり、中国では新聞の一面に載ったそうです」。不思議なことに、ハース一家の地元の新聞である「ポストスター」紙からもインタビューを受けたが、記事が載ったのは一一月末になってからだった。ただ、やはり一面を飾っている。

にわかにセレブになった境遇も難なく乗り越えたコーリーは学校生活に戻り、一家はもう片方の目の治療を楽しみに待つようになった。ただしその前に、研究者たちはコーリーのその後の進展をよく観察し、二年後の二〇一〇年九月にその評価を下さなければならなかった。

19　再びフィラデルフィア小児病院へ

二〇一〇年九月半ばの、まだ夏のような日差しが残る水曜日の午後、私はフィラデルフィア小児病院のアトリウムへと足を踏み入れた。ペンシルバニア大学の蔦で覆われたキャンパスの南端に巨大な医療施設の建物がいくつか並び、そのひとつが小児病院だ。建設中のビルから響く金属音と、交通渋滞に巻きこまれた車の警笛が入りまじり、空からは屋上に着陸しようと旋回するヘリコプターの轟音まで降ってくる。ロンドンのグレートオーモンドストリート小児病院をモデルとして一八五五年に作られた病院で、今では年間一〇〇万人を超える子どもの治療にあたっている。「希望はここに宿る」をモットーとする。

一階ロビーは明るく広々として、子どもたちが見たりいじったりできる大きな仕掛けや道具が置かれている。病院というより、どこか科学センターのような雰囲気が漂う。二階に通じる幅広で見通しのよい階段を進むと、鮮やかな壁画が歓迎してくれる。透明なプラスチックの階段をのぼりきった廊下には天体模様のカーペットが敷きつめられ、子どもたちはカラフルな星や宇宙船をたどりながらいくつかの方向に歩いていくことができる。私は「木造棟」の標識に従う。そこではコーリーが、遺伝子治療から二年後の評価のために検査を受けているはずだ。途中の壁に貼られたポスターが、子どもたちの物語を伝えていた。

「ライアのお母さんはライアに命をくれました――二回」と書いてあるポスターは、部分肝臓移植。

「マディーは骨肉腫を打ち負かしただけでなく、すっかり元気になりました」という文に添えられた写真では、茶色いショートヘアの少女がイヌを抱きしめている。

「ハンターが自分にできるとは思いもしなかったもの――それは生きること」は、幹細胞移植のポスターだ。

「木造棟」に近い通路に入ると写真が急に大きくなり、ダウン症の子どもの顔、未熟児の小さな手、コルネリア・デ・ランゲ症候群の子どもの際立った特徴が写しだされている。幼い子どもが家族といっしょに急ぎ足で通りすぎていく。眼帯をかけた子もいれば、脳波の検査で電極を固定したあとのベトベトしたクリームが頭に残ったままの子もいる。車椅子でスピードをあげる子どものうしろを、両親が遅れてついていく。親になりたてらしい人が、典型的な赤ちゃん用品と医療品がいっぱい詰まったバッグを抱えて歩く。

私は病名を推測しようとした。生まれたばかりの赤ちゃんが両腕を包帯でつっているのは、骨形成不全症だろうか。骨がもろくなる病気で、ときには親が誤って虐待を疑われることもある。二メートル近い身長で手足が長く、手も大きい若い女性は、マルファン症候群かもしれない。エイブラハム・リンカーンがこの病気だったと考えられている。眼科に続く通路を見つけたとき、待合室にいるかわいらしい、頭の大きい男の子の姿が目に入った――水頭症だろうか。待合室は年若い患者とその親でいっぱいで、静かに座って涙をぬぐっている人や、きゅうくつそうに身を縮めて狭い椅子で子どものパズルを手伝っている人がいる。大柄な男性が、眼帯をかけた小さな赤ちゃんをあやしている。気温も湿度も高い夏の名残の日にふさわしく、ほとんどの子どもたちはショートパンツにタンクトップという姿だ。

九月半ばにフィラデルフィア小児病院を訪れると、不思議な気分がする。その一一年前にはジェシー・ゲルシンガーが、オルニチントランスカルバミラーゼ欠損症の遺伝子治療を受けた四日後に命を落とした。

二年前にはコーリーがここで遺伝子治療を受け、四日後に、はじめて光に反応した。臨床試験の実施計画書によってこの病院で受けるよう義務づけられていた二年後の検査では、障害物コースを進む速さから視力をもたらす分子と細胞まで、いくつかのレベルで視力を測定することになる。しかしコーリー本人と両親のナンシーとイーサンは、検査やスキャンなどはしなくとも、遺伝子治療は効果があったと断言できる。それは毎日の暮らしで目の当たりにしていることだった。

病院の広報担当者が先に立って扉をあけ、一〇七三号検査室に続く長くて細い廊下へと案内してくれた。この部屋が、これから三日間にわたる検査の基地となる。遺伝子治療臨床試験の臨床研究コーディネーター、キャシー・マーシャルが、ここでコーリーのバイタルサインを確認していた。キャシーは濃い色の髪をすっきりショートに整えた細身の女性で、孫がいるそうだが、とうていそんなふうには見えない。コーリーは足元のスニーカーにマッチしたジーンズに紫と緑のTシャツという気軽な服装で、狭い部屋のまんなかにある検査用の大きな椅子に腰かけていた。ナンシーとイーサンは部屋の隅で見守っている。その日はコーリーの一〇歳の誕生日だったから、キャシーは手作りのチョコレートカップケーキを持参していた。九〇%は砂糖の衣でできているように見えるケーキだ。

キャシーは眼科専門の技師として検査全般を取りしきっている。最初の検査はコーリーの好きな視力検査だった。大きなホワイトボードに窓のように並んだ何列もの丸い穴には、それぞれ文字が現れるようになっている。コーリーはその前に座り、星と宇宙船がプリントされた青い眼帯で片目をふさいで、キャシーが開く小さな窓の文字を読んでいく。ごくふつうの視力検査表の形を変えたこのボードの長所は柔軟性で、キャシーはボードの背後に置く文字の表を簡単に入れ替えることができる。「ほとんどの子どもたちは、どこにどの文字があるかを覚えてしまうので、うしろの表を交換する必要があります。同じ理由で、文字を順番に読ませずに、あちこちに飛ぶようにします」と、キャシーが説明してくれた。ボードの下に進むほど文字が小さくなっていき、コーリーは下に進むにつれて読めなくなっていった。

大きな視力検査表のすぐうしろには、ぬいぐるみのゾウ、イヌ、アヒルが並んだ棚があり、それぞれが置かれた棚の横に小型の赤いライトがついている。ぬいぐるみに手を伸ばした私に、「それは、検査表の文字がまだ読めない、小さな子どもたちの視力を検査するときに使います」と説明してくれたキャシーは、またコーリーのほうを向いて声をかける。「次はファーンズワース色覚検査よ。きょうは、瞳孔を開く目薬はやめましょう」

「イェーイ!」と叫びながらコーリーは椅子を飛びおりて、今度はアイシャドーケースのような大きな箱の前に座った。この検査は実に楽しそうに見えた。先に磁石のついた棒を使って、箱の右下にある検査用の色がついた円盤に向かってさまざまな色の円盤を動かし、最も似ている色から最も似ていない色へと順番に並べていく。数年前なら、コーリーはその円盤を見ることさえできなかったはずだ。さらに、XとOが並んだ図に隠されたパターンを探す、古くからある色覚検査もすませた。

次は瞳孔測定の準備に入る。この検査では、明るい電球をじっと見つめても瞳孔が閉じなかった「フクロウの目」の状態から、コーリーがどれだけ回復したかがわかるだろう。キャシーが瞳孔を開く目薬を使わなかったので、コーリーは眼帯を二重にかけたまま暗闇のなかで三〇分過ごし、瞳孔のまわりの筋肉をできるだけ縮めて開口部を広くしなければならなかった。コーリーはこの「暗順応」の時間が嫌いだが、目薬よりはましだと思っている。その目で何が起こっているのか、あるいは何が起こっていないのかを、各方面の医師たちが見極めなければならないから、コーリーにとってはどちらの検査もすでに暮らしの一部のようなものだ。

一〇七三号室の外ではジーン・ベネットが行ったり来たりせわしなく走りまわりながら、廊下をはさんだ向かいの部屋で検査の準備を進めていた。真っ黒な細身の上下に、トレードマークともいえる花柄の上

フィラデルフィア小児病院細胞分子治療センター長のキャサリン・ハイ医師（中央）――盲目治療のヒト遺伝子を送り込むウイルスの試験管を手にしている――と、コーリーの手術を執刀したペンシルバニア大学眼科教授のアルバート・マグワイア医師（左）、その遺伝子治療臨床試験を率いた同じく眼科教授のジーン・ベネット医師（右）。（写真提供　フィラデルフィア小児病院）

着をはおっている。準備がすべて整ったころ、キャシーがコーリーを暗室に導き、顕微鏡のような装置の前に座らせた。コーリーが眼帯をはずして接眼レンズを覗き込み、ジーン先生が赤いフィルターをかけたコンピューターの画面を見つめる。ナンシーとイーサンといっしょに私も部屋に潜り込むと、キャシーがドアを閉めた。コーリーの前でフラッシュが光る。

「完璧！」

画面をじっと見つめながらジーン先生は叫んだ。「いいわ、いい、いい。ほんとうにすばらしい！」

私たちはそろって画面に顔を近づけ、コーリーの瞳が一瞬にして収縮する大きな画像を見つめた。グッピーの口がパッと閉まる様子に似ている。さまざまに異なる波長の光がコーリーの目の前で一瞬輝き、コーリーの目と瞳は瞬間的に反応していた。「ゴール前の追い込みに入ってます！」と大声をあげたジーン先生だったが、それから声を低めて続けた。「二年前、遺伝子治療前の同じ検査では、まったく反応がありませんでした」

瞳孔測定が終わって、ジーン先生はコーリーにマーキュリーの最新ニュースを話して聞かせた。マーキュリーはコーリーが七月に会ったブリアードの雑種で、今はジーン先生とアル先生の家にいる。マーキュリーと別の二匹のイヌが、レーベル先天性黒内障タイプ2の家族といっしょに暮らせる日を待っているところだ。マーキュリーの母親のビーナスは、その日の朝にキッチンでおしっこをしてしまったらしい。口々にペットの話をしながら、ジーン先生がコーリーを車椅子に乗せて一〇七三号室まで押していくと、部屋は色とりどりの風船で飾りつけられていた。コーリーがカップケーキをペロリと平らげ、顔から砂糖をぬぐいとったので、キャシーは次のコントラスト検査の準備に取りかかった。たいして時間はかからない。コーリーは片目ずつ、表に並んだ文字を順番に読みあげていく。左上の文字は濃い黒だが、順に薄くなっていき、右下の文字は真っ白だ。コーリーがもう字を読めないと言ったところを、キャシーが記録する。

そのあとは全員が一列縦隊になって廊下を進んでいった。ドアが開いたままの検査室もあり、眼帯や眼鏡をかけた患者が待っているのが見える。ぼんやりと何かを見つめている子がいるかと思うと、なんとか逃げだそうともがいたり、泣き叫んだりしている子もいる。赤い巻き毛の小さな女の子がよちよち歩きで廊下に出てきた。両親は大泣きしているその子の兄を必死でなだめているところだ。

キャシーは右手にある最後の部屋に私たちを導きいれ、ドアを閉めて電気をつけると、ミニチュア版プラネタリウムのような半球の前にコーリーを座らせた。コーリーが半球の表面にあいた切り込みからなかを覗いているあいだに、キャシーは穴の反対側にある席につき、望遠鏡を通してコーリーの目を見る。ナンシーがかがみこんでコーリーの片目をふさぐのを手伝ってやる。やがて先端にライトがついた機械の腕が頭のうしろから動いてきて、最初は右側から、次に左側から、前方にまわりこんでいく。コーリーは視野に光が入っているあいだはボタンを押すことになっている。ナンシーが眼帯をコーリーのもう一方の目に換え、検査は続いた。コーリーは楽しそうだ。脇で見ている私たちにとっては、どうということもない退屈な動きのように感じられたが、これは新しい視覚入力にコーリーの脳がどう対応しているかを明らかにする重要な検査だった。「遺伝子を導入したあと、視野が大幅に広がっているのがわかります。それに対して導入していないほうの目では、時とともに視野が狭まっていきます」と、コーリーの検査が終わったあとで合流したベネット医師が説明してくれた。

*　*　*

コーリーは医療スタッフに、意外なほど親しく接していた。そのやりとりを見ていると理由はすぐわかった。このチームの人たちは特別なのだ。チームの中心にはジーン先生とアル先生がいる。ジーン・ベネットとアル・マグワイアは、解剖中の頭部の向こう側とこちら側で恋に落ちたという。ふたりはハーバード大学医学部の一年生のときに神経解剖学の研究室で出会い、ジーンはおどけたようなアルのユーモアのセンスに魅了されてしまった。何年もあとのコーリーと同じだ。アルは、ふたりのあいだに置かれたむきだしの脳の領域の名前を言うときも、冗談をとばすときも、まったく同じようによく響く低音で話した。「私たちは視床下部ごしに絆を深めました」と、ベネット医師は笑いながら当時のことを話してくれた。

ふたりは結婚し、三年後の一九八六年、医学の学位をとった年に、三人の子どもたちの最初のひとりが生まれている。そしてランスロットをはじめとしたイヌでレーベル先天性黒内障タイプ2を治療したとき、ふたりのキャリアの道はひとつになった。カリフォルニア大学バークレー校で細胞・発生生物学の博士号を取得したジーン・ベネットは国立衛生研究所で一年間過ごし、そこで何人かの遺伝子治療の生みの親に出会っている。一九九〇年に四歳のアシャンティ・デシルバで世界初の遺伝子導入試験を行なうことになるフレンチ・アンダーソンもそのひとりで、アンダーソンはこの才能豊かで熱意ある若い女性に一目置き、医学部で研究をするよう勧めた。ベネット医師もその考えに興味をそそられた。「私は研究が大好きで、よりよい治療法を生みだす必要のある病気に役立つ研究をしたいと思いました」

やがて人間の病気の遺伝子をもったマウスを作りだすエキスパートになり、そのようなマウスの需要は高かった。その後、目に影響する突然変異に取り組む研究者を手伝ったことから、視覚系に大きな関心を寄せ、「今の『視覚障害と闘う財団』、当時は『網膜色素変性症財団』と呼ばれていた団体のキャリア開発賞に応募して、賞をもらいました」。その後はミシガン大学病院に開設した小さな研究室で遺伝子研究を続け、そこではマグワイア医師が一九九一年に網膜変性に焦点を当てた専門医研修を終えている。一九九二年にはふたりそろってペンシルバニア大学に移り、いつかは目の遺伝子治療をしたいと考えた。「まだまだ夢物語でしたが、どんどん現実的になっていきました」とベネット医師は話す。

コーリー、イーサン、ナンシーが接した人たちのなかで、最も身近な存在はジーン先生のようだ。医師であり科学者であるこの陽気な女性は、父親のウィリアム・ベネットが物理学教授をしていたイェール大学の近くで育った。父親は才能豊かな人物で、数種類の医療用レーザーを開発している。父娘共同で、心雑音を検知して描くレーザー装置も発明した。

ウィリアム・ベネットはレーベル先天性黒内障タイプ2の遺伝子治療の推移をワクワクしながら見守っていたが、コーリーが九番目の患者になることがわかる直前に世を去った。「父はとても愉快な人でした」と、ジーン先生は目を輝かせながら話す。「イェール大学の寮長をしていた関係で、父は学生といっしょに暮らしていました。寮には、いつも杖と盲導犬を利用している盲目の学生がふたりいたのです。私たちが臨床試験をはじめると、父はそのうちのひとりのローレンがレーベル先天性黒内障タイプ2ではないかと考えました。二年後にローレンが電話をかけてきて、RPE65遺伝子の突然変異だとわかったと話しました」。研究者たちは、コーリーとローレンの病気をもつすべての人たちを治療できるだけの治療用ウイルスをストックしてきたから、この若い女性にも視力を取り戻せる日が来るかもしれない。

＊　＊　＊

検査一日目の午後じゅう上機嫌だったコーリーは、翌朝も元気で、fMRI（機能的核磁気共鳴画像法）の検査を予約した午前八時に姿を見せた。この検査では、光に対して最も敏感な目の部分を明らかにする。遺伝子治療を受けた人たちのなかでも、救出する視細胞の数がコーリーの場合より少ない、もっと年上の患者を追跡調査する際に特に重要な検査だ。「fMRIは、三五年間にわたって衰えたあとでも、視覚経路は完全なままで復活させられることをはっきりと示してくれます」と、ベネット医師は話す。

次の検査は、連邦議会で披露されユーチューブでも公開されている、コーリーの大好きな障害物コースだ。廊下をはさんだ向かいの部屋の床に、ジーン先生がテキパキ動きまわって正方形のカーペットを配置しているのをコーリーは遠くから見ていた。その後、先生は一部の正方形の上に黒いフェルトの矢印をのせて順路を作った。コーリーの奥行きの知覚を検査するために、五センチほど高くなった正方形もいくつか混じっている。こうして順路が完成すると、今度は三脚のついた照明器具を引っ張っていって障害物にする。キャシーは発泡スチロールのカップを順路に沿って何個か並べてから、プールで使う細長い発泡スチロールの浮き棒を載せて、水平に渡した。まるで舞台装置を作っているようだった。

「この検査は楽しいよ！　ただ矢印のとおりに進めばいいんだ」。コーリーは腰かけたままスツールをグルグルまわし、にこにこ顔で私に言った。

「ふざけるのはやめなさい！」と言いながらイーサンが立ち上がり、コーリーを向かいの部屋に連れていった。キャシーが近づいて治療していないほうの右目に眼帯をかけさせ、続いてジーン先生がやり方を指示する。「矢印のとおりに進んでください。私たちは何かにぶつかった回数を数えます。前を見たり下を見たりするのを忘れないように。またいで通らなければならないものもあります。電気が薄暗くなります。終わったら、ぶら下がっている止まれの標識の下の小さいドアをあけてくださいね」。コーリーはそわそわしていた。方法はもうよくわかっている。スタートの合図と同時に飛びだして順路をたどり、完璧に進んで、一五秒ほどでゴールした。期待したとおり、いっせいに拍手がわきおこった。

コーリーが一〇七三号室に戻っているあいだに、大人たちは扉を閉めてすばやく順路を入れ替える。子どももイヌと同様にすぐに覚えてしまうからだ。キャシーがやってきて、コーリーにスツールをまわすのをやめさせ、眼帯を反対の治療ずみの目に移す。すると一瞬にしてコーリーの様子が変化した。

「ママ、ママのことが見えないよ」。ナンシーが座っている場所までは一メートルほどしかない。コーリーはそのブラウスの花柄だけをなんとか見分け、触れようと手を伸ばした。

キャシーがコーリーの手を引いて廊下を横切る。障害物コースの前に立つと、コーリーの様子からふたつの目の違いは一目瞭然だった。

ジーン先生に最初の正方形まで連れていってもらったコーリーは、こわごわ左足を伸ばして、また引っこめた。「なんにも見えない」。震える声でそうつぶやき、肩を落とす。それでも気を取り直して、ゆっくりと歩きはじめる。ランプにぶつかりそうになったときには、ジーン先生がすぐ手を貸した。見えるほうの目を使ってコースを駆け抜けた時間は、とっくに過ぎている。向きを変え、一段高い正方形に乗り、また降りる。そこは矢印のない黒い正方形で、コースを外れていた。

「どこに行けばいいのかわからないよ」。壁に向かってまっすぐ歩こうとするコーリーに、ジーン先生がまた手を差しのべる。発泡スチロールのカップにぶつかって、渡してあった浮き棒を倒し、コースを外れる。「やっぱりなんにも見えない」と言いながら、コーリーがコースの終点を示す一メートルの高さのドアから直角に横を向いてしまったので、ジーン先生はやさしくその向きを変えてやった。ところがコーリーは歩こうとはせず、無意識のうちに手を伸ばしてドアに触れようとした。

次に両目を使ってコースを歩くよう指示されたコーリーは、すぐ自信を取り戻した。わざとうしろ向きに進んで見せたりする。ところがもっとデータをとるために、もう一度悪いほうの目でコースを歩くようにとやさしく説得されると、やっぱり前と同じことになった。それは、遺伝子治療をしなかった場合の今の視力を表していた。

科学者は実験結果を評価する方法を考えだすために、ときには大いに創造力を働かせなければならない。障害物コースはその一例だ。たとえばニワトリは視力検査を受けられないので、スーザン・センプルーローランド博士は遺伝子治療でレーベル先天性黒内障タイプ1が治った実験対象にスキットルズキャンディーをついばませて、視力があることを実証した。クルクルまわったイヌは、その飼い主に成功を評価する方法を教えてくれた。間に合わせの障害物コースも同じようにローテクだ——そのため、食品医薬品局で遺伝子治療の実施計画書の承認を得ようとしたときに拒絶の理由にされた。「一部の人たちは、一定時間に表面に届く光子の数を正確に測定するような検査と比べ、『障害物コースを通り抜ける！　そんなのは非科学的だ！　学習と協調の心理テストにすぎない！』と言い張ったのです」とアル・マグワイアはまくし立て、一瞬言葉を切ると、首を横に振りながら続けた。「患者の暮らしのなかで障害物コースに意味がないなんて、どうして言えますか？」イーサンはもっとわかりやすく、こう表現した。「コーリーは、以前は障害物コースを進めませんでしたが、今では進めます」

コーリーの検査はまだ続いた。次は眼振を調べる。生まれたばかりの赤ちゃんの目を覗き込んだナンシーに大きな不安を感じさせた、眼球が振り子のように揺れる症状だ。一〇七三号室に戻って、小児眼科医のダン・チャンが小刻みに揺れる動きが減っていることをカメラでとらえる。この医師はその後コーリーに席を譲って、検査を体験させてやった。コーリーが医師の真似をして遊ぶのをやめさせるのは難しかったが、次にはキャシーからの長々とした質問が待っていた。それも臨床試験実施計画書の一部になっている。

「さあ、はじめましょう。コーリー。視力のことを気にして過ごす時間は長いですか？」と、キャシーは質問表を読みはじめる。

「少しは」

「普通の印刷物がよく読めませんか？　たとえば、新聞や雑誌などを読むときには？」コーリーはすぐに困った顔をした。「ぼくは新聞も雑誌も読まないし」。キャシーは顔を上げて微笑み、また質問表に戻る。「すぐ近くのものがよく見えませんか？　たとえば料理をするときには？　または飛行機の模型を作るときには？」

コーリーはよくわからないという表情で、イーサンのほうを見た。「何のこと？　そうだと思うけど」

そのあとには複数の選択肢が用意された質問が続き、選択肢には「ふつう」の項目があった。コーリーはこの新しい単語が気に入って、その他の質問にも見境なく「ふつう」を連発していく。次にキャシーは、笑わないように気をつけながら尋ねた。「あなたは自分の洋服を選んで、釣り合いのとれた服装をできますか？」

コーリーは文字どおり目を白黒させた。「そんなことしないよ！　釣り合いなんて気にしないもの。てきとうに出してくるだけだよ」

キャシーには回答が必要だったので、質問を言い換えてみた。「釣り合いのとれた服を選べましたか？」

「でも、どうしてそんなこと気にする人がいるの？」長い沈黙があった。「わかった。いいえ、ね」

次にキャシーはすべての質問を、あらためて空欄を埋める文章に変えて聞きなおす。それが「評価尺度」というものなのだ。ばからしく思えるほど退屈だ。イーサンとナンシーと私はついウトウトしてしまい、コーリーはだんだん苛ついてきた。

キャシーは続ける。「コーリー、ゼロから一〇までのものさしがあり、ゼロは死んでしまう、一〇はいい気持ちだとすると、次の文章の空欄に入る数字は何ですか？『私は自分の視力のせいで、ほとんどいつも［　］と感じている』」

「もしぼくがゼロだと言ったら、ぼくはここにはいないよ。死んでるんだもの」と、コーリーは困ったように指摘した。

それからはいくつもの活動について数字を決めていかなければならなかった。質問の項目には、薬のビンに書いてある細かい文字を読むとき、請求書が正確かどうかを確かめるとき、化粧をするとき、などが含まれていた。

最後にキャシーは尋ねた。「あなたは自分の視力のせいで短気になりますか？」

コーリーはまた困った顔になる。「何のことかわからないや」

「すぐイライラすることよ」

「ちがう、ぼくはその反対だ」。顔じゅうが笑顔に変わった。

四時間をかけて四つの検査が終わり、やっとランチタイムになった。

＊　＊　＊

眼科の検査棟に戻るまでの廊下で、マルファン症候群と思われるとても背の高い女性、両腕のない一〇代の若者、まだヨチヨチ歩きのアジア人の双子とすれ違う。待合室にはまた新たな家族がいくつか加わっている。子どもたちがどことなく恐ろしげな検査室に誘導されていったかと思うと、新しくやってきた子どもたちがその場所を埋め、待合室はまるで潮の満ち干のように賑わいと静けさを繰り返す。

コーリーは一〇七三号室の中央に置かれた椅子に座っていたが、立ち上がりたくてウズウズしていた。もう一度、視力検査をする時間だった。「ここに来ているあいだに、二、三回は検査したいのです。一日のうちの時間によって、よく見えたり見えなかったりすることがありますからね」と、キャシーが説明してくれた。「だから、三回もデータをとっているんだ！」文字が書かれた大きなプラスチックのシートをキャシーが穴のうしろ側に差し込んでいるあいだに、コーリーが口をはさんだ。

しばらくすると、今度は光波コヒーレンス断層映像法による検査の準備がはじまる。二〇〇五年にレーベル先天性黒内障タイプ2の患者たちにこの画像技術が使用されたことで、桿体細胞と錐体細胞がまだ正常に機能できる状態で残っていて、遺伝子治療が可能であることが明らかになった。「暗順応をやらなくちゃいけないの？」と、コーリーはキャシーに尋ねている。

「いいえ」

「よかった！」

何度か暗順応をしたあとだったので、今度は瞳孔を開く目薬をいやがらなかった。キャシーはやさしくコーリーの頭をうしろに傾けて、麻酔の目薬と瞳孔を開く目薬をすばやく落とす。「くすぐったい！」と笑ったのもつかのま、笑顔がみるみる「への字」に変わったかと思うと、コーリーは足をバタつかせ、目薬がしみる痛みに耐えながら「ウーーー」と長いうなり声をあげた。

視野検査をした部屋とは反対側の、廊下の突きあたりにある部屋まで連れていかれて、また別の顕微鏡のような機械の前に座る。キャシーが照明を消すと、ナンシーがコーリーの頭を正しい位置に固定する。一番難しいのはコーリーのおしゃべりを止めることだった。検査がはじまる。コーリーの目に入るように赤い光のフラッシュがたかれたあと、モニター上で色の柱が点滅する。色とりどりの鍾乳洞の石筍が、現れては消えていくようなものだ。

「上を見て。下を見て、今度は横を見て」とキャシーが指示するうちに、ソフトウェアが石筍を次々に変換し、コーリーの網膜を六つのまばゆく光る重層的な断面図にしていく。画面に現れた網膜のサンドイッチで上から三分の二あたりにあるのが、最も重要な網膜色素上皮だ。この細胞層に、コーリーの目でビタミンAを使えるようにするタンパク質が不足している。ソフトウェアはこの網膜色素上皮を、まさにふさわしいオレンジ色――ニンジンの色――で表示する。

キャシーは画面上のさまざまな色の層を食い入るように見つめながら、アル・マグワイアが二年前に健康なRPE65遺伝子を注入した場所を、正確に探す。オレンジ色の部分がたくさんある領域にその可能性がある。画像から丹念に不要な部分を削って、注入した場所と思われるところをとらえようとしていると、コーリーがうしろにまわってきて画面を覗き込んだ。「次は眼底写真の番?」と、ワクワクした様子で尋ねる。「ソニアに会えるの?」キャシーはうなずいて、そのとおりだと伝えた。

コーリーは喜んで隣の椅子にとび移る。そこにはトプコンのTRC-50EX眼底カメラがあり、何も言われなくても、目の位置、あごをのせる位置はちゃんとわかっている。陽気そうなアジア人のソニアがすらりとした姿を現してコーリーの反対側に座り、装置を調節すると、正面の画面いっぱいにコーリーの眼底が写しだされた。

画像は火星のように見えた。コーリーの右目の眼底が赤みを帯びた球となって画面に現れ、視神経乳頭の白い点から、血管が運河のようにクネクネと伸びている。左目の画像では、白い点のそばにギザギザした白い星型の破れ目があって、二年前にアル・マグワイアがウイルスに包まれた遺伝子を巧みに注入した場所を示していた。

眼底写真が終わったのでみんなで検査室に戻ると、アル先生が混雑した外来から駆けつけて待っていた。長身で威厳があり、グレーの長めの髪と深い低音の声の持ち主だ。スツールに腰かけ、額に検眼鏡をつけたまま、先生はクルリと有名な若い患者のほうを向き直った。そしてダースベイダーのマスクのようなライトのついた光学装置をコーリーの網膜に向けながら、マグワイア‐ベネット家にいるペットのおかしな話をして聞かせる。さらに「ジーンがきみへのバースデープレゼントで遊ばないようにするのが大変だったよ」と冗談を言いながら、部屋の隅にある、きれいに包装した大きな箱に目をやった。箱にはラジコンのロッククローラー・ジープが入っている。アル先生はコーリーの左目をじっくり覗き込みながら、全部の方向を順に見るようコーリーに指示していった。「きょうは視力に対称性がある。とてもおもしろい」とキャシーに伝えてから、からだを引いた。

「コーリー、ジーン先生から右の目のことを聞いたかな？」

こう医師が尋ねると、キャシーはすっと背筋を伸ばして不快そうな表情を見せた。その顔を見てとまどったアル先生は、「なに？　聞いちゃいけなかった？」とまた尋ねる。

キャシーはイーサンとナンシーのほうに目をやり、オロオロしたようにこわばった笑みを浮かべた。「ええ」。食品医薬品局への最後の書類提出がまさにその日で、チームが次回の臨床試験に対する最終的な承認を受け取るには、あと何週間もかかるだろう。まだ口にするのは早すぎたわけだが、アル先生はキャシーのボディーランゲージを読み取れなかった。両親は敏感に悟り、身を乗りだした。それを聞きにやってきたようなものだったからだ——コーリーのもう片方の目を治療できるのか、もしできるなら、いつなのか。

先生はまた患者のほうを向き、わずかに混乱しながら、それぞれの目を詳しく調べた。「たぶん、キャシー、大丈夫だ……いつか……まだいつとは言えないが。食品医薬品局では一度、施設内審査委員会を通過していいるし、前進できるし、話し合ったし……」言っていることはまったく意味をなしていない。キャシーがまた警告のまなざしで見てきたので、アル先生はもう右目の話をするのはやめにした。

「まったくきれいだ、満点に掛ける二だな」と言って検査をすませると、椅子を後方にすっとすべらせ、かがみこんで装置を戸棚にしまった。

「わーい、ずいぶん早かった！」と、コーリー。

「もう何千億回もやったから、きみはずいぶん早くなってる」

次に、アル先生は眼圧測定装置をコーリーに示す。そのとき急に声が低くなり、ロボットのような口調になった。「これは、なんだか、しっていますか。ハルです。わたしのなまえは、デイブです」

コーリーには、映画『二〇〇一年宇宙の旅』に登場するコンピューターのＨＡＬ９０００もさまよう宇宙飛行士のデイブ・ボーマンもわからなかったが、先生がＳＦの知的価値について解説するのを聞いて、キャシーと私は思わず微笑んだ。すると突然、先生はキャシーに向かって掌を広げ、太い声で命令する。

「ナイフをわたせ！」

だが先生はナイフの代わりに目薬を受け取り、「目を閉じたまま目薬を入れる」という独自のテクニックでコーリーの目に目薬をいれて、眼圧測定の準備を整えた。それから私たちのほうを向き、「薬に対する私の最大の貢献は、適切な投与技術にありますね」と言った。コーリーがちょっとだけ身をよじった。

「じっとしていろ。さもないと、もう一回ＭＲＩだぞ」。アル先生の大きな声に、コーリーは思わず声をたてて笑う。先生は少年を落ち着かせようと考え、学校は楽しいかどうか尋ねてみた。コーリーがあまり楽しそうに見えなかったので、先生は言った。「来年は一年間学校を休ませてくださいって、先生が手紙を書いてあげようか？」

コーリーはますます激しく笑いだしたが、すぐにおとなしくなった。そろそろ次の網膜電図検査のために先生がまた麻酔の目薬をさすから、静かに座っていなければならないとわかっていたからだ。

「瞳孔を開く目薬が痛くないようにって、どうして麻酔の目薬をしなくちゃいけないの？　だって麻酔の目薬も痛いんだよ？」と、コーリーが質問した。

「テロリストに交渉の余地はない」。アル先生はそう言いながら、黄色い電車が描かれた眼帯を少年の目にかけた。それから照明を消して部屋を出ていき、コーリーとナンシーとイーサンはまた暗順応のための時間を過ごすことになった。

＊　＊　＊

四〇分後、昨日は視野検査をした廊下の突きあたりの部屋に入りながら、「コーリーはこれが大嫌いなんですよ」と、イーサンが先回りするように私に教えてくれた。「これ」とは網膜電図検査で、恐ろしく、侵襲的な検査だ。「何年も前にはボストンで、網膜電図のための暗順応に三〇分かけ、それから二時間ずっと泣き叫んでいました」。そう付け加えながらイーサンが指差したのは、入口にカーテンがついた写真撮影ボックスによく似た装置だった。誰もがカメラ付き携帯電話をもつようになるまで、証明写真用としてショッピングモールでよく見かけたものだ。「あれが小さい子ども用です。コーリーも以前はあれを使っていました」

けれども今ではコーリーも大人用の装置を使用する。ソニアが潤滑剤の目薬をさし、麻酔でしびれた眼球にコンタクトレンズのような小さいアイカップを直接つけていくあいだ、コーリーの口からは泣き言ひとつもれなかった。眼球についたカップからはひものような長いケーブルが伸び、額には電極がついている。アル先生がＨＡＬ９０００なら、コーリーは間違いなく『スタートレック・ネクストジェネレーション』に出てくるボーグだ。

「わあ、早かったなあ！」コーリーはまったく怖がっていないように見える。

「ほんとうに大きくなったわね！」と答えたソニアが前回コーリーを検査したのは、六か月前だ。

「そうだよ。もう大人になったんだ」。コーリーはそう言いながらソニアに笑いかけた。

キャシーが照明を消すと部屋は真っ暗になり、コーリーの左手一メートルほどの距離に置かれたコンピューターのモニターだけが、赤いゲルシートを通して光を放っている。

「準備はいい？」と、モニターの前に立ったキャシーが声をかける。

「はい！」コーリーはまた別の接眼レンズを覗き込んだ。

閃光や揺らめく光が現れ、コーリーは何かが見えるとボタンを押す。コンピューターの画面では、ソフトウェアがコーリーの小刻みに揺れる眼球を補正するにつれて赤と緑の線が明滅し、まるで生きているように振動する。網膜電図では、左目の画像が画面の右側に、右目の画像が画面の左側に表示されるので、とても紛らわしい。それでも、数年前にボストンで診断を確定させたアイオワのトウモロコシ畑のようにまっ平らな網膜電図に比べれば、私でさえコーリーには見えていることがわかった。

閃光と揺らめく光が終わってレンズから目を離し、ソニアにアイカップをはずしてもらったコーリーは、すぐ二台目のコンピューターの前にいるキャシーの隣に駆け寄った。画面には、網膜電図のクネクネした曲線と、その右に火星のような眼底が表示されている。「これがおもしろいんだ！」と口をはさんだコーリーは、少し元気すぎる感じがした。「何かわかる？」キャシーは画面の色を説明してやる。

網膜電図がすむと、木曜日の検査は終了した。もう誰もいなくなった待合室の横を通り抜けて受付に向かう途中、見知らぬ女性がコーリーをじっと見つめ、大急ぎで走り寄って自己紹介をした。「テレビで見て知っているのよ」と、女性は満足そうな声を出す。コーリーは地元ニュースですっかりお馴染みになっている。

アトリウムに続く階段では、美しい壁画、ディスプレイ、仕掛けを見まわしながら、「ぼく、ここが大好きなんだ」と笑顔で言った。

「ここに来る子どもがみんなそう言うわけじゃないけれどな」というイーサンの声は、コーリーの耳には入らない。

＊　＊　＊

わが家の末っ子のカーリーがまだ歩きはじめのころ、機嫌が悪くなって今にもかんしゃくを起こしそうになると、私たちは彼女を「かみなり雲」と呼んでいた。金曜日の朝のコーリーは、まさに「かみなり雲」だった。

私は一〇七三号検査室に遅れて到着したので、何かを見逃したのではないかとかなりあわてていた。ナンシーとイーサンは先に着いて、最初の二日間よりも落ち着いている感じがした。コーリーはトイレだ。何分かして戻ってきた姿を見ると、頭を垂れ、背中を丸めて、押し黙っている。具合が悪そうに見えた。

「胃がむかついているんです」。ナンシーはそう言いながら、コーリーを引き寄せた。

「次の検査が心配なんですよ」と、イーサンが耳元でささやいた。

キャシーは少し不安になったらしく、臨床試験のインフォームド・コンセントを思いだして冗談を言った。「コーリーに、一年間は子どもをもたないよう伝えておくべきでしたね」

コーリーは、「ああ、おなかが痛い」と叫ぶと、からだのまんなかあたりをぎゅっとおさえて涙を流しはじめた。ナンシーはジンジャーエールを探しに走っていった。

コーリーは昨日、痛い目薬にも、網膜電図のアイカップにも、退屈な暗順応にも泣き言を言わなかった。ただ、子どもにとって何が不安なのかを理解するのは難しいことがある。「前回、六か月前になりますが、この検査で光が見えなくて、うろたえてしまったのです。ときには光がないこともあって、それも検査のうちなのですが、そうだとわかりませんでした。それで検査に失敗したと思ってしまったのですね。学校の試験に落ちたと同じように感じたのでしょう」と、キャシーはそっと話してから、コーリーに声をかけた。「光がないときは、ないと言えばいいのよ」と念を押す。それでもまだ動揺はおさまらないらしい。この問題には身体的な側面もある。コーリーは極端な近視なので、たまに照明が閃光として目に入ってしまう。そのために、検査の光といつもの環境にある光との区別がつかないのを心配しているのだろう。

コーリーが不安を感じているに違いないとキャシーが思っていたのは、次に予定されている全視野感度閾値の検査だ。ピーッという電子音がすると、その音のあとに、異なる強さの閃光が続いたり続かなかったりする。コーリーは何かが見えたときにボタンを押すことになっている。検査は退屈で、六つの部分からなり、四回は白い光、一回は赤い光、一回は青い光が使われる。

ナンシーがジンジャーエールを手に戻ってきた。コーリーは何口かすすって、またおなかをおさえると、涙を流しながらナンシーにしがみつく。検査の部屋までようやく足を運ばせるには、みんなでさんざんなだめ、時間をかけなければならなかった。それでもようやく検査室に入ったコーリーは、うなだれたまま、また別の装置の前に座った。そのあとも、「ただのあてずっぽうだ」とつぶやいて、いやいやながらボタンを押しているのがわかる。

キャシーはクルリと向きを変え、前かがみになって携帯電話を取りだすと、自分の研究室で新しいタイプのスキャンをしようと待機していたジーン先生に電話をかける。少しのあいだ話を聞いて電話を置き、こう言った。「わかったわ、コーリー。ジーン先生が、青い光はやらなくてもいいって」

コーリーはあっというまに元気を取り戻し、検査室に着くころにはまた前と同じ陽気なおしゃべりになって、ナンシーの膝におさまった。残念ながら、キャシーは瞳孔を開く目薬をもう一度さす必要があった。大泣きしたせいで、前の目薬がすっかり流されてしまったからだ。顔をしわくちゃにして目をしっかりつぶるコーリーを見ながら、キャシーはまたそっと携帯電話を取りだしてボタンを押し、「もう一時間の遅れです」とささやいた。

検査室の区域を離れて最上階に向かい、クネクネと曲がりくねった廊下をたどってキャシーのオフィスに着いた。ここでは共焦点レーザー検眼鏡による検査をする。装置に書かれているブランドの名前から、コーリーはこれを「ハイデルベルクの検査」と呼ぶ。このスキャンはレーザー画像と三次元解析をリアルタイムで組み合わせて、網膜の断面図を描く。要するに、昨日の光波コヒーレンス断層映像法検査の高級版だと考えればいい。コーリーはこの検査が大嫌いだ。

「この検査はやりたくなかった！」コーリーはシクシク泣いて、またナンシーにしがみつく。ナンシーは、もういくつ目なのか数えられなくなった新たな装置のうしろにコーリーを座らせ、じっとさせようと苦心していた。ほとんどの検査は痛みを感じるものではないとはいえ、絶え間なく続く精密な検査と評価は負担になりはじめていた。

「がんばって！　あなたはほんとうにすばらしいわ！」

キャシーはそう言ってから低い声で続けた。「焦点を合わせるのが一番大変なんです。コーリーの目は眼振のせいで小刻みに揺れ、機械はそれを完全に補正することはできません」

「おなかが痛い！」コーリーは泣きじゃくりはじめた。「次のところがいやなんだ！」そう言って、からだを思い切りうしろに倒したので、もう少しで床に転げおちるところだった。

近くにいた事務職員にもコーリーの声が届き、何人かが姿を消した。病院の診療区域から遠く離れたこのあたりで働く人たちは、子どもの声がこんな上の階で聞こえるのに慣れていないのだ。私は部屋のすぐ外に立ち、壁にずらりと貼られたスケッチに意識を集中する。それらの目を引くスケッチは、眼球を広げて内部を描いたものだった、コーリーの拒絶はますます激しくなって金切り声に達し、キャシーも限界に達した。

「わかった。これはもういいことにします。別のにしましょう」。キャシーはそう言って何か走り書きをし、「でも、ダン先生が論文用の写真を必要としているんです」と付け加える。私の脳裏には一瞬、だいぶ前の歯科医院での出来事がよみがえった。歯周の授業の課題に使う型をとりたいからと、歯科医が娘の口にヌメヌメしたプレートを思いきり押し込んでいた。娘にみじめな思いをさせた理由に、私は納得できなかったものだ。でも今回は授業の課題ではなかった。これは臨床試験であり、コーリーは大人になるまで観察しつづける長年の追跡調査を受けるという書類に署名していた。

泣き声がやまないなか、キャシーは別の方法を試してみる。「右目が大切よ。次に手術するのは右目だから——もしも、してほしいならね。ジーン先生が待っているわ」

ナンシーまで苛立っていた。「コーリー・ダグラス。しなければいけません！」

「食品医薬品局が待っています。急がなければなりません」と、キャシーは言葉を足した。

すると怒り狂った一〇歳の口から、部屋の外で集まっていた事務職の女性たちにもはっきり届くほどの大声で、究極の侮辱ともいうべき言葉が飛びだした。「学校に行くほうがまだましだ！　やだ！　やだ！　やだ！」

イーサンがキャシーのオフィスから身を乗りだして、声だけ聞くとまるで拷問を受けているような息子が、実際にはどんな検査を受けることになるのかを説明してくれた。「光がとてもまぶしくて、目薬が痛くて、あとで視界がピンクに見えるようです」

オフィスのなかでは、キャシーが手を止めて気を取り直そうとしていた。落ち着いたやさしい声で、はじめから繰り返す。

「検査の何がいやなの？　コーリー」

「まぶしい光」

「この台の上にあごをのせてちょうだい」と、キャシーは静かに言った。

「やだ！」と、コーリーは絶叫した。

それでも、そのあとコーリーは急に意気消沈して抵抗をやめ、網膜の三次元断面図がキャシーの画面に現れた。

＊　＊　＊

昼食後、私たちはまた一〇七三号室に集合した。これが最後の集合になる。コーリーに残された検査はあとひとつだけ。およそ二時間かかる予定の、午前中から持ち越された検査だ。金曜日だったその日、ジーン先生は結婚式に出席するためにマサチューセッツに向かっているはずの時間だった。それでもキャシーから遅れの報告が届きはじめたとき、すぐ予定を変更していた。

ジーン・ベネットのオフィスは、二ブロック離れたずっと古い建物にある。かつて、アメリカ最古のペンシルバニア病院の一部だった場所だ。九月半ばを過ぎるというのに三二度を超えたこの日、F・M・カービー分子眼科センター三階のベネット医師のオフィス兼研究室を目指し、午後の強い日差しのなかをみんなで歩いた。

デニム生地のミニスカートに大きな金属のベルトを身につけたジーン先生は、混みあった狭いオフィスに私たちを導きいれた。デスクの向こうに腰をおろした先生の背後には、分厚いルーズリーフバインダーがぎっしり詰まった棚が三つもあって、レーベル先天性黒内障タイプ２の治療にこぎつけるまでにどれだけの年月がかかったかを物語っていた。壁には修了証やイヌの写真が所せましと並び、銀の額縁に入った大好きなランスロットの姿に加えて、ベネットとマグワイア夫妻の子どもたちの顔も見える。ジーン先生はコーリーを手招きして自分の隣に座らせると、書類を取りだした。コーリーの目にある視覚色素ロドプシンのレベルを測定するために新しいタイプの検査を計画しているのだが、そのためにはそのインフォームド・コンセントの書類に本人から署名をもらう必要がある。治療した左目にまだ治療していない右目より多くのロドプシンがあれば、遺伝子治療に効果があった確実な証拠になるから、コーリーの検査への参加は不可欠なものだった。だが、この検査は最初の遺伝子治療実施計画書には含まれていなかったので、コーリーに賛成《アセント》してもらわなければならなかった。

ジーン先生は本人に向かって直接、ゆっくり、はっきりと話した。

「私たちは片方の目に明るい光を当ててから、大急ぎで機械のところに行って、決められた時間の区切りで何回か画像を撮ろうと思っています。私たちはこの検査を使って、遺伝子治療の前にはあなたになかったロドプシンが、今はどれだけたくさんあるかを、はっきりさせようとしています。これまでに、網膜が正常な五〇人の人たちでこの検査をしてきました。私もそのひとりです。コーリー、あなたが検査を受ける最初の子どもになります。あなたはどうしても参加しなければならないわけではありませんが、もし参加すれば、二〇ドルが支払われます。あなたは一回の明るい閃光と、それほど明るくない他の閃光を見ることになります。閃光は四秒間続きます。あとであなたの目の写真を受け取ることができます。検査の前に三〇分間、眼帯をする必要があります」

コーリーは聞いていたが、何の反応も見せなかったので、ジーン先生は続けた。「あなたが賛成の署名をすれば、私たちはあなたの頭の位置を合わせるために何枚か写真を撮ります。それからあなたは片目に眼帯をして、三〇分間待ちます。その片方の目を検査しているあいだに、もう片方の目に眼帯をすることができるので、二回待つことはありません」。コーリーがどれだけ暗順応をいやがっているか知っているジーン先生は、無口になった少年の気持ちを察し、前かがみになってその手を握った。「少しのあいだお父さんとお母さんと三人だけになって、話がしたい？」コーリーはうなずいた。

ナンシーとイーサンをオフィスに残し、ジーン先生、キャシー、私の三人は廊下に出てドアを閉めると、大人になった息子や娘たちが今の経済情勢をどんなふうに切り抜けているのか、情報交換をして過ごした。一〇分ほどしてオフィスから出てきたイーサンの言葉を、私たちは誰ひとり予想していなかったと思う。

「コーリーは検査を受けません」

キャシーは沈黙したまま、表情を凍らせた。私は思わず口をぽかんとあけてしまったが、かかわってはいけないと自分に言い聞かせて、口を閉じた。これは彼の権利だった。ナチスの残虐行為を受け、人体実験で被験者を守るために一九四七年に作成されたガイドライン「ニュルンベルク綱領」に、次のように明記されている。「実験の進行中に、被験者が実験の続行に耐えられないと思うほどの身体的または精神的状態に陥った場合、被験者は実験を中止させる自由を有するべきである」

ジーン先生は困った様子を少しも見せなかった。ただ笑顔を保ちながらコーリーに腕をまわし、新しいロドプシン検査の装置を見てみないかと誘った。もしかしたらコーリーの気を変えることができないか、せめて好奇心だけでも引き起こせないかと、願ったのかもしれない。その口調には、がっかりした気配も、無理強いする雰囲気も、一切なかった。コーリーは、自分の視力の回復に大きな力を果たしてくれているこのやさしくてすてきな女性の申し出を拒んだことを、少しだけ悔やんでいたのだろう。

「一二歳になったらする」と、押し殺したような声でつぶやき、頭を垂れた（実際にそうした）。

ジーン先生はコーリーに新しい装置に見せると、私たちの先に立って研究室を案内してくれ、三日間の訪問は終わった。幕切れはあっけなかった。それぞれにハグをして別れた。

外に出ると、コーリーはまた朝と同じかみなり雲に戻ってしまった。ナンシーは何も言わずに、息子に腕をまわした。キャシーは明らかに動揺していた。全員で通りを横切り、フィラデルフィア小児病院まで歩く。キャシーは前かがみになってコーリーと目を合わせようとしたが、コーリーはスニーカーから目を離さない。

「コーリー、どうしていやだと言ったの？」

「わからない」と、コーリーは涙をこらえながら小声で答えた。

キャシーはもう一度がんばった。「私たちは別の子どもたちにも検査をするから、その子たちも怖がったときのために、あなたが何を怖がっているかを知っておきたいの」

コーリーは見るからに情けない顔をした。「わからない」

全員、押し黙ったままフィラデルフィア小児病院のアトリウムを抜け、さよならを言った。

＊　＊　＊

郊外にある娘のカーリーの家に向かう道すがら、私は三日間の訪問の意外な結末についてじっくり考えた。よくわからなかった。医療研究全般に参加してきた他の子どもたち、なかでも遺伝子治療のこれまでの歩みに思いをはせた。その子どもたちは、どんなふうに感じていたのだろうか？

乳しぼりのサラ・ネルメスは、その手の膿胞から一七九六年にエドワード・ジェンナーが膿を採取したとき、いやだと思ったのだろうか。そしてまだ少年だったジェームズ・フィップスは、その腕にジェンナーが傷をつけてサラの膿をすり込んだとき、いやだと思ったのだろうか？

バブルボーイと呼ばれたデヴィッドは、自分が苦しいときに誰を責めたのだろうか？

アシャンティは今、自分が世界ではじめて遺伝子治療を受けた子どもであることを、どう思っているのだろうか？

ジェシー・ゲルシンガーの遺伝子治療への同意は、ほんとうにインフォームド・コンセントだったのだろうか？

脳に直接導入するカナバン病の遺伝子治療を受けたジェイコブ・ソンタグとリンジー・カーリンは、まだ赤ちゃんだった一回目はともかく、二回目と三回目のときは何が起こるか自分でわかる年齢になっていた。ふたりは怖がったのだろうか？　自分で選択することはできたのだろうか？

ローリ・セイムスは幼い娘のハンナを巨大軸索神経障害の臨床試験前の検査をするためにノースカロライナ大学に連れていったとき、どれだけ説明したのだろうか？　ハンナは今のところ、自分は両足に力が入らないだけだと思っている。

私は深く考えすぎなのかもしれない。最後の大切な検査への参加拒否で幕を閉じた、コーリーの気難しい一日の顛末をカーリーに話して聞かせると、娘はあきれ返っていた。コーリーの行動に対してではなく、私のことを怒っていたのだ。「その子は限界に達して爆発したに違いないわね！　かわいそうな子。モルモットになりつづけるのに、我慢できなくなったのよ！」

実際には、コーリーは病気だったことがわかった。その金曜日の夜、ドラッグストアのチェーン店でコーリーの具合が悪くなったとナンシーがフェイスブックに書き込んでいる。私は二二歳の娘が本人の立場になって状況を説明してくれるまで、コーリーを誤解していたことを申し訳なく思った。ただし、コーリーの腹痛の原因がウイルスかチョコレートカップケーキの食べすぎか、あるいはまた別の不快な検査をすることへの恐怖だったかにかかわらず、たったひと晩であれだけ大きく気分が変わったことは、子どもが参加する臨床試験の計画の難しさを物語っている。

一〇歳児は大人と同じようには考えない。よくても退屈、悪ければ不快だったり痛かったりする任務に集中するつらさを、無視することなどできない。もし快適だったとしても、一〇歳児が利他的になれるだろうか？　主治医が私の甲状腺腫瘍の一部を採取するために七本の針を首に刺したあと、研究用の試料が欲しいからもう一本刺してよいかと聞いてきたとき、私はためらうことなく了解した。でも、私はそのとき三九歳だった。

暗順応、検査、暗順応、検査を二日間続けたあと、金曜日の朝に腹痛で涙に暮れたコーリーが、インフォームド・コンセントに応じられるはずもない。考えてみれば、恐ろしいのは「自分にはなすすべがない」と感じることだ。長時間にわたってああしろこうしろと指示されたあとで、最後の選択肢を示されたとき、コーリーが自分でノーを選んだのはそんなに不思議なことだろうか？

医療チームは何日も続けて検査して、家族がすでにわかっていること――遺伝子治療は明らかに成功したこと――を裏付けるための情報を山ほど集めた。そして一〇月いっぱいかけてコーリーの検査結果を評価し、ＦＤＡに提出した。膨大な仕事を引き受けたジーン・ベネットとジェニファー・ウェルマンは、幸いどちらも睡眠時間が短くてすむうえ、逆の時間帯を好む。だからふたりは学会でときどき同室に滞在する。ベネットは午後九時に就寝すると早朝に起きて執筆しはじめ、一方ウェルマンは一晩中執筆してから眠りにつくのだ。結果報告書を完成させるとすぐに講演活動を開始して、生物医学研究者の秋の日程表に書き込まれたいくつかの専門家会議で試験について説明した。

二〇一〇年一〇月二八日、食品医薬品局からジェニファー・ウェルマンに連絡が届いた。もう片方の目の治療を受ける登録を、正式に開始できる日が来たのだ。

20 未来

マルコム・グラッドウェルは二〇〇九年に出版した著書『天才！ 成功する人々の法則』で、ひと晩で成功を手にしたように見える人々も、実は一万時間以上を練習に費やしてきたという、「一万時間の法則」について語っている。例にあげたのは、ビートルズ、ビル・ゲイツ、モーツァルトだ。この法則はブレークスルー神話のバリエーションで、科学の進歩と新技術の開発もひと晩では成しえず、困難を乗り越えて成熟に至るまでには二〇年以上の歳月を要する。試験管ベビー、細菌に作らせるヒトのタンパク質、モノクローナル抗体を用いる妊娠検査は、いずれも大きな節目を経て容認されるようになった。

遺伝子治療は必須の一万時間をすでに注ぎこんだだけでなく、さらに時間をかけてきた。一九九〇年に正式に開始されて一九九九年に頓挫したあと、今またレーベル先天性黒内障タイプ2、副腎白質ジストロフィー、重症複合型免疫不全症の治療成功で、再び軌道に乗っている。ようやく遺伝子治療の時代がやってきた。このバイオテクノロジーの真のすばらしさは、適用範囲の広さにある。遺伝性疾患は特定の遺伝子とそのタンパク質の機能不全を反映しているが、その他の後天的な——先天性ではない——病気でも、異常なタンパク質が原因になっていることが多い。そしてそれらの疾病は、遺伝子治療が可能なだけでなく、単一遺伝子疾患よりもはるかによく起こる。

コーリーの病気に似ているが先天性ではなく、それほど稀少ではない病気のひとつに、加齢黄斑変性がある。数百万人の患者がいるこの病気は、目の遺伝子治療の候補とされている。従来薬から遺伝子治療への治療の進化を物語る、ディック・ブロールトの最近の経験を見てみよう。

視力が少しおかしいとディックが最初に感じたのは窓がゆがんで見えたからで、他には何の変調もなかった。二〇一〇年八月のことだ。ただし、二〇〇三年に眼科医から「ドライ型」加齢黄斑変性だとの診断を受けていたので、そのような症状が出る可能性があることはわかっていた。診断を受けた当初は視力に問題が起きるなど想像がつかなかったが、ディックは医師の指示に従った。「高用量ビタミンAと抗酸化剤を飲み、視力は安定していました」と、ディックは当時を思いだして話す。それらの錠剤は進行を遅らせると考えられていた。

足病の専門医を引退したディックとその妻マリーンは、二〇〇七年に新築の分譲マンションに引っ越した。オールバニー空港からスケネクタディに向かう幹線道路から少し入った場所で、コーリー・ハースの家から南東に一時間ほどの距離にある。それまで住んでいた一軒家に比べれば狭かったが、それでもゆったりとして、窓がたくさんあった。二〇一〇年の夏も終わりに近いある日、ディックはこぢんまりした裏庭に面した大きな出窓から外を見ていて、窓枠が波打っているのに気づいた。診断のことが頭をよぎり、右目を覆ってみた。すると窓枠はまったくゆがんで見えなかった。次に左目を覆うと、視野の中央に変化する領域があり、動いているかと思えば、ぼやけたり、空白になったりする。心配になり、かかりつけの眼科のシャロム・キーヴァル医師からもらったアムスラーグリッドを取りだした。方眼紙のような格子模様の中央に点が描かれた検査表で、これを使えば、まだ自覚症状のない加齢黄斑変性の進行を調べられるはずだ。医師に言われていたとおり、右目だけで中央の点にじっと焦点を合わせる。グリッドの線が波打ち、ゆがんで見えた。「キーヴァル先生に電話をかけると、すぐ来るようにと言われました」。マリーンの運転でオールバニーの診療所に駆けつけたディックは、悪いニュースとよいニュースの両方を耳にすることになる。

　動脈造影図――右目の血管を撮影したX線写真――は、悪いニュースを伝えていた。「ウェット型」加齢黄斑変性を発症していたのだ。ドライ型加齢黄斑変性の患者の一〇%はウェット型にもかかるが、両者は異なる病気で、連続するものではない。ウェット型加齢黄斑変性を治療しないで放置すると、全盲になる確率は八五%にも達する。

　ウェット型加齢黄斑変性に冒される目の部分は、コーリーの目でビタミンAを利用できない網膜色素上皮に隣接する薄い層だ。ディック・ブロールトの右目では、その部分の血管が網膜色素上皮に侵入してクネクネと桿体細胞と錐体細胞に近づき、滲みでた血漿が網膜の精巧な層を膨張させていた。ちょうど、パイの薄い層が一枚ずつはがれていくような状態になる。これが眼底の、視細胞が集まって最も鋭い視覚を生みだす黄斑で起きていた。網膜色素上皮には、反対側に並んでいる視細胞に栄養分を与えるために血液の供給が必要だが、血管が多すぎれば余分な液が漏れ、精密に配置された桿体細胞と錐体細胞を壊してしまう。ディックが窓枠を見てゆがみに気づく前に、その網膜色素上皮は部分的に消滅しはじめており、それが新たな血管を伸ばすきっかけになっていた。血管新生と呼ばれる過程だ。皮肉なことにディックは以前に、何年かにわたって傷の治療に取り組んでいたことがあり、そのとき目指したのは足への血液供給を増やすことだった。今は反対に、それを抑えなければならない。

　よいニュースのほうは、コーリー・ハースと同じように、ディック・ブロールトが適切な時期に適切な場所にいたことだった。「二〇〇三年の時点でこの診断を受けて、すぐここに来ても、私にできることはあまりなかったでしょう。でも二〇〇六年から変わりました」とキーヴァル医師は言い、ルセンティスという薬について説明した。「この薬は眼科にとって、感染症にとっての抗生物質のようなものです」。ルセンティスができる前なら、ディックのよく見えるほうの目も二年以内には冒され、徐々に視力を失っていくことになっただろう。

ルセンティスを製造しているのは、最大手バイオテクノロジー企業のジェネンテック社だ。この薬は、毛細血管の内側にある特定の受容体に結合する抗体分子セグメントから成り、それらの受容体が血管内皮増殖因子（VEGF）と呼ばれるタンパク質に結合するのを阻止する。それは新生血管の成長を活性化させるタンパク質だ。血管内皮（折り重なって毛細血管を形成するタイルのような薄い細胞の層）にこの因子が作用すると、末端にさらにタイルができて、血管が伸びる。血管内皮増殖因子は薬の標的分子としてよく利用される。血管の形成を調整する因子として、数多くの病気の核心にあるからだ。話は単純だ。機能不全に陥った心臓の血液循環を増やしたり、傷を治したりしたければ、血管内皮増殖因子を追加する。腫瘍に栄養を供給したり目を圧迫したりしている血管を干上がらせたければ、血管内皮増殖因子の働きを阻害する。

抗体分子はY字型をしている。その上半分の一方の腕が、ルセンティスという薬剤になっている。Yの上半分全体は、すでにアバスチンという名前の癌治療薬として市販されており、やはりジェネンテック社が発売した。どちらのブロックバスターも血管内皮増殖因子の働きを阻害する「血管新生阻害薬」だ。抗体はタンパク質で、胃に入れば吸収される前にバラバラになってしまうから、これらの薬は両方とも注射して用いる。ただしルセンティスは目の治療専用に開発され、からだに入ってから出るまでの時間がアバスチンよりはるかに短い。

アバスチンは腫瘍に栄養を送る血管の新生を抑えるため、ウェット型加齢黄斑変性に応用できることは明らかで、多くの眼科医が認可外で処方していたが、二〇一一年四月には食品医薬品局が眼疾患にも認可した。アバスチンはルセンティスよりもはるかに値段が安い。現時点では、薬剤師がアバスチンの一回分の分量を目に適した数回分に分割でき、その一回分の値段はおよそ五〇ドルになる（ルセンティスの一回分の値段は二〇〇〇ドル）。加齢黄斑変性治療の比較臨床試験の最初の報告では、毎月投与する場合も「必要に応じて」投与する場合も、両方の薬が同じように効果を発揮することがわかっている（ヨーロッパからさらに五つの臨床比較報告が発表されるので、そちらにも注目する必要がある）。

治験中のものとすでに市販されているものを合わせると、血管新生阻害薬は五〇を超えている。それらは、一九六〇年代に血管の成長が癌で果たす役割についてはじめて考えたハーバード大学医学部の研究者、ジューダ・フォークマン医師の発案物だ。フォークマンは一九七一年、「ニューイングランドジャーナルオブメディシン」誌に独創的な論文を発表し、腫瘍が成長を続けるために血液供給を生みだす方法を説明した。だが、分子生物学は当時まだどのようにしてそれが起こるかを解明できなかったので、時代を先取りする生物医学の数多くのアイデアと同様、癌における血管新生というフォークマンのアイデアはよくても無視、最悪の場合は却下されるという運命をたどった。それでもフォークマンがあきらめずに研究を続けるうちに、分子生物学が最盛期を迎え、一九八〇年代には大手製薬企業が血管新生阻害薬という新分野の医薬品開発に大きな関心を寄せるようになる。フォークマンは二〇〇八年に世を去ったが、かつては急進的だとみなされた自分のアイデアが無数の人々の視力を実際に回復させるのを、存命中に確かめることができた。その年の米国眼科学会では満場の拍手をもってヒーローとして迎えられたが、フォークマンはたしかに一万時間をその研究に捧げていた。

ルセンティスは、最初は月に一回、その後は少しずつ間隔を長くあけながら、網膜に注射して用いる。ディック・ブロールトは動脈造影検査の翌日に最初の注射を受けた――窓枠とグリッド検査の揺れうごく線は、一刻の猶予もならないことを意味していた。マリーンに手伝ってもらって前夜から麻酔の目薬をつけはじめ、注射の直前にも重ねて同様の目薬をさす。二か月目の注射までに、すでに悪いほうの目で視力検査表の小さい文字まで読めるようになっていた。ただし本人は、視力検査などしなくても治療の効果が上がっているのがわかった。電話帳の豆粒のような文字を読めたからだ。

三回目のルセンティスの注射には、私も同席させてもらった。ディックが診察椅子に腰かけると、助手が椅子の背を倒して一連の目薬をさしていく――まず麻酔用の目薬、次に瞳孔を広げる二種類の目薬、三番目は刺激のある抗生物質の目薬、四番目は麻酔効果のあるジェルだ。小さな瓶と小さな針を準備した助手は、ディックの右目に感覚がなくなるまで数分間その場を離れたあと、また戻ってきて目のまわりをベタジンの濃いオレンジ色で染めた。それから急いで立ち去ったので、残された私たちはドアの内側に貼ってある眼球のポスターをじっと見つめるしかなくなった。しばらくするとキーヴァル医師がやってきて、すぐに仕事に取りかかり、注射を準備する。スツールをくるっとまわしてディックに向かい合うと、にっこり笑った。

「視力はどうです？」

患者も微笑み返した。「少しずつよくなっています。グリッドのゆがみも減っています。電話帳まで読めるんですよ！」

「それはすばらしい！　それじゃあ、顔をこちらに向けて両目を開いてください」

キーヴァル医師はディックの右目の表面を綿棒でぬぐい、注射による表面の損傷を最小限に抑えるために、血管が比較的少ない位置を探す。次に金属の器具で目をあけたままに固定すると、助手が再びベタジンを塗る。医師は中空の青い管を目の中央部に近づけて、注射針を誘導し、位置を定める。

「左のほうを見てください」。ディックがそれに従うと、医師がその右目の硝子体腔に針を刺し、引き抜き、そのあとを綿棒でぬぐう。かかった時間はほんの二、三秒だった。キーヴァル医師は固定器具をはずして、手際よく目を洗浄する。「両目を大きくあけてみてください」

それに応じたディックのからだから、みるみる緊張が解けていくのがわかった。次の注射は五週間後、その次は六週間、その次は七週間と間隔が延びて、やがて三か月ごとになる。二年目までには視力が完全に回復し、それ以上の治療は必要なくなるはずだ。

「うしろに座っているきみ」と、医師が私に声をかけた。「気絶した？　ほんとうに、とっても簡単な治療なんだよ」

検眼鏡をかけてディックの目を覗き込みながら続ける。「いいですね！　たしかによくなっていますよ。記録しておきましょう」

じっと注目している私に気づいた眼科医は、またスツールをくるっとまわしてこちらを向いた。「きみは医学生？」

私がこの本について説明しながら研究者の名をいくつかあげると、医師は大喜びして、眼科の分野では奇跡の薬と呼ばれているものを眼球に注射したばかりの患者の診察中だということを忘れてしまったように見えた。

「ジーン・ベネット！　アル・マグワイア！　知ってるよ！　先週、シカゴであった眼科学会の年次総会で講演を聴いたばかりだ。コーリーという男の子が障害物コースを進むビデオを見せてくれた！」

私はうなずいて、話そうとしたが、相手は勢いがついて止まらない。

「目の遺伝性疾患にかかっている患者さんたちみんなに、レーベル先天性黒内障タイプ2の遺伝子治療の話をしているんだ。原理が証明され、他の遺伝性疾患に応用されるのも時間の問題だよ。応用できるし、効果もある！」

加齢黄斑変性の遺伝子治療はすでに軌道に乗っており、あと二、三年もすればキーヴァル医師が自分の手で実施しているかもしれない。コーリーの遺伝子治療よりすばらしいのは、制御機構が組み込まれていることだ。ウィルソンとジーン・ベネットがその指揮をとっている。

＊　＊　＊

最初の遺伝子治療が稀少遺伝性疾患を対象としたのは、それが単一遺伝子によって引き起こされると詳しく解明されていたからだった。コーリーのレーベル先天性黒内障タイプ2からウェット型加齢黄斑変性へと研究が進んだことからはっきりわかるのは、とても稀な病気の治療に用いた遺伝子治療の戦略は、とても一般的な病気の治療に応用できるということだ。

ウェット型加齢黄斑変性の患者は米国内だけでも二〇〇万人にのぼる。人口の高齢化に従ってその数は五〇%増加すると予想されており、七五歳以上の三人にひとりが発症する。盲目の原因として世界第三位にあげられ、高齢者と先進国に限れば第一位だ。その結果、ルセンティスは年間二〇億ドルもの売り上げがある。ただし、奇跡の薬は誰にでも効くわけではなく、頻繁な注射によって感染の危険性が高まることがあり、感染すれば出血と網膜剥離が引き起こされる。

ウェット型加齢黄斑変性の遺伝子治療は、ブロックバスターの血管新生阻害薬ルセンティスとアバスチンを時代遅れにするかもしれない。コーリーがそれを実証した――一回の注射で効果がある。ただし、加齢黄斑変性の状況はレーベル先天性黒内障タイプ2よりはるかに複雑だ。

加齢黄斑変性の原因は単一の突然変異ではなく、さまざまな要因が組み合わさっている。免疫系の機能に関係する少なくとも四つの遺伝子が影響を与えており、そのうちのふたつはコレステロール代謝に関連し、未知の環境要因もある。また、レーベル先天性黒内障タイプ2の遺伝子治療が別のタイプのレーベル先天性黒内障には効果がなかったように、ひとつの加齢黄斑変性遺伝子を修正する遺伝子治療は、異なる遺伝子の突然変異をもつ人には役立たないだろう。そのような状況を回避するために、ウェット型加齢黄斑変性に対する遺伝子治療の取り組みは、血管新生に共通の問題に重点を置いている。逸脱した血管の成長を抑えるために、血管内皮増殖因子の働きを阻害することだ。

疾病に合わせて考案されたコーリーの遺伝子治療に比べ、ウェット型加齢黄斑変性の遺伝子治療を計画する場合にはまた別の課題もある。コーリーの治療では、目がビタミンAを利用できる能力を回復するだけだ。過度の治療が行なわれても、おそらく問題はないだろう。ところがウェット型加齢黄斑変性の遺伝子治療では、もしも効きすぎて血管内皮増殖因子の働きを阻害しすぎれば、目の一部または全部で血液供給が途絶えてしまう。遺伝子を積んだウイルスベクターが標的以外の細胞に入るようなことがあれば、ジェシー・ゲルシンガーの肝臓の場合と同様、からだの他の部分の血行を妨げることになる。そして遺伝子治療が有害となれば、目を摘出しなければならないだろう。

ウェット型加齢黄斑変性に対するはじめての遺伝子治療臨床試験は、ジェンザイム社の後援により、二〇〇九年一二月にジョンズホプキンス大学とマサチューセッツ大学医学部で実施された。五〇歳以上の合計三四人の参加者が四つのグループに分かれ、二億から二〇〇億「ベクターゲノム」（遺伝子治療で使われる単位）を投与されている。ベクターは、コーリーの網膜色素上皮に恒久的に組み込まれたものと同じサブタイプのアデノ随伴ウイルス（AAV2）だった。運ばれた遺伝子は、ルセンティスとして用いられている抗体の一部ではなく、VEGF受容体の一部だ。網膜色素上皮内の細胞が新しい受容体を量産しているのなら、血管内皮増殖因子を吸収することでそれが実際の受容体に結合するのを防ぎ、血管の過剰な成長を抑えられるという考え方に基づいている。ジェンザイム社の臨床試験によって、研究者は最も効果的な投与量と効果が持続する時間を確認する必要があった。ただし、投与量が多すぎたり導入された遺伝子が標的を外れたりすれば、他の場所の血行が悪くなる可能性があるので、リスクを伴う。それは治療が承認されたあとでも起こる可能性がある。

ウィルソンとベネットのチームによる二回目の遺伝子治療臨床試験では、遺伝子治療を生涯にわたって制御できる機構を患者に与えることによって、過剰投与という問題が起こらないように配慮している。ジム・ウィルソンが加齢黄斑変性に取り組もうと考えたのは、若いころ、症状は加齢黄斑変性に似ているが患者の数は二倍の糖尿病網膜症に関心を寄せたからだった。ミシガン大学で研修を受けていた時期に、代謝を大きく混乱させる糖尿病に興味をそそられた。インスリンのレベルはとても緻密に調整されるため、糖尿病そのものの遺伝子治療は複雑すぎて難しいが、ウィルソンは糖尿病の合併症を対象にした遺伝子治療について考えはじめた。それは加齢黄斑変性に似た糖尿病網膜症だった。血液中のブドウ糖の量が過剰な状態が長年続くと、血管が損傷を受ける。眼球の前面では毛細血管がズタズタになって血管内皮増殖因子の放出を引き起こすため、新しい血管の形成が促されることになる。血管の過剰な形成が続くと、不必要な血管はやがて繊細な網膜にまで侵入し、そこで血漿を滲出させる。

　加齢黄斑変性を（そしてたぶんいつかは糖尿病網膜症を）治療するには、基本的にはコーリーの場合と同じ方法を用い、外科医がルセンティスとなる抗体をコードするＤＮＡ配列をアデノ随伴ウイルスベクターに入れて注射する。ベクターは同じだが、タクシーの乗客が入れ替わるように、運ぶ荷物が変わるわけだ。しかし、細胞は抗体断片を分泌するから、修正された細胞の外まで意図した効果が広がった場合はどうなるだろうか？

　研究者たちは先を読んでいる。「分子のレオスタット（可変抵抗器）のような、遺伝子の働きをオンとオフに切り替えるスイッチを入れます」と、ウィルソンは言う。そのスイッチは実際には小さい分子で、一か月に一回またはそれより少ない頻度で取り込まれ、血管内皮増殖因子を阻害する活動を適度に無効にして、害にならずに役立つレベルの効果を持続させる。「何年も注射を繰り返す必要はなく、注射は一回だけ」で、あとはその活動をコントロールするために「飲み薬や目薬を使うだけです」と、ウィルソンは続けた。使用者がコントロールし、必要なときだけ使われる組み込み式の安全装置——自動車やコンピューターのメーカーが採用しそうな、賢いマーケティング・コンセプトだ。

＊　＊　＊

遺伝子治療でも、それを制御するために非侵襲的な投薬がときどき必要になる場合は、科学的にも戦略的にも魅力がある。永続的な市場が生まれるか、ワクチンのように一回でも巨大な市場が見込まれる場合を除いて、製薬会社は永久に治すことを後押ししそうもない。大手製薬会社での遺伝子治療の取り組みについて調べようとしてもなかなか思うようにいかないのは、そんな理由からかもしれない。ほとんどの製薬会社のウェブサイトで「遺伝子治療」を検索すると、コンピューターが動かなくなってしまう。それならばと広報担当に問い合わせれば、どこでも次のような手紙と似たりよったりの返事しか戻ってこない。

現在のところ、遺伝子治療の計画はありません。最小限のリスクで妥当な利益が見込める領域に治療的有用性があるという明確で納得できる証拠を得られる場合を除いて、多くの資本と資源とを投資するのはためらわれます。

コーリーや、遺伝子治療のおかげで視力、認識力、免疫力を取り戻した他の人々は、その証拠を示していないのか？　おそらく、数字が積み重なるには時間が必要だということなのだろう。

努力している企業もいくつかある。グラクソ・スミスクラインは、アンバー・サルズマンが家族の副腎白質ジストロフィーを知った早い時期に研究に乗りだし、イタリアのテレソン財団およびサンラファエル財団と協力して六種類の稀少疾病に対する遺伝子治療を開発中だ。サノフィ・アベンティス社は二〇〇九年に、ウェット型加齢黄斑変性、シュタルガルト病、アッシャー症候群、角膜移植の拒絶反応という四種類の眼病を対象としたレンチウイルスベクター（ＨＩＶから有害な遺伝子を取り除いたもの）の開発を目指して、オックスフォード・バイオメディカ社と提携した。サノフィ・アベンティスは、古くからあるバイオテクノロジー企業ジェンザイムとそのウェット型加齢黄斑変性プログラムも買収した。

大手製薬企業が遺伝子治療を避ける理由としては、次の四点が考えられる。それに対する反論も加えておきたい。

1　**これまでに治療の対象となった病気は、稀少すぎる。**

そんなことはない！　遺伝子治療はすでにシマウマからウマへと、その対象を広げた。今では、感染症、心不全、癌、そしてこの技術が最初から取り組んできた代謝と遺伝の病気を治すことを目指している。

2　**時期尚早だ。**

たしかに、「ヒューマンジーンセラピー」誌に掲載される論文の約半数は、マウス、ウサギ、ブタ、サルを使った実験について報告している。けれどもコーリーの病気を契機に、遺伝子治療の時代が訪れた。ブレークスルーに向けた二〇年の準備期間が終わりを告げる一方で、前臨床研究は現在の遺伝子治療を洗練させ、明日の遺伝子治療にエネルギーを注ぎつづけている。

3　**遺伝子治療には効果がない。**

効果は出ている。ヨーロッパの副腎白質ジストロフィーやＸ連鎖重症複合型免疫不全症（ＳＣＩＤ

―X1）の子をもつ親や視力を取り戻した若者たちに、尋ねてみてほしい。

4　**遺伝子治療には効果がある（から困る）！**

永久に治せば、死ぬまで毎日欠かさず薬を飲まなければならない患者が生じない。

製薬業界は患者の治癒ではなく、治療を仕事としているとでも言うのだろうか。潰瘍《かいよう》の治療が、酸のレベルを下げる錠剤を一生飲みつづける方法から四五ドルで二週間だけ抗生物質を投与する方法に変わるまでに何年もかかった理由は、そこにある。過去半世紀に起きた医療のブレークスルーの歴史を振り返ると、次々に治癒の成果を上げてきたのではなく、安定した市場を確立する慢性症状を創生してきたことがわかる。次の場合を考えてみてほしい。

鬱　パキシルを常用することで、大鬱病性障害は治癒しない。数週間から数か月後に効果が表れ、その後も長年にわたって治療が続くことになる。

癌の維持療法　命を救う白血病治療薬のグリベックは、毎日飲む錠剤で、癌が消えなければ別の薬と交代する。乳癌の場合のタモキシフェンとラロキシフェンも同じだ。私の甲状腺にできた腫瘍はもう何年も前に消えたが、私はまだ毎日錠剤を飲んでおり、これからもずっとそうするだろう。

心臓バイパス手術　たしかに別の循環経路ができ、心臓は救われるが、その後はスタチン、抗凝血剤、降圧剤の服用を一生やめることができない。

臓器移植　ときには拒絶反応抑制剤が何年も必要になる。

＊　＊　＊

それなら、遺伝子治療を進めているのは誰なのだろう？

米国立衛生研究所の臨床試験に関するサイト（clinicaltrials.gov）で、「遺伝子導入（gene transfer）」を検索してみると、三二〇以上〔二〇一四年四月の時点では五〇〇以上〕の臨床試験がリストアップされる。ほとんどのプロジェクトは、大学の研究室、小児病院、研究機関、患者家族が運営するNPOの共同出資で進められている。かろうじて五件に一件ほどには企業が関係しているが、そのほとんどすべてが大手製薬会社ではなくバイオテクノロジー企業、またはその中間の「バイオファーマ」と名乗っている企業だ。

私が大学院生だった一九七〇年代には、新しく博士号を取得して新興のバイオテクノロジー業界に身を投じた人たちは、影の側《ダークサイド》に行ってしまったとみなされていた。その二〇年後には、ジム・ウィルソンが実体のない企業とはいえ会社を設立しようとした過去を蒸し返された。現在では商業化は不名誉ではなく、目的を達成するための手段だ。ウィルソン博士はワシントンDCに本拠を置くReGenXバイオサイエンス社の設立に科学の面から加わり、今では科学顧問を務めている。この会社は新たな形態のアデノ随伴ウイルスを基礎とした治療と研究手段の開発に取り組んでいる。

だが、バイオテクノロジー企業ができることには限りがある。遺伝子治療の将来に情熱を注いでいる研究者たちが製薬会社を説得して、欠くことのできない第Ⅲ相臨床試験への参加を促すには、どうすればよいのだろうか。まず投資に見合う価値があってリスクが小さいことを示す数字を出すことが必須だ。ジム・ウィルソンの戦略はそこにある。

現時点で、遺伝子治療にはベクターの開発も含めて患者ひとりにつき一〇〇万ドル近い費用がかかる。

それは何らかの移植に匹敵する金額だが、コーリーの事例で明らかになったように、遺伝子治療は二、三日の入院ですむのに対して、たとえば幹細胞移植には三週間から三か月間の入院が必要になる。また、費用は長期的な利点を踏まえて考えなければならない。コーリーは遺伝子治療のおかげで、一生続くはずだった頻繁な眼科診療の費用を払わずにすみ、学習補助機器も使わなくなった。視力の回復という無形の利点は言うまでもない。ただしそのような経済面での分析は、すべての遺伝子治療の応用に等しく当てはまるわけではない。たとえばレーベル先天性黒内障タイプ2のほうがカナバン病より有利なのは、カナバン病では生存が長くなるほど費用は増え、おそらく苦しみも長引くことになるからだ。

ベクターの調整が完了してストックされ、もっと多くの病気に技術を応用できるようになるにつれ、遺伝子治療の費用は今の高額なレベルからだんだんに下がってくだろう。そこで数字が意味をもつ。すでに、黄斑変性症などの眼病の臨床試験の開始によってその状況が起きている。「私たちは、劣性の遺伝子欠陥を伴う稀少な遺伝性疾患の治療から、治療用タンパク質を導入するための基盤構築へと移行しつつあります。患者さんはタンパク質の薬を口から摂取することはできません。生物製剤を用いる際の決定的な限界です。そこでアデノ随伴ウイルスが、治療用タンパク質を送り込む方法になります」と、ウィルソンは話す。もしウェット型加齢黄斑変性に遺伝子治療が効果を発揮すれば、次の段階はウィルソンのスタート地点だった糖尿病網膜症に取り組むことになるだろう。

レーベル先天性黒内障タイプ2から加齢黄斑変性へ、さらに糖尿病網膜症への移行は、すべての遺伝子治療の根底にある原理を写しだすものだ——少数に効くものは大半に効く。ジーン・ベネットは次のように語っている。「まず歩かなければ、走ることはできません。機能していないのは一個の遺伝子だけだとわかっている単純な疾患からはじめ、次の別の単一遺伝子疾患に進み、また次にもっと一般的な疾患に移っていくことができます」

ときには超稀少疾患から稀少疾患へ、一角獣からシマウマへと移ることもあるだろう。レーベル先天性黒内障タイプ2の遺伝子治療はすでに、別のタイプのレーベル先天性黒内障や網膜色素変性症の遺伝子治療に進んでいる。本書で取り上げた他の病気を治療できる可能性は、もっと深い意味をもつことになる。

まず、類似した病気を考えてみよう。

アシャンティのアデノシンデアミラーゼ（ADA）欠損症とデヴィッド・ヴェッターのX連鎖重症複合型免疫不全症（SCID－X1）は、どちらも免疫不全で、遺伝子治療を適用できる。エイズも同じだ。HIV感染に対する遺伝子治療はすでに行なわれている。ドイツの男性が二〇〇七年に幹細胞移植を受けたところ、提供者の細胞に感染に対する抵抗力をもつ遺伝子変異があったことから男性のエイズが治り、HIVの遺伝子治療というアイデアが生まれた。ほとんどの遺伝子治療の戦略とは異なり、HIVの遺伝子治療では遺伝子を送り込むのではなく、遺伝子を働かなくして、ウイルスを細胞から締めだそうというものだ。これまでのところ、効果を発揮している。

ロレンツォ・オドーネとオリヴァー・レイピンの命を奪った副腎白質ジストロフィーは、サルズマン姉妹の尽力が実り、今では遺伝子治療の対象になっている。これは脱髄性の疾患で、神経細胞から脂質の絶縁体が消えてしまう。多発性硬化症も同じだ。副腎白質ジストロフィーの場合の骨髄から脳へという導入経路は、他のいくつかの脳疾患の治療にも利用できる。

脊髄に遺伝子治療を行なうハンナ・セイムスの巨大軸索神経障害の治療は、他の運動ニューロン疾患にも同様の治療の道を開くだろう。脊髄性筋萎縮症、筋萎縮性側索硬化症、さらに脊髄損傷も含まれる。

カナバン病の子どもたち——リンジー、ジェイコブ、マックス、ラナたち——は、その脳に直接、遺伝子治療を受けた。同じ導入システムが、パーキンソン病やアルツハイマー病の患者でも試されている。

次に計算をする。

加齢黄斑変性の患者＝世界で五〇〇万人
糖尿病網膜症の患者＝一億人
ＨＩＶ／エイズ＝三五〇〇万人
多発性硬化症＝七〇〇万人
脊髄性筋萎縮症＝七〇万人
筋萎縮性側索硬化症＝三五万人
脊髄損傷＝七〇〇万人
パーキンソン病＝六〇〇万人
アルツハイマー病＝三五〇〇万人

もっと稀少な疾病も数え上げれば、遺伝子治療の恩恵を受けられそうな人の数は優に二億人を超える——しかもその数は、本書で描いてきたシマウマの小さな群れから推測した数にすぎない。

ヒトゲノムの配列が決定されるとともに、遺伝子治療の対象となる可能性をもつ病気の数は二万を超え、数百もの新しい種類のウイルスベクターを使用できるようになった今、遺伝子治療は——単独でも、幹細胞治療と組み合わせて標的に届く割合と持続期間を向上させる場合でも——将来に向けて大きく発展できる状況にある。病気の原因となっている生化学的な命令を修正する、唯一の方法だ。遺伝子治療は、病気を永久に治す。

おわりに

コーリーは一回目の遺伝子治療を受けてから、目覚ましい進歩をとげてきた。私がコーリーに出会ったときには、いくつかの動作にまだ一瞬とまどう仕草を見せていたし、ゲーム機はいつも顔の目の前まで近づけていた。けれども遺伝子治療から満三年が近づくころになると、その視力は飛躍的に伸び、六年生の新学年開始に向けてコンピューターの前に座ったり電子ブックを読んだりする時間が長くなった。一家が新たに戸外に設置したホットタブを楽しんでいないときには、自転車で前よりずっと遠出するようになった。夏の最大のお楽しみとして「グレートエスケープ」にも遊びに行った。近くにあるこの遊園地は、わずか数年前まで、ほとんど盲目の少年にとっては縁のない場所でしかなかった。

二〇一一年九月一日、コーリーは医学部の授業に出席したと言えるだろう。その日の午前中、ジーン先生が遺伝学のクラスで特別授業を行なったのだ。三週間前に医学部に入学したばかりの一六六名の学生たちは、講義にふたりのゲストが来ることだけは前もって知らされていたが、毛の長い大きなイヌがリードを握った小柄な教授を勢いよく引っ張って登場したときには、あっけにとられて思わずスマートフォンを置いてしまった。

イヌは、前年の夏に網膜研究財団の会合でコーリーといっしょにはしゃいでいたマーキュリーで、この日も教室じゅうを元気よく走りまわり、ときどき立ちどまってはにおいをかいだり探検したりしている様子から、まだしっかり見えていることは明らかだった。ジーン先生はマーキュリーを好きにさせておいて、学生が質問をすることになる二番目のゲストを迎える準備を整えた。「一〇歳の男の子に話しかけるときはどんなふうにするか、よく思いだしてください。その年ごろの子どもは、たいてい、あまりおしゃべりではないので、話すことを促すような質問を考える必要があります」。それは適切なアドバイスだった。

学生のなかには、質疑応答の前の講義のあいだに、質問をノートに走り書きする者もいた。パワーポイントを使った講義で、イヌの遺伝子治療、臨床試験のデータ、そして治療前と後のコーリーのビデオが手際よくまとめて紹介される。それから二番目のゲストがスカイプで登場した。

「コーリー・ハースを紹介します」と、ジーン先生が教壇から呼びかけると、学生たちは一様に驚いて大きな口をあけたが、すぐに画面に映しだされた顔と同じように満面の笑みを浮かべた。ナンシーとイーサンが仕事で外出中だったため、コーリーは祖父母の家にいる。そしてその受け答えは、未来の医師たちに向けた最初の講義を開始するための症例提示となる。

「元気だったのかしら、コーリー？　何か楽しいことをしている？」と、ジーン先生が尋ねる。

「うん、おじいちゃんの薪割りを手伝っているよ。二メートル近い丸太をローダーから引っ張りだして、おじいちゃんが短く切れるようにしている」

しばらくおしゃべりをして近況を聞きだしてから、ジーン先生はまだ驚きがさめやらない学生たちに、四〇分間の質問タイムの開始を告げた。三〇人ほどの手があがる。

「手術のあとで変わったことは、どんなことでしたか？　何をできるようになりましたか？」

「大人になったら、何になりたいのかな？」

「この研究に参加しようと決めるのに、迷いましたか？」

「遺伝子治療は、もっと小さい子どもたちでも試されるようになるのでしょうか？」

「効果はどのくらい長く続くと思いますか？」

コーリーが、はい、いいえ以上のことを言えないときには祖父母が話に加わり、技術的な質問にはジーン先生が答えた。時間が終わりに近づくと、学生たちは自然に立ち上がってコーリーにスタンディングオベーションを贈る。感動の涙を流す者もいた。一方の遺伝子治療を救った少年は、ずっと笑顔で答えた。

ジーン先生は教室に向かって静かにするよう合図し、最後の質問を投げかける。

「コーリー、もう片方の目の治療は、いつしたい？」

「明日！」

謝辞

遺伝子治療の経緯は、多くの人々の誰の目を通しても、また多くの病気のどのひとつを取り上げても、語ることができたはずだ。子どもたちが世界初の遺伝子治療を受けはじめていた時期は、ちょうど私が人類遺伝学の教科書の初版執筆に取りかかったころと重なり、特に意識してはいなかったものの、私はそれからずっとその一部始終を物語る助けとなる完璧な患者を待っていたことになる。私には、明るい成果と、ひとつの遺伝子の突然変異がからだのひとつの部分だけに影響を与える疾患と、自らの体験を公表することをいとわない患者が必要だった。身近な場所ですばらしいハース一家と出会えたのは、私にとって幸運なことだった。

ナンシー、イーサン、そして誰よりもコーリーには、一家の話を語る役割をまかせてくれたことに、どれだけ感謝してもしきれないほど感謝している。三人は医学の歴史を塗り替え、たくさんの人々に希望を与えた。コーリーを診察した初期の所見を知らせてくれた眼科医のグレゴリー・ピント医師と、ボストン小児病院のデヴィッド・ハリス医師にも、お礼を申し上げたい。そしてこの本は、ペンシルバニア大学医学部およびヘルスシステムのジーン・ベネット、アル・マグワイア、ジム・ウィルソン、フィラデルフィア小児病院のキャスリーン・マーシャルとキャサリン・ハイという研究チームの支援なくしては、完成することはなかった。専門家たちへの橋渡しをしてくれたペンシルバニア大学のカレン・クリーガーとフィラデルフィア小児病院のジョーイ・マクール・ライアンには心から感謝している。

コーリーは、レーベル先天性黒内障タイプ2の遺伝子治療を受けた最初の患者ではないし、すでに最年少の患者でもなくなっている。これまでにいくつかの研究グループが、その遺伝子治療を成功させてきた。フロリダ大学のウィリアム・ハウスワースには、最初の患者の何人かで得た経験を話してくれたことに感謝の言葉を伝えたい。治療が医療行為として定着するためには、まず多数の人々がその有効性を証明する必要があり、レーベル先天性黒内障タイプ2の臨床試験は一回一回がきわめて重要なものだ。

米国遺伝子細胞治療学会の二〇一〇年年次総会で研究者を紹介してくれた事務局長のメアリー・ディーン、そして網膜研究財団の二〇一〇年ファミリーカンファレンスに招待してくれたデヴィッドとベッツィ・ブリント夫妻に、お礼の言葉を捧げる。ファミリーカンファレンスでは、プレッチャー一家、スティーヴンス一家、コフリン一家をはじめとして、忘れがたい多くの家族に出会うことができた。これら家族の子どもたちも、まもなくコーリーと同じ道を歩めるようにと願っている。また、会合で講演した研究者たちや、今では両目ともに見えるようになった、ブリアードシープドッグの血を受け継ぐスター犬、マーキュリーにも感謝したい。

ほとんどの新しい医療技術は成功するまでに少なくとも二〇年の歳月を要しており、遺伝子治療でその年月が過ぎたのは二〇〇八年のことだった。だが、徐々に成功しながら前進している他のバイオテクノロジーとは異なり、遺伝子治療は大きな悲劇を乗り越えなければならなかった――一八歳のジェシー・ゲルシンガーの死だ。思っていることを私に話すとともにさまざまな資料を提供してくれたジェシーの父親のポール、そしてそれぞれの見解を語ってくれたベクター研究者のジム・ウィルソン、弁護士のアラン・ミルスタイン、生命倫理学者のアート・カプランにも感謝している。「フィラデルフィアインクワイアラー」

紙、「ニューヨークタイムズ」紙、「ワシントンポスト」紙、「サイエンス」誌、「ネイチャー」誌のサイエンスライターのみなさんにも、胸が張り裂けるようなジェシーの経緯だけでなく、ジョリー・モーアとデヴィッド・ヴェッターのことも詳細に追ってくれたことに感謝する。

遺伝子治療というアイデアは、一九五三年ごろに遺伝物質が確認されて記述されるとすぐに登場した。この治療について最初に考え、論文を発表した研究者たちのひとりに、ウィリアム・フレンチ・アンダーソンがいる。私は遺伝子治療の初期からアンダーソンの仕事に注目しつづけ、彼が私に力を貸してくれると言ってくれたときには心が高鳴った。フレンチとキャシー・アンダーソン夫妻の洞察力と助力を、心からありがたく思っている。ハンチントン病治療イニシアチブの上級科学顧問で教科書の著者仲間であるアラン・トビンは、一九八〇年代初期にはまだ半信半疑だった遺伝子治療の最初の試みのことを思いださせてくれた。アシャンティ・デシルバのアデノシンデアミナーゼ（ADA）欠損症に対する世界初の遺伝子治療をめぐる疑念について話してくれたセオドア・フリードマン、またADA欠損症とX連鎖重症複合型免疫不全症（SCID-X1）の臨床試験の背景を教えてくれたドナルド・コーンに感謝している。

成功したコーリーの遺伝子治療の全体像を描くにあたって、副腎白質ジストロフィー、巨大軸索神経障害、カナバン病という別の三つの単一遺伝子疾患に対する同様の試みにも焦点を当てた。どのひとつをとっても一冊の本を書けるほどの物語がそこにはある。副腎白質ジストロフィーをめぐる経緯は、誰ひとりとして気にもとめないほど稀な病気の治療法を必死になって探し求めるとき、病気の子どもの両親はどんな行動をとるかを教えてくれる。また、巨大軸索神経障害では遺伝子治療がはじまる「前」について、カナバン病では遺伝子治療の「後」について教えてくれる。コーリーの物語の背景となる事実を伝えてくれた家族と研究者たちに、心から感謝している。

オーグスト・オドーネ、アンバー・サルズマン、レイチェル・サルズマン、イヴ・レイピンは副腎白質ジストロフィーの体験を語ってくれ、ナタリー・カルティエとパトリック・オブールはいくつかの会合で遺伝子治療の進歩について話してくれた。感動的で忘れがたいローリ・セイムスとその家族、マット、レーガン、マディソン、そしてもちろんハンナ、ほんとうにありがとう。ハンナとの最初の面談に同席させてくれた自然療法医のサラ・ロビスコ、この超稀少疾患に対する遺伝子治療を開発しているスティーヴ・グレイ、中間径フィラメントに関する背景を教えてくれたアンソニー・ブラウン、GANマウスに関する話し合いに応じてくれたヤンミン・ヤン、巨大軸索神経障害と脊髄性筋萎縮症との類似性についてのローリとの話し合いに私を加えてくれたクリスチャン・ローソンとカレン・チェン、ほんとうにありがとう。

カナバン病の経緯については、いくつかの家族に感謝の気持ちを捧げたい。最初に遺伝子治療を受けた最愛のリンジーで経験したことを話してくれたヘレン、ロジャー、モリー・カーリン。二〇〇三年以来、家族のことを私に残らず話してくれたアイリス・ランデルと、ペギー、マイク、アレックス、マックス、ほんとうにありがとう。ジョーダナ・ホロヴァス、ミシェル・スウォンシー、ジュディス・E・サイピスも、話を聞かせてくれてありがとう。グアンピン・ガオは研究室に私を招いて、カナバン病の遺伝子の発見と特許にまつわる論争について説明してくれた。そして特別なパオラ・レオーネには、特別な感謝を捧げる。パオラは他の何人かのすばらしい女性たちとともに、この本の根幹をなしている。多くの家族がパオラを敬愛するのは、ごく当然のことに思える。フィル・ミルトとシャロン・テリーにも、遺伝性疾患と特許に関する活動についての経験を伝えてくれたことに感謝している。

ブリアードシープドッグの話は、わずかに緊張を和らげる場面をもたらしてくれたが、そこには生物医学研究での競争という深刻な一面も垣間見える。クリスティーナ・ナーフストロムには、若い学生たちとともにRPE65遺伝子の突然変異を突き止めた心躍る経緯を話してくれたことに、またジリアン・マクレランには、誰が最初にイヌの突然変異を記述したかを明らかにしてくれたことに、感謝の言葉を伝えたい。ニワトリの研究の楽しさを話してくれたスーザン・センプル－ローランドにも心から感謝している。眼科医による目の注射に同席させてくれたディック・ブロールト、私の興味の赴くままにさせてくれたシャロム・キーヴァル医師にも感謝している。

物語のかたちをとるノンフィクションの本を完成させるには、特に複雑な技術に関する本の場合、多くの「読者」が必要になる。私はすばらしいチームに恵まれた。まさに降ってわいたように、私が書いた人類遺伝学の教科書を使っているセントルイスのコー・ジェス・アカデミーの科学部門長、リタ・ライアンと知り合った。互いにやりとりがはじまり、やがて私がこの本について書くと、ふたりとも彼女の高校の生徒たちに読んでもらえばいいのではないかと考えついた。そしてどの生徒も実にすばらしかった！　リタとその生徒たち、キャサリン・ボウル、エマ・ガセット、ジュリー・シュナー、アンナ・シューラー、ローレン・ストラシャッカー、ゾーイ・プライスに、なかでもいつかきっと凄腕の編集者になるに違いないメアリー・ハラーに感謝したい。大学や大学院への推薦状が必要になったら、私に連絡して！

この本の出版が実現するよう、見返りを求めずに時間を費やしてくれた多くの友人たち――ジョン・デイヴィス、ジム・コムリー、ルーシー・コムリー、アナ・ピーズ、サンドラ・ラトゥーレル、メアリー・シャノン、ハンナ・ヴァラコヴィック、シーラ・ウィンターズ、トゥール・ヘイゼルリグ、リン・リーバーマン、リンジー・コールマン、スー・コンリン、マサコ・ヤマダ、ゴータム・パーササラシー、マリーン・ショー、マリーン・ブロールト、アネット・キーン、レイチェル・リーバーマン、デレク・ジョンソン、シェリー・クノー・ボスワース、トウィッティー・スタイルズ、ジョアン・グールド、エマニュエル・ゴクポル――に、心から感謝している。ローラ・ニューマンは、ソーシャルメディアの世界で私を助けるとともに、広報宣伝と連絡先について考えてくれた。一三歳のときからの親友、ウェンディー・

ジョセフは、何度も書き直していつまでも終わらなかった初稿を隅々まで読んでくれた。目の機能（眼球）に関する彼女の専門知識は、かけがえのないものだった。またコーリー・ハースとハンナ・セイムスの素敵な写真を二〇〇枚以上も撮影してくれた。ふたりとも、ほんとうにありがとう。

非凡なエージェントのエレン・ガイガーにも感謝している。二〇〇九年の末にコーリーに会ってまもなく、私が最初の問い合わせメールを送ったとき、幸いにもエレンはちょうどブラックベリーを見ているところだった。他のエージェントはコーリーの物語に「関心」を抱いたが、彼女は「ワクワク」してくれた。セント・マーティンズ・プレスからの出版は、一九八七年にランディ・シルツの『そしてエイズは蔓延した』を読んで以来の私の夢を実現するものだった。編集アシスタントのローラ・チェイスンには、細部をすべて確認し、長いあいだ教科書を執筆してきて今回新たな分野に挑戦した私の無数の質問に答えてくれたことに、そしてローラ・クラークとナディア・マイナにも、感謝の言葉を伝えたい。ニコール・アーギレスには特大の感謝を捧げる。私は長年にわたって何人もの編集者と仕事をし、書くことについて多くのことを学んできたが、ニコールは誰にも代えがたい。彼女は無駄な言葉をはぎとって、その下からきらめくような物語を際立たせることに精通している。

一番大切な感謝の言葉は、知識欲旺盛な、まだ小さかったころの私をアメリカ自然史博物館の最上階まで連れていき、私が見つけた無脊椎動物の化石が何かを古生物学者に確かめてもらいたいと頼んでくれた、母に捧げたい。その化石は、週末に野球の殿堂を見に行こうと出かけながら、いつのまにか小川で石を掘り返すのに夢中になって探し当てたものだった。母シャーリー・アーロンソンは私が科学者に向いていると見抜き、一九六〇年代の当時から、女性が科学者になるには壁にぶつかることがあるかもしれないなど一瞬たりとも感じさせることなく育ててくれた。私がその目標を達成したあと、母は私が書いた教科書に黄色い蛍光ペンでいっぱいしるしをつけていた。最後には、それは癌についての章に集中した。母には、今ここにいて、私がこの本を出版したこと、これを書くために生まれてきたのだと感じているこの本を出版したことを、見てほしかった。

マージョリー・ガスリーには、もう何年も前に稀少疾患コミュニティーに私を紹介してくれたことに感謝している。

最後に、私の家族、夫のラリーと娘のヘザー、サラ、カーリー（そしてすべてのネコたちとカバたちと私のペットのカメのスピーディー）に、いつもそばにいて私を励まし、あらゆる原稿を何度も読み、私が年中「あと一文書くまで待って！」とつぶやくのに慣れてくれたことに、数えきれないほどのありがとうの言葉を捧げたい。

訳者あとがき

DNAという語が今ほど身近になったのは、いつごろからだろうか。ジェームズ・ワトソンとフランシス・クリックが一九五三年にDNAの二重らせん構造を明らかにしてから、約六〇年という年月が過ぎた。そのあいだに遺伝学と分子細胞生物学が飛躍的に発展し、人間の遺伝情報のすべてが明らかになる一方、一般の人々のあいだでも少しずつ、遺伝子やDNAという言葉が当たり前のように使われるようになってきたように思う。今では、顔が親に似ているのも運動神経が抜群によい子がいるのも、みんなDNAのせいだと小学生が言ったりする。さらに二〇一三年には、遺伝子異変によって乳癌になるリスクが高いからと、米国の有名な女優が予防的に両乳房を切除する手術を受けたというニュースが伝わって、少なからず波紋を広げた。予防的手術の是非は別にして、遺伝情報の検査が病気の予防という日常的なものに利用されるようになった事実が印象的だった。

それでも、この本に登場する子どもたちを苦しめている単一遺伝子疾患は、一般にはまだほとんど知られていない。たったひとつの遺伝子に生まれつき異常があるために、長くは生きられなかったり重い症状に苦しめられたりする稀少な病気だ。これらの病気も、やはり遺伝学と分子細胞生物学の発展の恩恵を受けて、ひと昔前には原因さえわからなかったものが、今では原因となっている遺伝子異変の詳細まで明らかになってきている。その異変によって細胞の働きにどのような異常が生じているかも次々に解明されており、本書を読み進むうちに、ふだんあまり目に触れることのないこの分野の学問の発展ぶりに驚かされるばかりだ。

だが本書にもあるように、病気の原因とメカニズムがどんなに詳しくわかっても、それを治す方法がなければ、病気の子をもつ親にとっては何の慰めにもならない。そこで研究者たちのあいだで遺伝子治療という考え方が生まれた。修正を加えて異変をなくした健康な遺伝子を体に送り込み、病気の原因を根本から治してしまおうという試みだ。遺伝子異変が原因で引き起こされているタンパク質の異常を投薬によって治療する方法との違いは、本書の次のたとえがわかりやすい。投薬は「印刷されたページが次々にコピーされていくのを見ながら、コピーされた紙にあるミスを一枚ずつ修正液で消していくようなものだ。遺伝子治療なら、コピーの元になっているオリジナルの文書にあるミスを修正してしまう」。これが、本書のタイトルにある「永久に治る」ことの意味になる。

今利用できる最新の治療と医療技術は、半世紀という長い期間をかけて発展してきたものだという。最近では身近で見聞きすることが多くなった高度な医療技術にしても、骨髄移植の場合ははじめて実施されてから「生存率が一％を上回るまでに、二〇年の歳月」が必要で、癌の化学療法の場合は「薬剤に磨きをかけ、放射線治療を加えるのに、三〇年から四〇年」、「一〇年ごとに生存率が一〇％ずつ」上昇してきたというように、現在の高い治癒率を実現できるまでには苦難の道のりがあった。遺伝子疾患に対するはじめての遺伝子治療が実施されたのは一九九〇年。本書の主人公ともいえるコーリー・ハースが遺伝子治療によって視力を取り戻したのが二〇〇八年だから、明らかな成功例を見出すまでにおよそ二〇年かかったことになる。半世紀という目安を考えれば、今後二〇年から三〇年での治癒率の大きな向上に期待が膨らむ。

本書の著者であるサイエンスライターのリッキー・ルイスは、遺伝学の博士号をもち、遺伝学の教科書を執筆していることから、遺伝子治療初のめざましい成功例であるコーリー・ハース少年に興味をひかれた。成功後の本人の自宅を訪ねて暮らしぶりを目にし、両親から詳しい経緯を聞き、医師たちに取材し、臨床試験から二年後の精密検査にも密着して、コーリーの遺伝子治療を徹底的に掘り下げている。同時に、成功までの二〇年にあった数々の悲しい出来事に目を向けることも忘れていない。さらに、わが子の病気を永久に治してくれる遺伝子治療の成功を夢見て、必死で活動を続けている稀少疾患の患者家族の姿も精力的に追っている。目の治療の成功には不可欠だったイヌの研究も紹介する。

本書が遺伝子治療という専門的なテーマを扱いながら、読者の心を打つハートフルな物語にもなっているのは、このようにして治療に関わるすべての人々や動物たちに向けてきた著者のやさしいまなざしのたまものだろう。昼夜を問わず必死に努力を続ける研究者や医師たちはもちろん、成功という明るい話題を振りまく少年とその両親、臨床試験の犠牲になった青年とその父親、苦しい日常を送る稀少疾患の子どもたち、臨床試験を先に進めてほしい一心で人生をかけて資金集めに励むその親たちと、それぞれの暮らしぶりや取り組みを紹介することで、それぞれの立場から見た遺伝子治療の姿が明らかになっている。見えてくるのは専門書や教科書では知ることのできない、人々の体温を感じる遺伝子治療の実態だ。耳慣れない病名や長々しいタンパク質の名前も多いが、読者のみなさんにはぜひ最後まで読み通して、治療の歴史と現実を知ると同時に、今後に期待を寄せていただきたいと思っている。

遺伝子治療に大きな期待が寄せられているのは、本書の最後で紹介されているとおり、稀少疾患の治療からもっと一般的な、膨大な患者がいる病気の治療への発展が見込めるからだ。加齢黄斑変性、エイズ、パーキンソン病、アルツハイマー病などの治療となれば、受けられる人の数は想像を超える。これらの病気を今後数十年のうちに、「永久に治す」ことができるなら、その恩恵は計り知れない。本書を読んで実感できるのは、それがけっして夢物語などではなく、着実に実現しつつある医療技術だということだ。ただし、現在のところはあくまでも「臨床試験」の段階であることも忘れてはならない。日本遺伝子治療学会は、外国で承認されている遺伝子治療製剤の多くは日米欧では未承認であり、利用することには慎重になるようにと、次のような「注意喚起」を発表している。

「……このような未承認薬が、臨床研究や治験という開発に必要な過程を経ずに、我が国の審査の対象とならないところで、医療機関から患者さんに直接投与されている可能性があり、日本遺伝子治療学会は本件に関して、強い懸念と深い憂慮をいだいております。」そして、未承認薬を用いた遺伝子治療を受けようと考える前に、安全性と有効性を、請求される可能性のある医療費も含めて十分に理解および考慮することが必要だと強調している。日本遺伝子治療学会にもセカンドオピニオンを求めることができるとのことだ（詳しくは http://www.jsgt.jp/ を参照）。

私たちは将来に向けて希望を見出す一方で、本書に登場した人々の経験を思い浮かべながら、冷静に対応できるようになりたいと思う。

最後になったが、本書の翻訳を訳者にまかせると同時に、多くの的確なアドバイスとご指摘をくださった白揚社編集部の浮野明子さん、丁寧に原稿を読んでくださった筧貴行さん、また理系の立場から私の訳文を読み、数々の貴重な意見を寄せるとともに文の修正にも知恵を絞ってくれた堀信一さんに、この場をお借りして心からお礼を申し上げたい。

二〇一四年一二月

西田美緒子

Gene Therapy for Leber's Congenital Amaurosis: A Phase 1 Dose- Escalation Trial," *The Lancet* 374:1597–1605 (November 7, 2009), and F. Simonelli et al., "Gene Therapy for Leber's Congenital Amaurosis Is Safe and Effective Through 1.5 Years after Vector Administration," *Molecular Therapy* 18(3):643–50 (March 2010). 全体のすぐれた論評として、以下がある。Artur V. Cideciyan, "Leber Congenital Amaurosis Due to *RPE65* Mutations and Its Treatment with Gene Therapy," *Progress in Retinal and Eye Research* 29:398–427 (2010).

19　再びフィラデルフィア小児病院へ

この章では、遺伝子治療の2年後の追跡検査を受けるコーリーを3日間にわたって追った。

20　未来

Outliers: The Story of Success by Malcolm Gladwell（マルコム・グラッドウェル『天才！成功する人々の法則』（勝間和代訳、2009年、講談社）には、ひと晩で成し遂げられたように見えても実は何千時間もの時間がかかった成功の例がある——遺伝子治療も同じだ。

加齢黄斑変性については以下を参照。N. Ferrara, "Vascular Endothelial Growth Factor and Age-Related Macular Degeneration: From Basic Science to Therapy," *Nature Medicine* 16(10):1107–11; M. J. Friedrich, "Seeing Is Believing," *JAMA* 304(14):1543–45 (October 13, 2010); K. Garber, "Biotech in a Blink," *Nature Biotechnology* 26(4):311–14 (April 2010); T. Hampton, "Genetic Research Provides Insights into Age-Related Macular Degeneration," JAMA 304(14):1541–43 (October 13, 2010); and J. T. Stout and P. J. Francis, "Surgical Approaches to Gene and Stem Cell Therapy for Retinal Disease," *Human Gene Therapy* 22:531–35 (May 2011). 章の最後にある統計は、各種の情報源から入手した。

Animal Models of Leber Congenital Amaurosis Using Optimized AAV 2 - Mediated Gene Transfer," *Molecular Therapy* 16(3):458–65 (March 2008). 以下の論文は、もう一方の目の治療が安全であることを示している : D. Amado et al., "Safety and Efficacy of Subretinal Readministration of a Viral Vector in Large Animals to Treat Congenital Blindness," *Science Translational Medicine* 2 (21): 1 –10 (2010).

18　成功！

以下のニュースリリースが、最初のLCA2の遺伝子治療を称賛した。"Results of World's First Gene Therapy for Inherited Blindness Show Sight Improvement," from the UCL Institute of Ophthalmology and Moorfields Eye Hospital NIHR Biomedical Research Centre (April 27, 2008); "Gene Therapy Improves Vision in Patients with Congenital Retinal Disease," from CHOP and the Penn School of Medicine (April 27, 2008); and "Safety Study Indicates Gene Therapy for Blindness Improves Vision," from the University of Florida, Gainesville.

専門的な論文として、以下がある。J. W. B. Bainbridge et al., "Effect of Gene Therapy on Visual Function in Leber's Congenital Amaurosis," *New England Journal of Medicine* 358:2231–39 (May 22, 2008); A. M. Maguire et al., "Safety and Efficacy of Gene Transfer for Leber's Congenital Amaurosis," *New Engl. J. Med.* 358:2240–48 (May 22, 2008); A. V. Cideciyan et al., "Human Gene Therapy for RPE65 Isomerase Deficiency Activates the Retinoid Cycle of Vision but with Slow Rod Kinetics," *Proceedings of the National Academy of Science of the USA* 105 (39):15112–17 (September 30, 2008), and W. W. Hauswirth et al., "Treatment of Leber Congenital Amaurosis Due to *RPE65* Mutations by Ocular Subretinal Injection of Adeno-Associated Virus Gene Vector: Short-Term Results of a Phase 1 Trial," *Human Gene Therapy* 19:979–90 (October 2008).

デイル・ターナーのコメントは、ウィリアム・ハウスワースの好意で得られた。ハウスワースのグループは、以下で最新情報を発表している。A.V. Cideciyan et al., "Vision 1 Year after Gene Therapy for Leber's Congenital Amaurosis," *New Engl. J. Med.* 361:725–27 (August 13, 2009) and S. G. Jacobson et al., "Gene Therapy for Leber Congenital Amaurosis Caused by *RPE65* Mutations," *Archives of Ophthalmology* doi: 10.1000 (September 12, 2011). その他の臨床試験として、以下がある。Hadassah Medical Organization (clinicaltrials.gov NCT00821340 phase 1) and Oregon Health and Science University and Applied Genetic Technologies Corp. (NCT00749957 phase 1/2). この研究は以下で取り上げられた。*The Seattle Times*, "Bellingham Brothers Get Experimental Gene Therapy in Attempt to Save Their Sight," September 7, 2010. 臨床試験 NCT01208389は、フィラデルフィア小児病院でのもう一方の目の治療になる。

臨床試験の設計に関して国立衛生研究所の以下の文書が参考になる。"Information for Institutions and Investigators Conducting Human Gene Transfer Trials" and "NIH Guidelines for Research Involving Recombinant DNA Molecules," aka "Appendix M." コーリーの臨床試験の報告として、以下がある。A. M. Maguire et al., "Age-Dependent Effects of RPE65

Monkey Retina," *Proceedings of the National Academy of Science of the USA* 96:9920–25 (August 1999).

ランスロットの目を見えるようにした手術は、以下に記述されている。G. M. Acland et al., "Gene Therapy Restores Vision in a Canine Model of Childhood Blindness," *Nature Genetics* 28:92–95 (May 2001). 誰が何をいつ発見したのかという疑問は2001年4月27日付のコーネル大学のプレスリリースから生じており、このプレスリリースはナーフストロム博士を共著者として含んでいた以下の論文の研究成果に言及している。"Congenital Stationary Night Blindness in the Dog: Common Mutation in the *RPE65* Gene Indicates Founder Effect," *Molecular Vision* 4:23–29 (1998). ナーフストロム博士はイヌを提供した。コーネル大学グループの特許は、特許番号6428958、"Identification of Congenital Stationary Night Blindness in Dogs"（イヌにおける先天性停止性夜盲症の識別）で、保因者および診断法を開発するためのものだ。

米国立眼病研究所のT・マイケル・レッドモンドのグループは、ウシからRPE65タンパク質を探った。以下を参照。C. P. Hamel et al., "Molecular Cloning and Expression of *RPE65*, a Novel Retinal Pigment Epithelium-Specific Microsomal Protein That Is Post-transcriptionally Regulated *in Vitro*," *Journal of Biological Chemistry* 268(21):15751–57 (July 1993). このグループはまた、ビタミンAを利用する上でのRPE65タンパク質の役割も発見した。以下を参照。T. M. Redmond et al., "*RPE65* Is Necessary for Production of 11-cis Vitamin A in the Retinal Visual Cycle," *Nature Genetics* 20:344–51 (1998). レッドモンド博士は、コーリーの臨床試験を実施したチームの一員でもある。

LCA2の遺伝子治療の追跡調査を行なった論文として、以下がある。K. Narfström et al., "*In Vivo* Gene Therapy in Young and Adult *RPE65-/-* Dogs Produces Long-Term Visual Improvement," *Journal of Heredity* 94:31–37 (2003); K. Narfström et al., "Functional and Structural Recovery of the Retina after Gene Therapy in the *RPE65* Null Mutation Dog," *Investigative Ophthalmology and Visual Science* 44:1663–72 (2003); and K. Narfström et al., "Assessment of Structure and Function over a 3-Year Period after Gene Transfer in *RPE65-/-* Dogs," *Documenta Ophthalmologica* 111:39–48 (2005).

イヌの臨床試験には複数の研究所の研究者が協力した。論文として、以下がある。S. G. Jacobson et al., "Identifying Photoreceptors in Blind Eyes Caused by *RPE65* Mutations: Prerequisite for Human Gene Therapy Success," *Proceedings of the National Academy of Science of the USA* 102(17):6177–82 (April 26, 2005); G. M. Acland et al., "Long-Term Restoration of Rod and Cone Vision by Single Dose rAAV-Mediated Gene Transfer to the Retina in a Canine Model of Childhood Blindness," *Molecular Therapy* 12(6):1072–82 (December 2005); G. Le Meur et al., "Restoration of Vision in *RPE65*- Deficient Briard Dogs Using an AAV Serotype 4 Vector That Specifically Targets the Retinal Pigmented Epithelium," *Gene Therapy* 14:292–303 (2007); and G. K. Aguirre et al., "Canine and Human Visual Cortex Intact and Responsive Despite Early Retinal Blindness from *RPE65* Mutation," *PLoS Medicine* 4(6):1117–28 (June 2007).

イヌでの研究は続いている。以下を参照。J. Bennicelli et al., "Reversal of Blindness in

ナと話してみて」と言った。クリスティーナ・ナーフストロム博士は喜んで手を貸してくれた。最初のブリアードに関する論文として、以下がある。K. Narfström et al., "The Briard Dog: A New Animal Model of Congenital Stationary Night Blindness," *The British Journal of Ophthalmology* 73(9):750–56 (September 1989). スーザン・センプル－ローランドは、やはり実験対象にしている動物（ニワトリ）が大好きな、もうひとりの研究者だ。以下を参照。M. Williams et al., "Lentiviral Expression of Retinal Guanylate Cyclase-1 (RetGC1) Restores Vision in an Avian Model of Childhood Blindness," *PLoS Medicine* 3(6):904–16 (June 2006).

17　ランスロット

人間以外の哺乳動物を用いた実験が臨床試験の前に実施され、臨床試験中にも継続される。以下を参照。M. Casal and M. Haskins, "Large Animal Models and Gene Therapy," *European Journal of Human Genetics* 14:266–72 (2006), and S. Cottet et al., "Biological Characterization of Gene Response in Rpe65-/- Mouse Model of Leber's Congenital Amaurosis During Progression of the Disease," *The FASEB Journal* 20:2036–49 (2006).

血友病Bに関するハイ医師の論文として、以下がある。N. C. Hasbrouck and K. A. High, "AAV-Mediated Gene Transfer for the Treatment of Hemophilia B: Problems and Prospects," *Gene Therapy* 15(11):870–75 (April 2008), and N. Boyce, "Trial Halted after Gene Shows up in Semen," *Nature* 414:677 (December 2001).

ナーフストロムのグループの初期の論文として、以下がある。S. E. Nilsson et al., "Changes in the DC Electroretinogram in Briard Dogs with Hereditary Congenital Night Blindness and Partial Day Blindness," *Experimental Eye Research* 54(2):291–96 (February 1992); S. E. Wrigstad et al., "Ultrastructural Changes of the Retina and the Retinal Pigment Epithelium in Briard Dogs with Hereditary Congenital Night Blindness and Partial Day Blindness," *Experimental Eye Research* 55(6):805–18 (December 1992); and A. Wrigstad et al., "Slowly Progressive Changes of the Retina and Retinal Pigment Epithelium in Briard Dogs with Hereditary Retinal Dystrophy," *Documenta Ophthalmologica* 87(4):337–54 (1994).

Nature Genetics (October 1997, vol. 17) 掲載の以下の論文では、LCA2とRPE65のつながりを説明している。A. F. Wright, "A Searchlight Through the Fog," pp. 132–34; F. Marlhens et al., "Mutations in *RPE65* Cause Leber's Congenital Amaurosis," pp. 139–41; and S. Gu et al., "Mutations in *RPE65* Cause Autosomal Recessive Childhood- Onset Severe Retinal Dystrophy," pp. 194–97. その2年後に、ナーフストロムのグループは以下でイヌにおける突然変異について記述した。A. Veske et al., "Retinal Dystrophy of Swedish Briard/Briard-Beagle Dogs Is Due to a 4-bp Deletion in *RPE65*," *Genomics* 57(1):57–61 (April 1999).

動物モデルでのLCA2遺伝子治療の詳細は以下にある。L. Dudus et al., "Persistent Transgene Product in Retina, Optic Nerve and Brain after Intraocular Injection of rAAV," *Vision Research* 39:2545–53 (1999), and J. Bennett et al., "Stable Transgene Expression in Rod Photoreceptors after Recombinant Adeno-Associated Virus-Mediated Gene Transfer to

以下は、デューリング博士とレオーネが規制をくぐり抜けたことを非難している。"New Zealand's Leap into Gene Therapy," by Eliot Marshall in *Science* 271:1489–90 (March 15, 1996). デューリング博士は以下でこれに応えている。"Gene Therapy in New Zealand," *Science* 272:467–71 (April 26, 1996). さらに以下が続く。"Gene Trial Causes Ethical Storm in New Zealand," by Sandra Coney in *The Lancet* 347:1759 (June 23, 1996). 以下で、デューリング博士が応えている。"Gene Trial in New Zealand," *The Lancet* 348:618 (August 31, 1996). 弁護士のアラン・ミルスタインが、デューリング博士の会社ニューロロジックス社に対する訴訟 Civil Action 11– 10204- MLW について話してくれた。

以下は、ジェイコブ・ソンタグの暮らしを1年間にわたって描いている。"Fighting for Jacob" by Michael Winerip in *The New York Times Magazine* (December 6, 1998). その10年後の様子が以下に続く。"Taking a Chance on a Second Child." ゲルシンガーの悲劇の影響を受けて遺伝子治療の臨床試験が中断されたときのカナバン病の子どもたちの苦境が、同著者による以下に描かれている。"Girl's Parents Plead for Gene Therapy to Resume" *in WebMD Health News* (September 27, 2000). マット・デューリングとパオラ・レオーネの筋委縮性側索硬化症患者に対する遺伝子治療開発の努力は、以下に描かれている。*His Brother's Keeper: One Family's Journey to the Edge of Medicine*, by Jonathan Weiner (ジョナサン・ワイナー『命の番人』垂水雄二訳、2006年、早川書房). 効果はなかったが、この分野のすぐれた歴史を物語っている。

カーリン一家の話は以下で地元の人々に伝えられた。"Gene Therapy Gives Girl Strength to Fight Disease," by Robert Miller in *The News-Times* (October 25, 2005), and "New Fairfield Teen Lives with Canavan Disease," by Sybil Blau, *The News-Times* (April 4, 2009). 以下も参照。*Lessons from Jacob*, by Ellen Schwartz with Edward Trapunski (Key Porter Books, 2006).

専門的な論文として、以下がある。P. Leone et al., "Aspartoacylase Gene Transfer to the Mammalian Central Nervous System with Therapeutic Implications for Canavan Disease," *Annals of Neurology* 48(1):27–38 (July 2000). ニュージーランドでの遺伝子治療の詳細が説明され、以下の論説がついている。D. J. Fink, "Gene Therapy for Canavan Disease?" on pp. 9–10. 臨床試験実施計画書は以下にある。C. Janson et al., "Gene Therapy of Canavan Disease: AAV-2 Vector for Neurosurgical Delivery of Aspartoacylase Gene (ASPA) to the Human Brain," *Human Gene Therapy* 13:1391–1412 (July 2002). 結果は以下にある。S. W. J. McPhee et al., "Immune Responses to AAV in a Phase 1 Study for Canavan Disease," *Journal of Gene Medicine* 8:577–88 (2006).

第6部　コーリーの物語

16　クリスティーナのイヌたち

レーベル先天性黒内障 (LCA) 患者の家族、研究者、イヌのマーキュリーは、7月31日に開催された網膜研究財団の2010年ファミリーカンファレンスで顔を合わせた。

イヌのLCA2を誰が発見したのかと尋ねると、ジーン先生は謎めかして「クリスティー

jewishgeneticdiseases.org).

ラビのエクスタインについては、以下で説明されている。The Rabbi's Dilemma," by Alison George, *New Scientist* 181:44–46 (February 14, 2004). ドール・イェショーリーム（Dor Yeshorim）の背景については、以下を参照。www.modernlab.org/doryeshirum.html.

パオラ・レオーネから、ラナ・スウォンシーの話も加えるよう頼まれた。ユダヤ人でなくてもカナバン病にかかることがあり、ひとつの集団に関連づけているとほかの集団の場合に診断が遅れてしまうためだ。ミシェル・スウォンシーが一家の体験を話してくれた。

14　特許が生みだす苦境

カナバン病は遺伝子特許の先駆けとなったが、訴訟は和解に終わっている。以下を参照。*Greenberg et al. v. Miami Children's Hospital Research Institute* at www.kentlaw.edu/honorsscholars/projects/greenberg.html. 原告のひとりで、ブランディーズ大学の遺伝子カウンセリングの責任者でもあるジュディス・サイピス博士が、自身の経験を話してくれた。カナバン財団のニュースリリースで、訴訟が時系列で報告された（www.canavanfoundation.org）。以下にエリオット・マーシャルによる報告がある。"Families Sue Hospital, Scientist for Control of Canavan Gene," *Science* 290:1062 (November 10, 2000). 新聞記事として、以下がある。"Parents Suing over Patenting of Genetic Test," by Peter Gomer in *The Chicago Tribune* (November 19, 2000) and "COPING; A Postcard from Morgan's Twilight World," by Robert Lipsyte in *The New York Times* (April 14, 1996).

カナバン病の遺伝子発見については、以下に記載されている。R. Kaul, G. P. Gao, K. Balamurugan, and Reuben Matalon, "Cloning of the Human Aspartoacylase cDNA and a Common Missense Mutation in Canavan Disease," *Nature Genetics* 5:118–23 (October 1993). グアンピン・ガオは、私が研究室を訪問した折に、これについて話してくれた。

ヘンリエッタ・ラックスの癌細胞とジョン・ムーアの脾臓は、バイオテクノロジーの古典となっている。以下を参照。*The Immortal Life of Henrietta Lacks* by Rebecca Skloot（レベッカ・スクルート『不死細胞ヒーラ』中里京子訳、2011年、講談社）、*Moore v. Regents of the University of California* (www.lawnix.com/cases/moore-regents-california.html).

15　ひとすじの希望の光を追って

本書で、遺伝子治療臨床試験の計画、治療を受ける子どもの確保、事後の影響への対応に関する波乱万丈の経緯を追うにあたっては、数多くの本、記事、会話が役に立った。リンジー・カーリンの両親は遺伝子治療の草分け的存在で、その率直さゆえに、多くの報道記事に登場した。私は、パオラ・レオーネ、アイリス・ランデル、ジョーダナ・ハロヴァス（ジェイコブ・ソンタグの母親）、カーリン一家、フレンチ・アンダーソン、アート・カプランから話を聞いた。マックスには13歳の誕生日に会った――誰もこの日を迎えられるとは思っていなかった。

カナバン病の遺伝子治療の初期の報告として、以下がある。"Hope in a New Treatment for a Fatal Genetic Flaw," by Matthew Hay Brown in *The New York Times* (October 29, 1995).

org)、ミルト一家（www.nathansbattle.com)、および脊髄性筋委縮症（SMA）のコミュニティー（www.fightsma.org と www.smafoundation.org）を指針としてハンナの希望基金を設立し、募金と意識向上に取り組みはじめた。SMA の背景については以下を参照。A. MacKenzie, "Genetic Therapy for Spinal Muscular Atrophy," *Nature Biotechnology* 28 (3):235–37 (March 2010). ノースカロライナ大学のスティーヴ・グレイ博士が、GAN のための遺伝子治療発展の科学的詳細を話してくれた。

薬品承認過程の誤解に関する初期の参照資料として、以下がある。R. Appelbaum et al., "The Therapeutic Misconception: Informed Consent in Psychiatric Research," *International Journal of Law and Psychiatry,* 5 :319–29 (1982). 2010年11月に開催された「FDA Public Workshop on Cell and Gene Therapy: Clinical Trials in Pediatric Populations」と、その数日後にワシントンＤＣで開催された2010年米国ヒト遺伝子学会総会でのフランシス・コリンズの講演で、背景を知った。以下も参照。D. Cressey, "Traditional Drug-Discovery Model Ripe for Reform," *Nature* 471:17–8 (March 3, 2011), and an editorial, "The Needs of the Few: Developing Drugs for Rare Diseases Is a Challenge That Requires New Regulatory Flexibility," *Nature* 466:160 (July 7, 2010), and E. Dolgin, "Big Pharma Moves from 'Blockbusters' to 'Niche Busters,'" *Nature Medicine* 16(8):837.

稀少疾患に関するその他の参照資料として、以下がある。

Office of Rare Diseases (NIH), rarediseases.info.nih.gov

Therapeutics for Rare or Neglected Diseases (TRND), www.genome.gov/27531965

NIH Bridging Interventional Development Gaps (BrIDGs), http://ncat.nih.gov/research/bridgs/bridges.html

Genetic Alliance, www.geneticalliance.org

第５部　遺伝子治療のあとで

遺伝子治療が部分的な永久の治癒にすぎないとき、何が起こるのか？　カナバン病について考える。

12　驚くべき女性たち

私は以下の論文でカーリン一家について知った。Doug Steinberg, "Gene Therapy Targets Canavan Disease," *The Scientist* (September 17, 2001). カーリン一家とパオラ・レオーネとの会話がこの章の大半を占めている。マーテル・カナバンについては、以下を参照。Harvard Medical School Joint Committee on the Status of Women (www.hms.harvard.edu/departments/joint-committee-status-women).

13　ユダヤ人特有の遺伝病

古いが包括的な情報が以下にある。*Jewish Genetic Disorders: A Layman's Guide*, by Ernest L. Abel (McFarland & Company, 2001). 以下も参照。National Foundation for Jewish Genetic Diseases (www.mazornet.com/genetics); National Tay-Sachs and Allied Diseases Association (www.ntsad.org), and the Jewish Genetic Diseases Consortium (www.

ついては以下を参照。ghr.nlm.nih.gov/gene/GAN と www.hannahshopefund.org/ と Genetics Home Reference. この部で書いた情報のほとんどは、ローリと過ごした時間で得たものだ。

10　ハンナ

必死になった両親は代替医療の療法士を探し求め、第10章はローリとハンナが自然療法医を訪ねる場面からはじまる。神経障害（ニューロパチー）については、以下を参照。National Center for Complementary and Alternative Medicine, nccam.nih.gov/health/naturopathy/.

GAN はその稀少性からメディアに取り上げられる機会がなく、私はやむを得ず専門的な論文でその歴史を追った。初期の報告として、以下がある。B. O. Berg, S. H. Rosenberg, A. K. Asbury, "Giant Axonal Neuropathy," *Pediatrics* 49(6):894–98 (June 1972); S. Carpenter et al., "Giant Axonal Neuropathy: A Clinically and Morphologically Distinct Neurological Disease," *Archives of Neurology* 31(5):312–16 (November 1974); J. G. Davenport et al., " 'Giant Axonal Neuropathy' Caused by Industrial Chemicals," *Neurology* 26:919–23 (October 1976). イヌのモデルについては以下に説明されている。I. D. Duncan and I. R. Griffiths, "Peripheral Nervous System in a Case of Canine Giant Axonal Neuropathy," *Neuropathology and Applied Neurobiology* 5(1):25–39 (July 1978) and "Canine Giant Axonal Neuropathy; Some Aspects of Its Clinical, Pathological and Comparative Features," *Journal of Small Animal Practice* 22(8):491–501 (August 1981).

以下に数々の事例がある。R. Tandan et al., "Childhood Giant Axonal Neuropathy: Case Report and Review of the Literature," *Journal of Neurological Sciences* 82:205–28 (1987), and M. Maia et al., "Giant Axonal Disease: Report of Three Cases and Review of the Literature," *Neuropediatrics* 19(1):10–15 (February 1988). 病気の根本原因については以下で説明されている。P. Bomont et al., "The Gene Encoding Gigaxonin, a New Member of the Cytoskeletal BTB/Kelch Repeat Family, Is Mutated in Giant Axonal Neuropathy," *Nature Genetics* 26:370–74 (November 2000), with the accompanying "Of Giant Axons and Curly Hair."

GAN マウスは以下で紹介されている。J. Ding et al., "Gene Targeting of GAN in Mouse Causes a Toxic Accumulation of Microtubule-Associated Protein 8 and Impaired Retrograde Axonal Transport," *Human Molecular Genetics* 15(9):1451–63 (2006). さらに分子の詳細が以下にある。D. W. Cleveland et al., "Gigaxonin Controls Vimentin Organization Through a Tubulin Chaperone-Independent Pathway," *Human Molecular Genetics* 18(8):1384–94 (January 2009), and M. Tazir et al., "Phenotypic Variability in Giant Axonal Neuropathy," *Neuromuscular Disorders* 19:270– 74 (February 2009). 以下は、AAV9が運動ニューロンを標的にできることを示唆している : P. R. Lowenstein, "Crossing the Rubicon," Nature Biotechnology 27(1):42–44 (January 2009).

11　ローリ

ローリとマットは、ケリー一家 (www.huntershope.org)、シャロン・テリー (www.pxe.

Therapy 19:5–6 (January 2008). 臨床試験実施計画書の番号はclinicaltrials.govのNCT00126724で、"Study of Intra-articular Delivery of tgAAC94 in Inflammatory Arthritis Subjects" が2005年８月２日に提出された。研究は2008年２月５日にNCT00617032として完了した。食品医薬品局およびターゲテッドジェネティクス社（Targeted Genetics）のニュースリリースに物語の細部がある。

9　ロレンツォとオリヴァー

私がサルズマン姉妹を知ったのは、2009年11月６日付「フィラデルフィアインクワイアラー」紙の以下の記事だった。"Sisters Rally Genetic Researchers to Tackle Fatal Brain Disease" by Tom Avril. 私たちはワシントンＤＣで開催された2010年米国遺伝子細胞治療学会総会で話し合い、この章の背景と物語の多くを聞いた。私はオーグスト・オドーネ（ロレンツォの父親）およびジム・ウィルソンとも話し、総会でのカルティエ博士の講演も聞いた。副腎白質ジストロフィーについては以下を参照。GeneReviews（www.genetests.org/resources/genereviews.php）、Stop ALD Foundation（www.stopald.com）、Myelin Project（www.myelin.org）.

専門的な論文が、ロレンツォのオイルから遺伝子治療へのALD治療の進化を追っている。Patrick AubourgとNathalie Cartierによる最初の報告として、以下がある。P. Aubourg et al., "A Two-Year Trial of Oleic and Erucic Acids ('Lorenzo's Oil') as Treatment for Adrenomyeloneuropathy," *New England Journal of Medicine* 329:745–52 (September 9, 1993). 後続の論説がある（pp. 801–2)。オーグストとミケーラ・オドーネは以下で、オイルが症状の出ている患者には効かないという1993年の論文の結論に異議を申し立てている。*New England Journal of Medicine*, pp. 1904–5 (June 30, 1994). Anne Hudson Jonesは以下で、『ロレンツォのオイル』の映画の影響を分析している。"Medicine and the Movies: Lorenzo's Oil at Century's End," *Annals of Internal Medicine* 133:568–71 (October 3, 2000).

ヒューゴ・モーザーらが、オーグスト・オドーネも含め、以下でオイルを支持している。"Follow-up of 90 Asymptomatic Patients with Adrenoleukodystrophy Treated with Lorenzo's Oil," *Archives of Neurology* 62:1073–80 (July 2005). 以下も参照。"Lorenzo's Oil: Advances in the Treatment of Neurometabolic Disorders," by R. Ferri and P. F. Chance, pp. 1045–46. モーザー博士らは以下で、1441家族での疾病のばらつきを追っている。"Adrenoleukodystrophy: New Approaches to a Neurodegenerative Disease," *JAMA* 294:3131–34 (December 28, 2005).

遺伝子治療の論文として、以下がある。N. Cartier et al., "Hematopoietic Stem Cell Gene Therapy with a Lentiviral Vector in X-Linked Adrenoleukodystrophy," *Science* 326:818–23 (November 6, 2009).

第４部　遺伝子治療の前に

セイムス一家が遺伝子治療の旅に出発する。私がローリとハンナに出会ったきっかけは、地元紙に掲載された以下の記事だった。"Rare Disease Afflicts Girl, Spurs Parents to Find Cure," by Cari Scribner, *Daily Gazette* (May 13, 2008). 巨大軸索神経障害（GAN）の背景に

および科学誌で詳しく報告されている。アラン・フィッシャーのグループは以下で、最初の３人の少年の治療後10か月目に見られた初期の効果の兆候について記載している。M. Cavazzane-Calvo et al., "Gene Therapy of Human Severe Combined Immunodeficiency (SCID)-X1 Disease," *Science* 288:669–72 (April 28, 2000). フレンチ・アンダーソンが同じ号の以下で論評している。"The Best of Times, the Worst of Times," on pp. 627–29. それ以降の効果の兆候は以下にある。S. Hacein-Bey-Abina et al., "Sustained Correction of X-Linked Severe Combined Immunodeficiency by *ex Vivo* Gene Therapy," *New England Journal of Medicine* 346(16):1185–93 (April 18, 2002). 以下は、ミラノのサン・ラファエル・テレソン研究所によるもので、SCID-ADA 欠損症遺伝子治療の安全性を高めるためにドナルド・コーンらが必要とした実施計画書の変更を詳しく説明している。A. Aiuti et al., "Correction of ADA-SCID by Stem Cell Gene Therapy Combined with Nonmyeloablative Conditioning," *Science* 296:2410– 13 (June 28, 2002). 以下は最初の白血病の事例について報告している。S. Hacein-Bey-Abina et al., "A Serious Adverse Event after Successful Gene Therapy for X-linked Severe Combined Immunodeficiency," *New England Journal of Medicine* 348(３): 255–56 (January 16, 2003), with an editorial by Philip Noguchi, "Risks and Benefits of Gene Therapy," pp. 193–94.

「サイエンス」誌に掲載された Eliot Marshall、Jocelyn Kaiser、Jennifer Couzin による以下のニュース記事が物語を追った。"Gene Therapy a Suspect in Leukemia-like Disease," October 4, 2002; "Second Child in French Trial Is Found to Have Leukemia," January 17, 2003; "Seeking the Cause of Induced Leukemias in X-SCID Trial," January 24, 2003; "As Gelsinger Case Ends, Gene Therapy Suffers Another Blow," February 18, 2005.

すぐれた総説として、以下がある。D. B. Kohn et al., "Occurrence of Leukaemia Following Gene Therapy of X-Linked SCID," *Nature Reviews Cancer* 3:477–87 (July 2003). 専門的報告として、以下がある。S. Hacein-Bey-Abina et al., "*LMO2*-Associated Clonal T Cell Proliferation in Two Patients after Gene Therapy for SCID- X1," *Science* 302:415–19 (October 17, 2003), preceded by a "Perspectives" by David A. Williams and Christopher Baum, "Gene Therapy — New Challenges Ahead," pp. 400–401. 以下は、異なるウイルスの使用を提案している。U. P. Dave et al., in "Gene Therapy Insertional Mutagenesis Insights," *Science* 303:333–34 (January 16, 2004). アラン・フィッシャーは何が起きたかを以下で説明している。"From Bench to Bedside" in the *European Molecular Biology Organization* 8(５): 429–32 (2007). SCID- X1の臨床試験に加わった20人の患者の関する最終報告が以下にある。D. Kohn and F. Candotti's "Gene Therapy Fulfilling Its Promise," *New England Journal of Medicine* 360:518–21 (January 29, 2009). 建設的な意見については、以下の論説を参照。" Gene Therapy Deserves a Fresh Chance," *Nature* 461:1173 (October 29, 2009).

ジョリー・モーアの死に関する公式の説明が以下にある。K. M. Frank et al., "Investigation of the Cause of Death in a Gene-Therapy Trial," *New England Journal of Medicine* 361:161–69 (July 9, 2009). アラン・ミルスタインのブログが以下にある。"On Gene Therapy and Informed Consent," at blog.bioethics.net. 以下も参照。Art Caplan, "If It's Broken, Shouldn't It Be Fixed? Informed Consent and Initial Clinical Trials of Gene Therapy," *Human Gene*

(September-October); Dr. Wilson's "Lessons Learned from the Gene Therapy Trial for Ornithine Transcarbamylase Deficiency," *Molecular Genetics and Metabolism* 96:151–57 (February 2009).

第３部　アイデアの進化
遺伝子治療には数々の浮き沈みがあった。

7　SCID キッズ
デヴィッド・ヴェッターの背景は以下にある。www.scid.net. 以下も参照。"The Boy in the Bubble" (www.pbs.org/wgbh/amex/bubble/peopleevents/p_vetter.html); "Bursting the Bubble" (www.houstonpress.com/content/printVersion/218684), from April 10, 1997.

著名科学者による遺伝子治療に関する初期の小論として、以下のものがある。"Dangerous Delinquents," by the Nobel laureate Joshua Lederberg (*The Washington Post*, January 8, 1967); "Gene Therapy for Human Genetic Disease?" by Theodore Friedmann and Richard Roblin, in *Science* 175:949–55 (March 3, 1972); and Dr. Friedmann' s "Progress Toward Human Gene Therapy," in *Science* 244:1275–81 (June 16, 1989).

国立心臓・肺・血液研究所（National Heart, Lung, and Blood Institute）のパンフレット "Curing Disease Through Human Gene Therapy" で、アシャンティの実験が説明されている（www.thefreelibrary.com)。以下でも説明されている。R. M. Blaese, "T Lymphocyte-Directed Gene Therapy for ADA-SCID: Initial Trial Results after 4 Years," *Science* 270:475–80 (October 20, 1995); C. A. Mullen et al., "Molecular Analysis of T Lymphocyte-Directed Gene Therapy for Adenosine Deaminase Deficiency: Long-Term Expression *in vivo* of Genes Introduced with a Retroviral Vector," *Human Gene Therapy* 7:1123–29 (June 10, 1996). ロナルド・クリスタルは以下を発表した : "Transfer of Genes to Humans: Early Lessons and Obstacles to Success" in Science 270:404–10 (October 20, 1995). いくつかの会合で、カリフォルニア大学ロサンゼルス校のヒト遺伝子治療用医薬品（Human Gene Medicine）プログラムを率いるドナルト・コーン博士による結果の発表を聞き、博士に直接話を聞いた。以下を参照。D. B. Kohn et al., "Engraftment of Gene- Modified Umbilical Cord Blood Cells in Neonates with Adenosine Deaminase Deficiency," *Nature Medicine* 1 (10):1017–23 (October 1995).

W・フレンチ・アンダーソンによる初期の論文として、以下がある。"Human Gene Therapy," *Science* 256:808–13 (May 8, 1992). 以下には、アンダーソン博士の初期の活動が詳しく描かれている。*W. French Anderson: Father of Gene Therapy*, by Bob Burke and Barry Epperson (Oklahoma Heritage Foundation, 2003). 以下には事例の詳細がある。Jennifer Kahn's article in *Wired* magazine, issue 15.10, September 25, 2007, "Molest Conviction Unravels Gene Pioneer's Life".

8　挫折
ジェシー・ゲルシンガーの話と同様、他の２つの遺伝子治療の悲劇についても、一般紙

2004).

ヒヒの心臓を使うことの生命倫理については、以下を参照。Claudia Wallis, "Baby Fae Stuns the World," November 12, 1984, issue of *Time* magazine; Charles Krauthammer, "Essay: The Using of Baby Fae" , December 3 issue of *Time* magazine.

5　ジェシーとジム

ポール・ゲルシンガーは "Jesse's Intent"（www.circare.org）に、うまくいかなかった1999年の遺伝子治療についての自身の見解を述べている。ジェシーの病気については、National Urea Cycle Disorders Foundation（全米尿素サイクル障害財団）のウェブサイト（www.nucdf.org）および National Organization for Rare Disorders（全米稀少疾患患者組織）（www.rarediseases.org）が出版した "The Pediatrician's Guide to Ornithine Transcarbamylase Deficiency and Other Urea Cycle Disorders" を参照。

エドウィンの話はウィルソン医師から聞いた。エドウィンの病気については、以下に説明されている。William L. Nyhan and Dean F. Wong, "New Approaches to Understanding Lesch-Nyhan Disease," *New England Journal of Medicine* 334:1602–4（June 13, 1996). あまり専門的でない記事として、以下がある。"An Error in the Code," by Richard Preston, in *The New Yorker*（August 13, 2007). ウィルソン医師は、家族性高コレステロール血症、嚢胞性線維症、OTC 欠損症の遺伝子治療開発の経験についても話してくれた。

6　悲劇

「ワシントンポスト」紙、「フィラデルフィアインクワイアラー」紙、「ニューヨークタイムズ」紙、その他の新聞が、ジェシーの遺伝子治療について毎日のように報道した。包括的な記事が以下にある。"The Biotech Death of Jesse Gelsinger," by Sheryl Gay Stolberg, *The New York Times Magazine*（November 28, 1999). 10年後の息子の命日に、ポール・ゲルシンガーは「フィラデルフィアインクワイアラー」紙上で "Seeking Justice for My Son" を発表した。ペンシルバニア大学ヒト遺伝子治療研究所（Institute for Human Gene Therapy）のアーカイブにも、主な出来事が掲載されている。ウィルソン医師、アート・カプラン博士、アラン・ミルスタイン弁護士に直接話を聞くことで、新聞による報道の軌跡を確認して補った。

専門的な論文が、どこに誤りがあったかの探求の内容を明らかにしている。不活化したアデノウイルスをベクターとして使用することの論理的根拠は、以下に記載されている。G. P. Gao, Y. Yang, and J. M. Wilson, "Biology of Adenovirus Vectors with E1 and E4 Deletions for Liver-Directed Gene Therapy," *Journal of Virology* 70(12):8934–43（1996). 3年後の以下の論文は、遺伝子治療でアデノウイルスがサルに害を与える可能性があることを示唆している。F. A. Nunes et al., "Gene Transfer into the Liver of Nonhuman Primates with E1-deleted Recombinant Adenoviral Vectors: Safety of Readministration," *Human Gene Therapy* 10(15):2515–26（October 1999). 結論は以下にある。S. E. Raper et al., "Fatal Systemic Inflammatory Response Syndrome in an Ornithine Transcarbamylase Deficient Patient Following Adenoviral Gene Transfer," *Molecular Genetics and Metabolism* 80:148–58

らの家から、この本ははじまっている。

2　診断までの道のり

私がコーリーに会った日、イーサンとナンシーは代わる代わる、診断までの道のりを詳しく説明してくれた。イーサンは医療記録のコピーすべてに目を通しながら、だんだん遠くなっていく網膜専門医を次々に訪ね、ようやくアン・フルトン医師がLCA2のイヌとの重要な関係に気づいてくれたことを回想した。以下を参照。H. Morimura et al., "Mutations in the *RPE65* Gene in Patients with Autosomal Recessive Retinitis Pigmentosa or Leber Congenital Amaurosis," *Proceedings of the National Academy of Science of the USA* 95:3088–93（March 1998）.

3　コーリーのどこが悪いのか？

ペンシルバニア大学で2010年７月31日に開催された網膜研究財団の第６回ファミリーカンファレンスでの会話で、コーリーの遺伝子治療の前後関係を説明した。コーリーの病気に関する初期の参照資料として、以下がある。"A Case of Amaurosis after the Administration of Large Doses of Quinine-Recovery," D. B. St. John Roosa, in the *Transactions of the American Ophthalmologic Society* 4:431–34（1887）. この章は、フランシス・コリンズが連邦議会でコーリーのビデオを披露し、バイオテクノロジー研究に対する資金提供の利点を訴える場面で終わっているが、国立衛生研究所はコーリーの臨床試験に資金を提供しなかった。フロリダ大学での、それより前の臨床試験には資金を提供していた。

第２部　起こり得る最悪の事態

ジェシー・ゲルシンガーの悲劇的な話は、幅広い報道から容易に再現できるが、ポール・ゲルシンガー、ジェームズ・ウィルソン医師、そのほかの人々と直接話をすることによって、この悲しい物語を別の視点から見ることができた。

4　ブレークスルーの神話

セオドア・フリードマンとは、2010年５月にワシントンＤＣで開催された米国遺伝子細胞治療学会の会議で会った。フリードマンは、遺伝子治療の年代記とほかの技術の歴史の両方を振り返ってくれた。すぐれた参照資料として、以下がある。 R. Powles, "50 Years of Allogeneic Bone-Marrow Transplantation," *The Lancet Oncology* 11:305–6（April 2010）.

エドワード・ジェンナーによる種痘の開発については、百科事典に記載されている。黄熱病に関する情報は以下から得た。*The American Plague* by Molly Caldwell Crosby（New York: Berkley Books, 2006）. 人工心臓の実験に関しては以下を参照。Barney B. Clark papers, University of Utah, Special Collections; G. J. Annas, "Law and the Life Sciences: Consent to the Artificial Heart: The Lion and the Crocodiles," *The Hastings Center Report* 13（２）:20–22（April 1983）; J. G. Copeland et al., "Cardiac Replacement with a Total Artificial Heart as a Bridge to Transplant," *New England Journal of Medicine* 351:859–67（August 26,

註

本書のアイデアは、私が長年にわたって人類遺伝学の教科書と遺伝学およびバイオテクノロジーの論文を執筆するうちに生まれてきたものだ。タイトル（『永久に治る』）はローリ・セイムスの言葉からとった。おそらく、本人はどうして考えついたのか覚えていないと思う。「ハンナの希望基金」の募金活動の日、私たちはバーの椅子に隣りあって腰かけ、たくさんの人々がハンナをつぎつぎに抱きあげる光景を眺めていた。そのときローリが私のほうに顔を向け、目に涙を浮かべながら、笑顔のままで言った。「リッキー、もしも効果があれば、永久に治るのよ」。その数か月後に、研究者のパオラ・レオーネがほとんど同じことを言ったのを耳にし、タイトルはこれだと確信した。

本書はひとりでにできあがっていった。物語が展開し、自然につむがれていったように感じている。以下に、物語を先に進めるために用いた会話と引用を含む主な出典をあげる。〔ウェブページは2014年12月確認〕

第１部　起こり得る最良の事態

コーリー・ハースは、適切な時に適切な場所にいた。

１　コーリーに会いに

私にとってのコーリーの物語は2008年４月にはじまった。このとき、毎日の情報の洪水のなかから、ペンシルバニア大学のカレン・クリーガーとフィラデルフィア小児病院のジョーイ・マクール・ライアンによるいくつかのニュースリリースが際立って見えたのだ。ふたりのすぐれたレポートから、まもなく発表されることになる医学専門誌の論文に注目し、さらにコーリーの病気であるレーベル先天性黒内障タイプ２（LCA2）の遺伝子治療に取り組んでいる研究グループ（フロリダ大学、アイオワのカーヴァー研究所、ロンドンのムーアフィールド眼科病院など）を知ることになる。数人の若者がすでに視力を取り戻しており、私は人類遺伝学の教科書の改訂用として、それらのレポートをファイルした。

その後の2008年11月２日、私が暮らすニューヨーク州スケネクタディの地元紙「サンデーガゼット」に、コーリーについてサラ・フォスが書いた記事が掲載された。私はその記事もファイルし、１年後に出版された私の教科書にコーリーを登場させた。ただし、まだコーリーに会ったことはなかった。私は教科書に載せたコーリーの写真をじっと見つめた。この少年について、誰かが本を書いているのだろうか？　コーリーの成功は、事実上死んだも同然だった技術をついに復活させた。私はサラにＥメールを出し、サラがイーサン・ハースに連絡をつけてくれると、驚いたことに、この一家について本を書いている人は誰もいなかった。そこで私は2009年12月５日に一家を訪問することにし、その日の彼

［著者紹介］

リッキー・ルイス（Ricki Lewis）

遺伝学の博士号をもつサイエンスライター。大学で広く使われている遺伝学の教科書（Human Genetics）や、「ネイチャー」「ディスカヴァー」誌をはじめとする雑誌に多くの記事を執筆するかたわら、遺伝カウンセリングも行なっている。

［訳者紹介］

西田美緒子（にしだ　みおこ）

翻訳家。津田塾大学英文科卒業。主な訳書に『クリックとワトソン』『ルイ・パスツール』（以上、大月書店）、『犬はあなたをこう見ている』『世界一素朴な質問、宇宙一美しい答え』『FBI捜査官が教える「しぐさ」の心理学』（以上、河出書房新社）、『音楽好きな脳』『細菌が世界を支配する』（以上、白揚社）など多数。

ISBN 978-4-8269-0178-9

「永久《えいきゅう》に治《なお》る」ことは可能《かのう》か？

二〇一五年 二月 二十五日 第一版第一刷発行

著者 リッキー・ルイス
訳者 西田《にしだ》美緒子《みおこ》
発行者 中村 浩
発行所 株式会社 白揚社 ©2015 in Japan by Hakuyosha
東京都千代田区神田駿河台一—七 郵便番号一〇一—〇〇六二
電話＝(03)五二八一—九七七二 振替〇〇一三〇—一—二五四〇〇
装幀 岩崎寿文
印刷所 奥村印刷株式会社
製本所 中央精版印刷株式会社

トーマス・ズデンドルフ著　寺町朋子訳

現実を生きるサル 空想を語るヒト

人間と動物をへだてる、たった2つの違い

動物には人間と同じような心の力があるのか？　動物行動学や心理学、人類学などの広範な研究成果から動物とヒトの知的能力の違いを探り、人間の心がもつ二つの性質が高度な知性と人間らしさを生みだす様子を解明する。　四六判　４４６頁　２７００円

ダグラス・ケンリック著　山形浩生・森本正史訳

野蛮な進化心理学

殺人とセックスが解き明かす人間行動の謎

性や暴力といった刺激的なトピックから、偏見、記憶、芸術、宗教、経済、政治、果ては人生の意味といった高尚なテーマまで、今もっとも注目を集める研究分野＝進化心理学の知見を総動員して徹底的に解説。　四六判　３４０頁　２４００円

クリストファー・ボーム著　斉藤隆央訳

モラルの起源

道徳、良心、利他行動はどのように進化したのか

なぜ人間にだけ道徳が生まれたのか？　気鋭の進化人類学者が進化論、動物行動学、狩猟採集民の民族誌など、さまざまな知見を駆使して人類最大の謎に迫り、エレガントで斬新な新理論を提唱する。（解説　長谷川眞理子）　四六判　４８８頁　３６００円

アン・マクズラック著　西田美緒子訳

細菌が世界を支配する

バクテリアは敵か？　味方か？

地球の生態系を支え、酸素を作り、人の消化を助け、抗生物質から驚異の生存戦略で逃れるなど、知れば知るほど興味深い細菌の世界。バイ菌が魅力的な存在に変わり、賢い付き合い方を教えてくれる究極の細菌ハンドブック。　四六判　２８８頁　２４００円

デボラ・ブラム著　藤澤隆史・藤澤玲子訳

愛を科学で測った男

異端の心理学者ハリー・ハーロウとサル実験の真実

画期的な「代理母実験」をはじめ、物議をかもす数々の実験で愛の本質を追究し、心理学に革命をもたらした天才科学者ハリー・ハーロウ。その破天荒な人生と母性愛研究の歴史、心理学の変遷を魅力溢れる筆致で描く。　四六判　４３２頁　３０００円